Projektentwicklung – vom Quartier zum Gebäude

Elisabeth Krön • Henry Alsbach •
Max Meixner • Bernd Nentwig •
Guido Prummer • Elmar Schütz •
Magdalena Szablewska

Projektentwicklung – vom Quartier zum Gebäude

Ein Leistungsbild für die Transformation

Springer Vieweg

Elisabeth Krön
Institut für Bau und Immobilie
Technische Hochschule Augsburg
Augsburg, Deutschland

Max Meixner
Projektentwicklung Projektsteuerung GmbH
Meixner + Partner
Augsburg, Deutschland

Guido Prummer
München, Deutschland

Magdalena Szablewska
Technische Geschäftsführerin
Freiburger Stadtbau GmbH
Freiburg, Deutschland

Henry Alsbach
ProTeamBuild, München, Deutschland

Bernd Nentwig
Fakultät Architektur und Urbanistik
Bauhaus-Universität Weimar
Weimar, Deutschland

Elmar Schütz
Frankfurt am Main, Deutschland

ISBN 978-3-658-49171-0 ISBN 978-3-658-49172-7 (eBook)
https://doi.org/10.1007/978-3-658-49172-7

Die Deutsche Nationalbibliothek verzeichnet diese Publikation in der Deutschen Nationalbibliografie; detaillierte bibliografische Daten sind im Internet über https://portal.dnb.de abrufbar.

Planung/Lektorat: Karina Danulat
Springer Vieweg ist ein Imprint der eingetragenen Gesellschaft Springer Fachmedien Wiesbaden GmbH und ist ein Teil von Springer Nature.
Die Anschrift der Gesellschaft ist: Abraham-Lincoln-Str. 46, 65189 Wiesbaden, Germany

Vorwort

Projektentwicklung ist eines der spannendsten und komplexesten Handlungsfelder der Bau- und Immobilienwirtschaft. Große Gestaltungsmöglichkeiten gehen mit zahlreichen Risiken einher.

In einem dynamischen Umfeld wie dem momentanen ist es notwendiger denn je, mit höchster Aufmerksamkeit und – dies ist der Fokus der vorliegenden Veröffentlichung – mit einem geschärften Projektmanagement-Blick auf die Aufgaben zu blicken.

Denn Projektentwicklung braucht Projektmanagement – und umgekehrt! Ohne Initiierungsphase, also ohne ein sukzessives Konkretisieren, Überprüfen und Weiterdenken des Projektimpulses gibt es keine Entscheidung für ein Projekt – und damit kein Projekt. Aufgrund der Heterogenität, aber auch der hochgradigen Interdisziplinarität dieser Phase benötigt es dort verschiedenste Fachdisziplinen. Projektmanagement leistet gerade in der Definition von Zielen, der Zusammenführung von Interessen, der Koordination des Vorgehens sowie im Vorbereiten strukturierter Entscheidungsfindungen hier einen wertvollen Beitrag. Dass es über das etablierte Leistungsbild des AHO-Heftes Nr. 9 zahlreiche weitere Projektmanagement-Aufgaben gibt, gerade an der Schnittstelle zur Projektentwicklung, soll transparent aufgezeigt werden, aber auch, dass erfolgreiche Projektsteuerung nach AHO Nr. 9 einer guten Projektentwicklung im Vorfeld bedarf. Auch in der Sphäre der Projektentwicklung selbst bedarf es eines laufenden und übergeordneten Projektmanagements.

Der Kontext aktueller Projektentwicklungen ist von großen Transformationen gekennzeichnet, allen voran prägen es die Handlungsbedarfe im Umgang mit dem Klimawandel und somit das Handlungsprinzip der Nachhaltigkeit. Dem systematischen Erfassen der impliziten und expliziten Anforderungen und deren exemplarischer Beschreibung ist daher das erste Kapitel gewidmet.

Die Typologie von Projektentwicklungen ist vielfältig. Zur Hochbau-Projektentwicklung in verschiedenen Ausprägungen kommen Landentwicklungen sowie die Entwicklung von Quartieren und Infrastrukturen. Mit weiterentwickelten Definitionen und den entsprechenden Grundlagen schaffen wir zusätzliche Klarheit in einem sich selbst organisierenden Umfeld (Kap. 2). Insbesondere die Entwicklung von Bauland und Quartieren ist erstmals in die Systematik eingegliedert (Kap. 3). Kap. 4 verdeutlicht ein zum Teil eigenes

Projektverständnis und daraus erwachsende Probleme in der Sphäre öffentlicher Auftraggeber – und mögliche Lösungen.

Der neu entwickelte Leistungskatalog in Kap. 5 ist anwendbar auf alle dargestellten Typologien und deren Kombinationen. Er ermöglicht eine klare Grundlage zum Verständnis der notwendigen Aufgaben und möglicher Zuständigkeiten, ganz besonders auch dann, wenn Leistungen an Dritte beauftragt werden.

Die Projektbeispiele in Kap. 6 zeigen verschiedene Typen von Projektentwicklungen. Nach einer Beschreibung des Projekts folgt jeweils eine Darstellung relevanter Bausteine auf Basis des Leistungskatalogs sowie eine Würdigung und Erläuterung der Besonderheiten.

Nicht nur die Objekte von Projektentwicklungen und die Anforderungen an sie verändern sich. Digitale Werkzeuge bieten dabei großen Chancen zur Bewältigung der gestiegenen Komplexität. Im letzten Kap. 7 des Buchs findet sich daher ein Überblick über aktuell angewandte, aber insbesondere auch neuere Werkzeuge, die großes Potenzial für die Anwendung in der Projektentwicklung bieten. Der Autorenkreis des vorliegenden Buches vereint Expertinnen und Experten mit Bezug zur Immobilienprojektentwicklung, die jeweils unterschiedliche Zugänge zum Thema vertreten.

Wir hoffen, dass wir mit dem vorliegenden Buch sowohl Einsteigern als auch erfahrenen Projektentwicklern neue Sichtweisen, Definitionen und Strukturen sowie wichtige aktuelle Perspektiven aufzeigen und Lust auf Projektentwicklung machen können.

Aus Gründen der besseren Lesbarkeit wird auf eine geschlechtsneutrale Differenzierung verzichtet. Entsprechende Begriffe gelten im Sinne der Gleichbehandlung grundsätzlich für alle Geschlechter. Die verkürzte Sprachform beinhaltet keine Wertung.

Augsburg, Deutschland Elisabeth Krön
Juli 2025

Interessenkonflikt

Die Autor*innen haben keine für den Inhalt dieses Manuskripts relevanten Interessenkonflikte.

Inhaltsverzeichnis

Über die Autoren

(Foto: Lisa Hantke)

Henry Alsbach studierte Bauingenieurwesen mit der Vertiefung Baubetrieb und Projektmanagement an der Fachhochschule Münster und im berufsbegleitenden Studium Altlastenmanagement. Ebenso ist er in der Stadtplanerliste der bayerischen Architektenkammer eingetragen. Sein Schwerpunkt liegt in der Leitung von Großprojekten im Städtebau, im Hochbau, im Anlagenbau und in der Infrastruktur. Er war in verantwortlicher operativer und strategischer Position in namhaften Projektsteuerungsbüros tätig und betreibt mit der ProTeamBuild ein Unternehmen zur Projektentwicklung und Organisationsberatung/-optimierung. Er ist Mitautor der Leistungsbilder AHO Heft Nr. 19. Zudem ist er als Dozent für Projektmanagement und Projektentwicklung an den Hochschulen in München, Augsburg und Nürnberg tätig.

(Foto: Barbara Gandenheimer)

Prof. Dr.-Ing. Elisabeth Krön ist seit 2012 Professorin für Projektmanagement und Bauökonomie an der TH Augsburg. Sie leitet das Institut für Bau und Immobilie, die THA_akademie sowie das weiterbildende und berufsbegleitende Masterstudium Projektmanagement Bau, das sich umfassend mit Projektentwicklung und Projektmanagement befasst. Davor war sie leitend als Generalplanerin in Großprojekten (Büro, Verwaltungs-, Industrie- und Forschungsbau), in der Denkmalpflege sowie als Bauherrenvertreterin tätig. Sie studierte und arbeitete an der OTH Regensburg (Architektur), der ETH Lausanne (Holzbau) und der TH Augsburg (Baumanagement) und promovierte an der Bauhaus-Universität Weimar. Neben ihrer Professur unterstützt sie Bauherren beratend und gutachterlich, erstellt Bedarfsplanungen und hält Seminare bei Kammern, Verbänden und Bauherrenorganisationen. Sie leitet die Fachgruppe Projektentwicklung im DVP e.V. (Deutscher Verband für Projektmanagement in der Bau- und Immobilienwirtschaft) und ist Aufsichtsratsmitglied einer Baugenossenschaft.

(Foto: Gerd Schaller)

Dipl.-Ing. Max Meixner studierte an der TU Karlsruhe Architektur und Bauingenieurwesen und war danach einige Jahre in der Bauindustrie und in Architekturbüros beschäftigt. Seit 1996 ist Herr Meixner Geschäftsführer von Meixner + Partner Projektentwicklung Projektsteuerung GmbH in Augsburg. Er bearbeitet in dieser Funktion vor allem öffentliche Projekte sowohl als Projektentwickler, als auch als Projektsteuerer.

Prof. Dr.-Ing. Bernd Nentwig ist seit 1998 Professor für Baumanagement und Bauwirtschaft an der Bauhaus- Universität in Weimar. Die von ihm herausgegebene Schriftenreihe Bau- und Immobilienmanagement bildet mit über 40 Bänden ein umfassendes wissenschaftliches und praxisbezogenes Spektrum im Spannungsfeld zwischen Architektur und Immobilienwirtschaft ab. Er ist aktiv in das weiterbildende Studium BWL im Bauwesen der Bauhaus-Universität und in internationale Studiengänge eingebunden. Zuvor leitete er als Bauherrenvertreter Großprojekte bei Lahmeyer International, der heutigen tractebel-engie. Als geschäftsführender Gesellschafter der nplus GmbH ist er in den Bereichen Projektentwicklung, digitale Vergabe und Wettbewerbsauslobungen tätig.

(Foto: Andreas Pohlmann)

Guido Prummer hat an der Fachhochschule München Bauingenieurwesen und Wirtschaftsingenieurwesen studiert. Als verantwortlicher Geschäftsführer von renommierten Projektentwicklungsgesellschaften verfügt er über jahrzehntelange Erfahrungen im Development anspruchsvoller Immobilienprojekte. Sein von der Baurechtsschaffung bis zur Realisierung gewonnenes Wissen gibt er als Gastdozent an der Technischen Hochschule Augsburg, Fakultät für Architektur und Bauwesen weiter.

(Foto: Adele Marschner)

Prof. Dr. Elmar Schütz leitet seit 2009 bei der Aurelis Real Estate GmbH, Region Mitte, in Eschborn bei Frankfurt am Main die Abteilung Land Development (Landentwicklung) und lehrt als Honorarprofessor für Real Estate Management und technische und soziale Infrastrukturen an der Technsichen Universität Berlin am Institut für Stadt- und Regionalplanung. Zuvor war er bei der Vivico Real Estate GmbH, der heutigen CA Immo Deutschland, tätig und begleitete dort ebenfalls Land- und Quartiersentwicklungsprojekte. In Summe hat er bundesweit an weit über 50 solcher Projekte zum Teil federführend mitgewirkt, darunter das Europaviertel in Frankfurt am, das Quartier 4.0 in Offenbach am Main und das Turbinenwerk in Mannheim. Zudem bringt er Erfahrungen aus seiner Tätigkeit bei der früheren DB Netz AG (heute DB InfraGO) mit, wo er vor allem im Hochbaubereich in Projekten der Neu- und Ausbaustrecken im Rhein-Main-Gebiet als Teamleiter involviert war. Als ausgebildeter und promovierter Stadtplaner ist er in die Hessische Architekten- und Stadtplanerkammer eingetragen und u. a. Mitglied der Deutschen Akademie für Städtebau und Landesplanung e. V.

(Foto: Raphael Pietsch)

Dr.-Ing. Magdalena Szablewska vertritt als Technische Geschäftsführerin seit 2016 die kommunale Wohnungsbaugesellschaft Freiburger Stadtbau GmbH und die dazugehörigen Verbundgesellschaften. Zuvor war die studierte Diplom-Ingenieurin als Bereichsleiterin Technik und Prokuristin für das Münchener Wohnungsbauunternehmen GBW Management GmbH tätig. Nach dem Architekturstudium an der Fachhochschule Augsburg war sie für mehrere Jahre in Münchener Architekturbüros tätig und wechselte 2008 in den Wohnungswirtschaftsbereich. Sie absolvierte 2012 ein berufsbegleitendes Masterstudium der Fachrichtung Projektmanagement Bau und Immobilie an der Hochschule Augsburg und promovierte anschließend an der Bauhaus-Universität in Weimar an der Fakultät Architektur. Sie lehrt an der TH Augsburg Fakultät für Architektur und Bauwesen im weiterbildenden Masterstudium Fachrichtung Projektmanagement Bau. Zudem leitet sie den Fachausschuss Technik und Energie des Verbandes baden-württembergischer Wohnungs- und Immobilienunternehmen e.V. (VbW) und ist Delegierte im Fachausschuss Planung, Technik und Energie im Bundesverband deutscher Wohnungs- und Immobilienunternehmen e. V. (GdW). In der Arbeitsgemeinschaft Großer Wohnungsunternehmen (AGW) bekleidet sie das Amt der stellvertretenden Leitung des Arbeitskreises Technik.

1 Die Welt in der Transformation und was das für die Projektentwicklung bedeutet

Elisabeth Krön, Magdalena Szablewska

Das Umfeld aktueller Projektentwicklungen ist geprägt davon, dass wir uns in einer Phase der Transformation befinden. Diese bildet den Rahmen und beeinflusst das Projektdesign.

Aspekte der Transformation, eine Kategorisierung der Anforderungen und Randbedingungen sowie daraus resultierende Konsequenzen werden beschrieben und hieraus resultierende Anforderungen an Projektentwicklungen abgeleitet.

Anforderungen und deren Randbedingungen existieren zunächst einerseits übergeordnet und nicht direkt auf ein konkretes Projekt bezogen:

- Anforderungen aus den Rahmenbedingungen der sog. VUCA-Welt
- Anforderungen aus der zeitlichen Einbettung
- Anforderungen bezüglich der Nachhaltigkeit

Anforderungen konkretisieren sich in der Folge spezifischer auf ein Projekt und kommen aus verschiedenen Sphären:

- Kommunikativ-politische Anforderungen
- Wirtschaftliche Anforderungen
- Rechtliche Anforderungen
- Planerisch-technische Anforderungen

E. Krön et al., *Projektentwicklung – vom Quartier zum Gebäude*,
https://doi.org/10.1007/978-3-658-49172-7_1

1.1 Aspekte der Transformation

Es herrscht eine allgemeine Zustimmung in Wirtschaft, Gesellschaft und Politik, dass wir uns in einer Phase der Transformation befinden.

Unter Transformation wird dabei eine „Wandlung von Form, Struktur oder Gestalt (…) von einem Ausgangs- in einen Zielzustand" (Alt 2020) verstanden. Es lässt sich feststellen, dass es ein zentrales und weltweit überwiegend akzeptiertes Ziel der Dekarbonisierung gibt, das unter anderem im Rahmen der regelmäßigen Conferences of the Parties (COP) der Vereinten Nationen diskutiert, verhandelt und im Rahmen einzelner Abkommen konkretisiert wird.

Ein Gutachten des Wissenschaftlichen Beirats des Bundesregierung Globale Umweltveränderungen aus dem Jahr 2011 (Dt. Bundestag 2011) verwendet hierfür den Begriff der „Großen Transformation":

Das Wuppertal Institut als Think Tank für eine impact- und anwendungsorientierte Nachhaltigkeits- und Transformationsforschung entwickelte auf dieser Basis eine Fülle von Impulsen und Handlungsempfehlungen (Schneidewind 2019). Das Ziel einer Dekarbonisierung wird dort auf sieben sog. Arenen konkretisiert (Wohlstands- und Konsumwende, Energiewende, Ressourcenwende, Mobilitätswende, Ernährungswende, Urbane Wende, Industrielle Wende). Mehrere davon betreffen direkt das Planen und Bauen und damit die Projektentwicklung, die die wesentlichen Zielsysteme für ein Projekt definiert.

So zielt beispielsweise die Energiewende auch auf eine veränderte Bereitstellung von Nutzenergie in Gebäuden. Dazu zählen Trends zur Dezentralisierung und lokalen Erzeugung sowie zur Substitution fossiler Energien. Gleichzeitig ist die Minimierung des Bedarfs weiterhin zentrales Element. Beispiel für einen unmittelbaren Bezug zur Projektentwicklung sind die derzeit in deutschen Kommunen entstehenden gesetzlich vorgeschriebenen Wärmepläne, die Informationen über die aktuelle und künftige Verfügbarkeit verschiedener Energie- bzw. Wärmeträger für die Gebäudeheizung liefern. Als Beispiel sei der Münchner Wärmeplan genannt (Geoportal München 2025).

Die Ressourcenwende tangiert Bauprojekte, weil diese nicht nur bei Energie- sondern auch beim Ressourcenverbrauch und Abfallaufkommen zu den Spitzenreitern gehören. Daher müssen sich neue Projekte in Richtung einer Kreislaufwirtschaft neu aufstellen. Aktuelle Ausprägungen dieser Entwicklung sind die wieder steigende Wertschätzung für Bestandsimmobilien und die zunehmende Verpflichtung zur Ökobilanzierung von Gebäuden, teils in Verbindung mit der Einhaltung von Obergrenzen für CO_2 -Äquivalente.

Die Mobilitätswende betrifft Projektentwicklungen, denn die sich verändernden Bedarfe für öffentlichen Nahverkehr, Sharing-Fahrzeuge, Fahrradstellplätze einschließlich Lastenrädern manifestieren sich beispielsweise in kommunalen Stellplatzsatzungen. Für den motorisierten Individualverkehr bedarf es weiterhin Bewegungs- und Parkierungsflächen, allerdings verbunden mit neuen E-Ladestrukturen. In den Städtebau wirken Konzepte wie die 15-Minuten-Stadt (siehe auch Abschn. 2.2.2.3), die durch eine schnell und mit kurzen Wegen erreichbare Nahversorgung das Verkehrsaufkommen grundsätzlich verringern soll.

Die Urbane Wende gilt im Denkmodell des Wuppertal Instituts sogar als „Knotenpunkt der Großen Transformation“ (Schneidewind 2019, S. 261). Dabei gelten Städte nicht nur als Experimentierfelder für kulturelle und soziale Innovationen, sondern sie bieten, gerade bei größeren neuen Entwicklungen, Ansatzpunkte für viele Maßnahmen, von technischen Lösungen für Ver- und Entsorgung über Smart-City-Konzepte, die durch höhere Intelligenz in der Nutzung der Infrastrukturen eine Reduzierung des CO_2 -Fußabdrucks erzielen sollen.

Es kann zusammenfassend gesagt werden, dass konkrete Zielsysteme für die Große Transformation existieren und vieles in Umsetzung ist. Transformation geht jedoch grundsätzlich mit hohen Veränderungsgeschwindigkeiten einher und sorgt für ein instabileres Umfeld.

Stellvertretend wird hier das Konzept der VUCA-Welt beschrieben, dass auch das Handlungsumfeld einer Projektentwicklung als volatil, unsicher, komplex und mehrdeutig beschreibt.

Für die im Bereich der Projektentwicklung so wichtigen Prognosen bedeutet dies ebenfalls, dass diese von größeren Unsicherheiten geprägt sind. Als Hilfestellung dienen hier beispielsweise Megatrends (vgl. Zukunftsinstitut 2025).

1.2 Anforderungen an die Projektentwicklung

Ein Projekt ist externen und internen Einflüssen sowie unvorhergesehenen Entwicklungen aus seiner Systemumwelt unterworfen. Hieraus ergeben sich gerade im aktuell volatilen Markt- und Branchenumfeld hohe Anforderungen. Maßgeblich für eine Projektentwicklung sind neben der Projektidee als Initialimpuls die Standortgegebenheiten, das vorhandene Finanzierungskapital sowie eine bestehende bzw. prognostizierte Nutzungsnachfrage (Diederichs in AHO Nr. 19, S. 3) Hieraus ergeben sich Anforderungen aus den planerisch-technischen, rechtlichen, wirtschaftlichen und kommunikativ-politischen Bereichen. Gleichzeitig ist das Projekt übergeordneten Anforderungen unterworfen, insbesondere aus dem Bereich der Nachhaltigkeit im Sinne des Klimaschutzes, der zeitlichen Verortung in Verbindung mit den globalen Trends und der vorherrschenden Volatilität, Ungewissheit, Komplexität und Ambiguität (Mehrdeutigkeit) nach dem VUCA-Modell (vgl. Lucht S. 375) einer sich stetig verändernden Welt. Die nachfolgende Abb. 1.1 zeigt die Einflussfaktoren, die auf das Projektsystem einwirken.

1.2.1 Übergeordnete Anforderungen

Um den vielfältigen Anforderungen begegnen zu können, bedarf es früh einer näheren Analyse der Einflussstärken und Auswirkungen auf das Projekt. Auch künftige Entwicklungen, z. B. Vorgaben des Klimaschutzes, der Wärmeversorgung, der möglichen Förderprogramme, übergeordneter und individueller Bedarfslagen, Finanzmarktentwicklungen, vorherrschende übergeordnete Zielkonflikte, etc. müssen antizipiert werden.

Abb. 1.1 Anforderungen an das Projektsystem

1.2.1.1 VUCA

Das ursprünglich aus dem Militärischen stammende englischsprachige Akronym VUCA ist im Management-Umfeld verbreitet. Es herrscht Einigkeit, dass wir uns wirtschaftlich, aber auch gesellschaftlich in einem Umfeld herausfordernder Randbedingungen befinden.

Diese sind geprägt von Volatility (Unstetigkeit), Uncertainty (Unsicherheit), Complexity (Komplexität) und Ambiguity (Mehrdeutigkeit).

- Volatility/Unstetigkeit

Die Schwankungsbreiten von Projekt- oder Umfeldvariablen sind groß. Beispiele hierfür sind stark steigende/schwankende Bau- und Finanzierungskosten, sich stark verändernde Bedarfs- bzw. Nachfragesituationen und politische Konstellationen, hieraus resultierend stark veränderliche Förderlandschaften oder auch schnell wechselnde Akteure im Unternehmensumfeld (Neugründungen, Startups, Insolvenzen). Insbesondere eine Kumulation verschiedener Volatilitäten („Klumpenrisiken") können Projekte gefährden, Anpassungen erforderlich machen oder sogar grundsätzlich in Frage stellen.

- Uncertainty/Unsicherheit

Hierbei geht es um die vergleichsweise geringere Wahrscheinlichkeit, aus vergangenen Erfahrungen heraus belastbare Prognosen für künftige Entwicklungen abzuleiten. Damit sind Konsequenzen aus Entscheidungen nicht oder schlecht vorhersagbar und diese damit unsicher. Entscheidungstheorien differenzieren zwischen Entscheidungen unter Risiko und unter Unsicherheit. Unter Risiko wird die „Eventualität, dass mit einer (ggf. niedrigen, ggf. auch unbekannten) Wahrscheinlichkeit ein (ggf. hoher, ggf. in seinem Ausmaß unbekannter) Schaden bei einer (wirtschaftlichen) Entscheidung eintritt oder ein erwarteter Vorteil ausbleiben kann“ verstanden“ (Weber 2025), während mit Unsicherheit gemeint ist, dass potenzielle Ereignisse nicht definiert werden können und damit auch nicht (konkret) in die Überlegungen zum Projekt einbezogen werden können. Es ist also mit höherer Wahrscheinlichkeit damit zu rechnen, dass sich in Projekten Situationen einstellen, die man nicht berücksichtigt hat.

- Complexity/Komplexität

Unter Komplexität wird die „Vielfalt der Verhaltensmöglichkeiten der Elemente und die Veränderlichkeit der Wirkungsverläufe“ verstanden (Feess 2025).

Komplexe Systeme agieren und reagieren nicht linear, sondern stehen vielfältig miteinander in Verbindung, sodass Wirkungen schwer vorherzusehen sind. Der allgemeine Trend zu größerer Komplexität in Wirtschaft, Gesellschaft und Politik manifestiert sich auch für Projektentwicklungen. Die Art des Projektes entsprechend einzuordnen (wie kompliziert oder komplex ist es), ist dabei die Voraussetzung dafür, dass – von der Projektorganisation über das Entscheidungswesen bis hin zum Umgang mit Chancen und Risiken – entsprechend angepasste Werkzeuge und Reaktionsweisen angewandt werden. Während sich nach David Snowden (ebd.) komplizierte Systeme dadurch auszeichnen, dass es Ursache-Wirkungszusammenhänge gibt, die von Experten als solche erkannt und in Konzepte und Handlungen integriert werden können, verhalten sich komplexe Systeme nicht oder kaum vorhersehbar. Hieraus resultiert die Notwendigkeit, anders zu agieren, nämlich (dies stellt das Cynefin-Modell von Snowden gut dar) nach dem Modell des „Probe – Sense – Respond“ zunächst über eine Art Probehandeln die Reaktionsweise eines Systems zu erfahren und auf dieser Erfahrung basierend weitere Schritte zu unternehmen.

- Ambiguity/Mehrdeutigkeit

Mehrdeutige Informationen, Sachlagen oder Situationen sind dadurch gekennzeichnet, dass sie je nach Perspektive der Akteure oder auch deren Interpretation der Daten deutlich unterschiedlich bewertet und beschrieben werden.

Auch dieser Sachverhalt trägt dazu bei, dass das Treffen von Entscheidungen anspruchsvoll und von Unsicherheiten geprägt ist.

Erwähnt soll noch sein, dass das Akronym VUCA teils schon als nicht mehr ausreichend betrachtet und von BANI abgelöst wird. Hier stehen die Buchstaben für brittle (spröde)/ anxious (änstlich)/ non linear (nicht linear)/ incomprehensible (unverständlich) und markieren die möglichen emotionalen Aspekte des Umfelds etwas mehr.

Das Modell der VUCA- bzw. BANI-Welt ist auch für die Bau- und Immobilienwirtschaft und damit für Projektentwicklungen geeignet, um notwendige Fragen an eine Projektentwicklung zu formulieren sowie Annahmen und Prognosen einzuordnen. Im Abschn. 1.3 wird darauf Bezug genommen.

1.2.1.2 Zeit

Während sich die Projektdauer auf die konkrete Projektentwicklung und Projektabwicklung sowie deren einzelnen Schritte einschließlich der allgemein üblichen Phasenbearbeitung bezieht, ist das Projekt zusätzlich in einen übergeordneten Entwicklungszusammenhang eingebettet.

Aufgrund der aktuell hohen Veränderungsdynamik im Bereich globaler und regionaler Wirtschaftsstrukturen, gesellschaftlicher Entwicklungen mit ausgeprägten territorialen und ressourcenbezogenen Zielkonflikten befindet sich auch die Immobilienbranche in einem intensiven Wandlungsprozess. Die sozio-demografischen Entwicklungen und die Urbanisierung zählen hierbei neben der Digitalisierung und dem Klimawandel zu den wesentlichen Trends der Zukunft (vgl. Pfnür). Ergänzt werden sie durch das übergreifende Thema der Regulierung (Plößl, Just, S. 25 ff.) und die Bestrebungen, diese künftig maßvoll zu gestalten. Die gesetzlichen und normativen Vorgaben werden in diesem Zusammenhang global diskutiert und auf kontinentalen Ebenen gestaltet, sowie über Anforderungsprofile an die einzelnen Staaten weitergegeben zur Umsetzung der Zielvorgaben auf Länderebene.

Die einzelnen Trendentwicklungen nehmen Einfluss auf die jeweiligen Geschäftsmodelle. Der Wandlungsprozess betrifft somit auch die Produktgestaltung und die Organisationsstrukturen im Umgang mit der Vielzahl an Anforderungen (vgl. Peyinghaus, S. 1 ff.).

Vor diesem Hintergrund muss der Entwicklungszeitpunkt bereits frühzeitig in Verbindung mit den sich manifestierenden regionalen und überregionalen Einflussfaktoren reflektiert werden. Dabei sind die Projekteigenschaften auf ihre Zukunftsorientierung abzuprüfen, um den Anforderungen der Nachhaltigkeit und Resilienz gerecht werden zu können. Die Mega-Trends beeinflussen sowohl die Projektorganisation als auch die gesamte Stakeholderlandschaft. Sämtliche Institutionen sind den globalen Entwicklungen unterworfen und passen stetig ihre Strukturen an die äußeren Einflüsse an. Der Zeitpunkt der Projektentwicklung ist daher für den Erfolg des Projektes von entscheidender Bedeutung.

1.2.1.3 Klimawandel und Nachhaltigkeit

Die ökologischen Nachhaltigkeitsaspekte haben für Projektentwicklungen aufgrund der Verknappung von Ressourcen und den nachweisbaren klimatischen Auswirkungen große Bedeutung. Neben den weltweit anerkannten, europäischen und staatlichen Vorgaben zur Erreichung der Klimaneutralität und Senkung der Kohlendioxid (CO_2)-Emissionen werden häufig von Seiten der Länder und Kommunen zusätzliche Zielverschärfungen vorgenommen und entsprechende Zwischenziele verabschiedet. Diese Zielmarken sind oftmals ambitionierter.

In Deutschland soll aktuell die Klimaneutralität in allen Sektoren im Jahr 2045 erreicht werden und liegt somit fünf Jahre vor der europäischen Zielmarke. Bundesländer wie z. B. Bayern und Baden-Württemberg haben die Zielsetzung auf 2040 vorgezogen. Städte wie München und Stuttgart wollen die Klimaneutralität bereits in 2035 erreichen. Der unterschiedliche Umgang mit den übergeordneten Rahmenbedingungen zur Erreichung der Klimaneutralität impliziert entsprechende Analysen und Festlegungen in Abstimmung mit den jeweiligen Auftraggebern bereits im Rahmen der Projektvorbereitung und Projektzieldefinition.

Der Immobiliensektor gehört neben dem Verkehr und der produzierenden Industrie zu den größten CO_2 -Emmitenten. Hierbei sind neben den Herstellungsprozessen, die mit der Umsetzung von Bauprojekten verbunden sind, insbesondere der Betrieb der Immobilie bis hin zum Rückbau sowie die vor- und nachgelagerten Prozessketten einzubeziehen. Portfoliobetrachtungen beinhalten neben den Emmissionsbereichen des Scope 1 (Erzeugung direkter Emissionen durch das unternehmerische Handeln) und Scope 2 (Freisetzung indirekter Emissionen durch Energieerwerb) auch Scope 3 (Freisetzung indirekter Eimissionen entlang der Wertschöpfungsketten) in Entsprechung des Greenhouse Gas Protocol (GHG Protocol).

Auch die Anforderungen an die Berichterstattung für öffentliche und private Investoren steigen mit der Novelle der europäischen Nachhaltigkeitsberichterstattung (Corporate Sustainabilty Reporting Directive (CSRD) sowie die European Sustainability Reporting Standards (ESRS) (vgl. European Commission, Corporate sustainability reporting)). Mit diesen Kriterien für die Vereinheitlichung und Vergleichbarkeit hinsichtlich der Umwelt-, Sozial- und Unternehmensführungs-Belange (Environment Social Governance – ESG) soll eine nachhaltige Unternehmenstätigkeit gefördert werden. Gestärkt werden diese Vorgaben durch die Verpflichtung zur gesonderten Darstellung im Rahmen der Lageberichte sowie die Verpflichtung zur externen Prüfung (vgl. Heiling, Speer, S. 181). Wesentlich sind diese Reporting-Inhalte für die Finanzinstitute und die Beleihbarkeit von Portfolien und Objekten. Hieraus resultieren definierte Vorgaben an die Projektgestaltung.

Neben gesetzlichen Vorgaben werden auch viele Normen überarbeitet, reformiert und ergänzt, wie z. B. das Gebäudeenergiegesetz (GEG). Die Vorgaben zum verantwortlichen Umgang mit Ressourcen münden in Handlungsverpflichtungen für Bestandshalter, Bauträger, Immobilienverwalter und Finanzinstitute. Dabei werden Projektentwicklungen zu wesentlichen Bausteinen der nachhaltigen Unternehmensstrategie für Investoren, Nutzer und Stakeholder.

Auch die Förderrahmenbedingungen werden stetig angepasst und an den Zielsetzungen des Bundes und der Länder ausgerichtet. Je nach Schwerpunktsetzung werden die finanziellen Mittel insbesondere im Bereich der Förderprogramme der Kreditanstalt für Wiederaufbau (KfW) gestärkt bzw. reduziert. Die Voraussetzung für Förderungen werden zudem an zusätzliche Qualitätsmerkmale geknüpft wie z. B. Energieeffizenzklassen. Auch die Landeswohnraumförderprogramme werden angepasst und in einigen Bundesländern an weitere Fördervoraussetzungen geknüpft – im Sinne der Nachweisbarkeit von Nachhaltigkeitsqualitäten.

Somit wird die Nachhaltigkeit zum wesentlichen Erfolgsfaktor einer Projektentwicklung und muss von Beginn an mitgedacht werden. Zu Beginn der Projektentscheidung stehen verstärkt Aspekte der CO_2 -Emissionen, der Grauen Energie aber auch der übergeordneten Zielsetzungen wie z. B. die Schaffung von dringend benötigten Wohn- oder Gewerbeflächen, Verbesserung und Stärkung der sozialen Infrastruktur, Nutzungsvielfalt im Sinne modernder, zukunftsfähiger und resilienter Quartiere, Entlastung und Vermeidung von Hot Spots, Partizipation und Bürgerbeteiligung, Kreislaufwirtschaft, ökonomische Nachhaltigkeit, etc.

Neben den bekannten Zertifizierungssiegeln der Deutschen Gesellschaft für Nachhaltiges Bauen (DGNB), Building Research Establishment Environmental Assessment Method (BREEAM), Leadership in Energy and Environmental Design (LEED), Qualitätssiegel Nachhaltiges Gebäude (QNG), Bewertungssystem Nachhaltiges Bauen (BNB) wurden nutzungsspezifische Zertifikate wie z. B. Qualitätssiegel Nachhaltiger Wohnungsbau (NahWo) für Wohngebäude entwickelt. Zusätzlich wurden Zertifikate für Quartiersentwicklungen etabliert wie das Quartierszertifikat der DGNB. Für städtebauliche Entwicklungen können mit diesem Instrument bereits in den frühen Entwicklungsphasen Schwerpunkte hinsichtlich des Klimaschutzes und -anpassung sowie der Widerstandsfähigkeit im Kontext des Stadt- und Mikroklimas, Umweltrisiken, Werterhalt und Biodiversität definiert werden. Ergänzend werden die Aspekte der Mobilität, Circular Economy und die Anforderungen der Nutzenden betrachtet. Dabei stellen die Verwendung von Ressourcen und Flächen, Aufenthaltsqualität und die Nutzungsvielfalt wesentliche Themenfelder dar (vgl. DGNB System Quartiere).

Die Forschung und Entwicklung widmet sich bereits weiteren Schwerpunkten wie z. B. dem recyclinggerechten Bauen, dem Konzept des „Reduce-Reuse-Recycle“ „Cradle to Cradle“ oder dem „Urban Mining“. Somit wird es notwendig, bereits in der Planung Recycling-Baustoffe und gebrauchte Bauteile mitzudenken und eine spätere Wiederverwendung zu ermöglichen. Hierfür etablieren sich seit längerem Baustoffdatenbanken und Bauteilbörsen. Um die Professionalisierung und Marktgängigkeit zu stärken, organisieren sich zunehmend die ursprünglichen Initiativen mit Kooperationspartnern aus der Bauindustrie (vgl. Pro Holz Austria).

Mit der CO_2 -Steuer sollen zudem die Emmissionsgrade insbesondere in Verbindung mit fossilen Brennstoffen bewertet und bepreist werden, mit dem Ziel, klimafreundliches Verhalten aller zu fördern. Neben Unternehmen werden auch Nutzer mit der CO_2 -Steuer belegt. Aufgrund der höheren Besteuerung der Energieunternehmen erhöhen sich auch die Heiz- und Stromkosten. Die Steuerlast wird dabei auf Mieter und Vermieter verteilt (vgl. Bundesregierung, CO_2 -Kosten). Umso wichtiger wird die Entwicklung ganzheitlicher und resilienter Quartiere und Projekte, die den vielschichtigen gegenwärtigen und künftigen Anforderungen begegnen können und zur Senkung der Wärmebedarfe beitragen.

Die Sanierung von Bestandgebäuden erfährt vor diesem Hintergrund eine hohe Bedeutung. Im Rahmen von Klimapfaden entwickeln Kommunen und Unternehmen Maßnahmen, mit denen sowohl die Energieversorgung als auch der Verbrauch geprüft, optimiert bzw. klimaneutral ausgerichtet werden. Der Ausbau von Wärmenetzen, die Umstellung der Bestandsbauten auf Niedrigtemperaturversorgungen sowie energetische Sanierungen und Modernisierungen zur Bedarfssenkung stellen hierbei die größten Prioritäten dar. Ergänzt werden diese Maßnahmen beispielsweise durch Ersatzneubauten mit hohen Energieeffizenzklassen, die Verwendung des Baumaterials Holz unter Ausnutzung seiner ökologischen Eigenschaften als Speichermedium für CO_2, die Planung und Errichtung übergreifender Wärmenetze, den Ausbau von Photovoltaik-Anlagen auf Dach- und

Fassadenflächen einschließlich Angeboten an Mieterstrommodellen, Fassadenbegrünungen und die Senkung von Stellplatzschlüsseln unter Anwendung von Mobilitätskonzepten zur Schaffung von Anreizen zum Verzicht auf einen eigenen Pkw wie z. B. Carsharing mit E-Lademöglichkeiten, Bezuschussungen von Regionalfahrkarten, erhöhtes Angebot an Fahrradstellplätzen einschließlich Sonderfahrrädern, etc.

Diese Vielfalt führt zu hoher Komplexität bei der Formulierung der Projektaufgabe und der Entscheidungsfindung. Alle wesentlichen Aspekte und Einflüsse müssen berücksichtigt und gesteuert werden. Die Vielzahl an erforderlichen Fachexperten nimmt angesichts der unterschiedlichen fachspezifischen Themenfelder zu und erhöht die Komplexität innerhalb der Projektorganisation. Neben dem klassischen Projektmanagement erlangen das Komplexitätsmanagement, die Berücksichtigung des Verhaltens der Projektakteure und holistische Denkansätze eine wesentliche Bedeutung (vgl. Saynisch, S. 120 ff.).

Das Themenfeld der Nachhaltigkeit begründet hohe Anforderungen insbesondere auch auf Quartiersebene, wo insbesondere auch die sozialen und ökonomischen Aspekte relevant sind.

Übergeordnet werden Anforderungen an die zu entwickelnden Flächen formuliert, die den derzeitigen Zielsetzungen der stadtplanerischen Leitbilder folgen und die aktuellen Erfordernisse und Trends widerspiegeln. Das von Carlos Moreno (Stadtplaner und Professor an der Pariser Sorbonne Universität) 2015 vorgegebene Ziel einer 15-Minuten-Stadt ergänzt beispielhaft die vorangegangenen Modelle der „polyzentrische Stadt" und der „Stadt der kurzen Wege". Diesem Grundgedanken folgend, sollen die Verkehrswege so kurz wie möglich gehalten und somit die weiteren Ziele des Klima- und Umweltschutzes, der Verkehrswende, der Digitalisierung, der sozialen Vielfalt, etc. befördern (vgl. BBSR, die Stadt der Vierteilstunde).

Das Schwarmverhalten unterschiedlicher Alters- und Sozialgruppen führt zu einer hohen Konzentration auf wenige Städte und Regionen hinsichtlich des Bevölkerungszuwachses in Deutschland. Nachdem sich diese Entwicklung in relativ kurzer Zeit etabliert hat, stehen insbesondere Groß- und Studentenstädte vor hohen Herausforderungen in Bezug auf Wohnraum- und Energieversorgung, Mobilität, soziale Infrastruktur, etc. (vgl. Empirica, Schwarmstädte).

Somit rücken bei der Planung und Ausführung von Projekten die Umweltwirkung und der Lebenszyklus von Gebäuden verstärkt in den Fokus. Während in den letzten Jahrzehnten die Optimierung der Gebäudehülle in Kombination mit einer effizienten Energieversorgung verfolgt wurde, verschiebt sich der Schwerpunkt auf die CO_2-Bilanzen. Neue energieeffiziente Gebäude ersetzen bestehende hochemittierende Bauten, Altbestände werden verstärkt saniert und Wärmeversorgungsnetze mit hohen Anteilen an erneuerbaren Energien aufgebaut bzw. ersetzt. Kommunale Pläne der Innenentwicklung durch Nachverdichtung folgen dabei den Ausbauplänen der Wärmeversorgung. Gebäude mit niedrigen Energiebedarfen zahlen auf die Wärmewende und Reduktion der gesamtheitlichen Wärmebedarfe ein.

Städtebauliche Strukturen müssen künftig verstärkt auf die klimatischen Auswirkungen reagieren – dies insbesondere bezogen auf die Vermeidung von Hitzestauungen und Temperaturdämpfung innerhalb der urbanen Gefüge. Das Vermeiden und Entschärfen von

Hotspots, das Etablieren von Möglichkeiten des Urban Gardening auch zur Selbstversorgung, Gestaltung und Ausstattung von Grünflächen sowohl als Biodiversitätsflächen sowie als Sozial- und Begegnungsräume bilden dabei einen maßgeblichen Schwerpunkt.

Die Forderung nach nachhaltigen und zukunftsorientierten Maßnahmen sowohl in der Immobilienwirtschaft als auch im Finanzierungssektor nehmen stetig zu. Die Vernetzung der einzelnen Aspekte im Sinne eines umfassenden und vorausschauenden Projektmanagements unter Berücksichtigung aller Anforderungen bildet einen maßgeblichen Schwerpunkt der Projektentwicklungstätigkeit in der Zukunft.

1.2.2 Kommunikativ-politische Anforderungen

Die Formulierung der kommunikativ-politischen Anforderungen setzt die intensive Auseinandersetzung mit der Projektumwelt voraus. Diese erfolgt über die Erfassung der Stakeholder (intern und extern) und die Identifikation und Analyse deren Interessen. Mögliche Interessenskonflikte können hierbei auf einer Vielzahl an unterschiedlichen Zielsetzungen der einzelnen Akteure beruhen und eine diversifizierte Ausprägung erfahren. Die beteiligten Interessensgruppen können sowohl legitimiert als auch frei agieren. Auch die Anzahl der Stakeholder sowie deren Sichtbarkeit können variieren. Hieraus resultieren die nachfolgenden wesentlichen Anforderungen in unterschiedlichen Bereichen.

1.2.2.1 Partizipation

Die im Rahmen der Bauleitplanung und Flächennutzungsplanung nach BauGB vorgegebenen formellen Partizipationsformate zur Beteiligung der Öffentlichkeit (Bundestag, Bürgerbeteiligung, S. 4) während der Aufstellung und Änderung von Flächennutzungs- und Bebauungsplänen sind insbesondere bei komplexen und größeren Bauvorhaben häufig nicht ausreichend, um dem Artikulationsbedürfnis der Stakeholder zu entsprechen. Zusätzliche freiwillige informelle Partizipationsmöglichkeiten können das Projekt absichern bzw. die inhaltlichen Anforderungen an das Projekt stärker präzisieren, sodass relevante aber bisher nicht bekannte Aspekte Berücksichtigung finden können. Durch eine konstruktive, adäquate und verlässliche Prozessgestaltung kann die Akzeptanz der Beteiligten erhöht werden.

Sollten die Anforderungen an eine erweiterte Partizipation bestehen, richtet sich die Anwendung der Prozessinstrumente nach dem Einflussgrad der Beteiligten. Dabei ist die klare Formulierung des Beteiligungsrahmens und somit der Einflussnahme für den Erfolg des Prozesses maßgeblich. Grundbausteine von Informations- und Beteiligungsprozessen bilden in Anlehnung an die Partizipationsstufen nach Lüttringhausen (vgl. Handbuch zur Partizipation, S. 28)

- die Information, als Mindestanforderung und Grundlage für die Beteiligungsverfahren
- die Konsultation, als Möglichkeit zur Formulierung von Meinungen, Wünschen und Anregungen

Abb. 1.2 Übersicht Elemente des Verfahrens

- die Mitgestaltung, als Instrument zur Erarbeitung von gemeinsamen Konzepten und Lösungsansätzen
- die Mitentscheidung, bei Einbindung der Akteure in Entscheidungsprozesse

Die Ausgestaltung der in Abb. 1.2 dargestellten Elemente des Verfahrens, in denen eine Gestaltung oder gar Mitentscheidung ermöglicht werden ist von hoher Bedeutung. Das Beteiligungskonzept wird daher häufig gemeinsam mit den kommunalen Behörden entwickelt und unter Beteiligung der zuständigen Ämter und Projektbeteiligten während des Projektverlaufs vollzogen.

1.2.2.2 Kommunikations- und Beteiligungsformate

Aus den Anforderungen an die Information, Konsultation, Mitgestaltung und Mitentscheidung resultiert für die Projektentwicklung die Auswahl, Beauftragung und Durchführung entsprechender Formate.

Gemessen an den Inhalten der einzelnen Beteiligungsstufen werden im Verlauf des Projektes die formellen und informellen Instrumente bestimmt. Dabei müssen entsprechende Formate der Information und Beteiligung für die Stakeholder wie z. B. Nutzer, Interessensvertretungen legitimiert oder frei agierend, soziale Träger, kommunale Organe implementiert werden. Mögliche Formate stellen hierbei Informationsveranstaltungen und -schreiben, Onlineportale, Sprechstunden, Umfragen, Dialogverfahren, Workshop-Formate, Begleitgremien (z. B. nach dem Zufallsprinzip zusammengestellte Bürgerräte), etc. dar, die nach vorangehender Erfassung der vorhandenen Strukturen, Festlegung der Zielsetzungen, Zielgruppen, Ressourcen-Intensität, Informationskanälen, etc. definiert werden.

Die Festlegung der erforderlichen Beteiligungsstufen sowie der einzelnen Inhalte erfolgt durch ein laufendes Kommunikations- und Beteiligungsmanagement, in dem die frühzeitige Erstellung und Festlegung eines Beteiligungskonzeptes einschl. definierter Zuständigkeiten, Verantwortungen, Transparenz, Verbindlichkeit definiert wird.

Maßgeblich für die erfolgreiche Durchführung der Informations- und Beteiligungsprozesse sind darüber hinaus die qualifizierte Moderation sowie die Einbindung und kontinuierliche Information der Beteiligten über den jeweiligen Status Quo und die Teilschrittergebnisse.

1.2.2.3 Öffentlichkeitsarbeit

Im Rahmen der formellen Beteiligungsformate werden zusätzlich zu den unmittelbar Betroffenen insbesondere die politischen Vertretungen, Presse und Initiativen informativ sowie die Investor Relations (IR)/ Public Relations (PR) Abteilungen des Auftraggebers eingebunden. Besonderes Augenmerk liegt hierbei auf den erforderlichen Gremienbeschlüssen und deren terminliche Einordnung im Projektverlauf. Je nach Strahlkraft des Projektes hinsichtlich des öffentlichen Interesses ist die Steuerung und Lenkung der Pressearbeit sowie der Beteiligten und deren Vernetzung mit Interessensinitiativen von hoher Bedeutung.

1.2.3 Wirtschaftliche Anforderungen

Vor dem Hintergrund der globalen Trendwirkungen im Bereich der Finanzmärkte, die maßgeblich von den sich stark verändernden Zins- und Förderlandschaften, normativen Vorgaben insbesondere aus dem Bereich des Klimaschutzes und der stetig wachsenden Differenz zwischen den Investitionsaufwendungen und Erträgen geprägt sind, ist eine frühzeitige und vertiefte Auseinandersetzung mit den ökonomischen Voraussetzungen eines Projektes von hoher Bedeutung.

1.2.3.1 Finanzmarkt

Das Klimaschutzabkommen von Paris aus dem Jahr 2015 manifestiert die globalen Bemühungen zur Erreichung der Klimaneutralität. Die Europäische Union (EU) hat auf dieser Grundlage für den Finanzsektor den Aktionsplan für nachhaltige Finanzen 2018 vorgelegt.

Auf Basis dieser Empfehlungen hat die EU-Kommission mit Unterstützung der Technical Expert Group (TEG) 2020 ein europaweites einheitliches Klassifikationssystem für nachhaltiges wirtschaftliches Handeln, die sog. Taxonomieverordnung als regulatorischen Rahmen etabliert. Diese Verordnung wird von den Marktteilnehmern angewandt (vgl. ZIA).

Mit der EU-Taxonomie soll die Transparenz der Transaktionen in ökologisch nachhaltige Investitionen gestärkt werden. Die Vorgaben zur Messbarkeit der Wirtschaftstätigkeit ergeben sich aus entsprechenden Rechtsakten und beziehen sich auf Unternehmen aus dem Bereich der hochemittierenden Branchensektoren der Energie- und Forstwirtschaft, Produktionsgewerbe, Verkehr und Immobilien (vgl. BMUV).

In Verbindung mit der SFRD und CSRD hat der Gesetzgeber Grundsatzregelungen für das Finanzwesen und Unternehmen geschaffen, die Anreize für ein ökologisch nachhaltiges Handeln schaffen. Durch die etablierten Berichtspflichten werden Kontrollinstrumente gestärkt, die eine erhöhte Steuerung und Lenkung der Zielerreichung im Sinne des Klimaschutzes ermöglichen sollen. Die Banken sind diesen Pflichten ebenfalls unterworfen. Im Fokus steht künftig die Schaffung und der Erhalt von nachhaltigen Portfolien. Hieran knüpfen sich entsprechende hohe Anforderungen und Vorgaben hinsichtlich der Finanzierung von Projekten, nachhaltige und alternative Anlagemöglichkeiten für Investoren und Banken, Zinspolitikgestaltung, Neubewertung von Beleihungspotenzialen und die Absicherung von Fremdkapital. Demgegenüber stehen die Ertrags- und Renditeerwartung, u. U. erhöhte Investitionskosten, steigende Voraussetzungen bei der Inanspruchnahme von Fördermitteln, Bezahlbarkeit des Produktes, etc.

Der Risikobericht der Bundesanstalt für Finanzaufsicht (BaFin) formuliert mehrere Risikobereiche, die für den Finanzsektor von aktueller Relevanz sind. Während die Unsicherheiten im Bereich von Anpassungen an den Immobilien- und internationalen Finanzmarkt sowie Geldwäscheprävention auf gleichem Niveau verbleiben, haben sich die Risiken im Bereich des Ausfalls von Unternehmenskrediten, Cyber-Vorfällen mit erheblichen Folgen und dem Outsourcing von IT-Dienstleistungen erhöht. Das Zinsveränderungsrisiko wird hingegen als gering eingeschätzt. Weltweite Krisen, hohe Staatsverschuldung und wirtschaftliche Unsicherheiten können zu Veränderungen an den Finanzmärkten führen. Daher wird verstärkt der Fokus auf Risikoprävention gelegt, insbesondere bei Investoren, die nur bestimmte Anteile in Immobilien anlegen dürfen. Darüber hinaus identifiziert die BaFin wesentliche Zukunftstrends für den Finanzmarkt: Digitalisierung, Nachhaltigkeit, geopolitische Veränderungen. Insbesondere Bedrohungen durch KI-basierte Programme und extreme klimatische Ereignisse erfordern einen entsprechenden Umgang im Versicherungssektor (vgl. BaFin).

Die Risikoaffinität der Investoren wird darüber hinaus von der Projektgröße und Projektdauer bestimmt. Insbesondere die Groß- und Megaprojekte (vgl. Flyvbjerg) zeichnen sich durch eine hohe Komplexität und eine Vielzahl an Beteiligten mit divergierenden Interessen aus. Projektstörungen können starke Auswirkungen auf den Projekterfolg haben. In der Regel führen sie zu Verzögerungen der Projektlaufzeit und münden in Nachtragsforderungen mit wirtschaftlichen Konsequenzen innerhalb der Projektfinanzierung. Die Eigen- und Fremdkapitalanteile können dementsprechend Anpassungen erfahren mit Folgen für die Renditeerwartungen.

Je nach politischer Lage, Haushaltslage, Zielsetzung und konjunktureller Entwicklung sind auch die Fördermittel und Fördergrundsätze Veränderungen unterworfen. Sie bilden ein starkes Steuerungs- und Lenkungsinstrument für die Politik wie z. B. im Bereich der Wohnraumförderung und des Klimaschutzes. Sie schaffen Anreize für bestimmte Branchenzweige wie z. B. Neubaumaßnahmen, Sanierungs- und Renovierungsvorhaben, Energieträgerwechsel, etc. und entfalten ihre Wirkung zusätzlich zu regulatorischen Maßnahmen.

Diese stark divergierenden Anforderungen müssen im Rahmen der Projektentwicklung kaufmännisch sinnvoll, zielgerichtet und nachhaltig ausnivelliert werden.

1.2.3.2 Immobilienmarkt

Die konjunkturelle Entwicklung in Deutschland ist grundsätzlich von globalen Einflüssen geprägt. Hieraus können entsprechende fördernde oder restriktive politische und in Folge gesetzliche Maßnahmen resultieren. Insgesamt wirken sich Inflationsdynamik, Zinsentwicklungen und strukturelle Herausforderungen sowie der Fachkräftemarkt stark auf das Marktgeschehen aus.

Aufgrund der konjunkturellen und demografischen Entwicklungen verstärken sich bestimmte Bedarfslagen. Nach wie vor ist z. B. die Nachfrage nach Wohnimmobilien in den Metropolregionen stark ausgeprägt. Insbesondere durch die Bildungs- und Berufswanderung sowie die steigende Attraktivität der beliebten Standorte verstärkt sich diese Trendentwicklung. Gleichzeitig bleibt die Erstellung von neuem Wohnraum aufgrund der volatilen Rahmenbedingungen weit hinter den Erwartungen zurück. Die Sensibilität der Märkte führt zur Verschärfung der Mangelsituation. Veränderungen in der Zinslandschaft und gleichzeitig steigende Baukosten erzeugen beispielhaft eine hohe Bedarfslage im Mietwohnungsmarkt, während der Eigentumswohnungsmarkt aufgrund von Unsicherheiten stagniert.

Im Bereich der Einzelhandelsimmobilien hat die Nachfrage nach klassischen Assets wie z. B. Shoppingcentern nachgelassen. Nahversorgungsflächen in zentralen Lagen mit dem Schwerpunkt im Lebensmittelbereich werden weiterhin nachgefragt. Der Warenhaussektor bedarf hingegen einer Transformation im Hinblick auf die Angebotsausstattung, die Lage und die Mietpreisgestaltung. Während Regionen mit hoher Kaufkraft oder touristische Standorte etwas bessere Einzelhandelsumsätze aufweisen, leiden die übrigen Regionen, auch unter dem Trend zum Online-Handel. Um die Innenstädte resilient für die Zukunft zu gestalten, werden neue Konzepte und Nutzungsmischungen benötigt.

Auch im Bereich der Logistik- und Büroimmobilien entwickelt sich die Nachfrage ungleichmäßig. Gute Lagen mit entsprechenden Ausstattungen sind weiterhin nachgefragt, während Randlangen stark nachlassen. Die Wichtigkeit der ESG-Kriterien wird künftig noch an Bedeutung gewinnen. Immobilien, die diese Kriterien erfüllen werden stärker nachgefragt sein, während andere Objekte vor hohen Herausforderungen stehen werden.

Vor dem Hintergrund der vorherrschenden Megatrends entwickeln sich zudem neue Assetklassen, wie z. B. Rechenzentren. Das Erfordernis der Verarbeitung von großen Datenmengen aus den Technologiebereichen der Künstlichen Intelligenz, des Internet of Things und den Streaming-Angeboten verstärkt die Nachfrage nach diesem Assetprodukt.

Die Renditeerwartungen von Investoren richten sich nach den vorherrschenden Marktbedingungen und Anlagemöglichkeiten. Immobilienmärkte sind im Vergleich zu Aktienmärkten in der Regel keinen starken Schwankungen unterworfen und bilden daher eine verlässliche Anlagemöglichkeit. Die Rendite im Immobiliensektor fällt nicht so hoch aus wie börsenorientierte Anlagemodelle, sie stellt jedoch ein Investitionsmodell mit einem langfristigen Anlagehorizont dar (vgl. ZIA Frühjahrsgutachten 2025).

1.2.3.3 Investitionskosten

Die Grundstückspreise haben sich in den sog. Schwarmstädten binnen des letzten Jahrzehnts vervielfacht. Solche Entwicklungen erschweren die Finanzierung von Bauvorhaben erheblich. Parallel haben auch die Baupreise eine starke Erhöhung erfahren. Die steigende Inflation, hohe Nachfrage, Fachkräftemangel, Lieferengpässe, etc. bilden hierbei die kostensteigernden Faktoren für die Herstellungskosten. Politische Zielsetzungen manifestieren sich zudem im Bereich der Finanzierung und Förderung und beeinflussen die Investitionstätigkeit von Bauwilligen. Die makroökonomische Lage verstärkt die Situationen und kann zum erheblichen Rückgang der Auftragslage bei den ausführenden Unternehmen führen. Diese Tendenz zeichnet sich aktuell in Deutschland ab. Die Baugenehmigungen verzeichnen insbesondere im Bereich des Wohnungsbaus eine starke Reduktion. Im Gegensatz hierzu zeigen die Renovierungsinvestitionen einen leichten Anstieg (vgl. Reinecke).

Die Entwicklung der Baukosten ist stark von den Marktbedingungen und der Risikobereitschaft der Investierenden abhängig. Aufgrund der Umorientierung der Förderlandschaft vom Neubau hin zur Bestandsrenovierung, verstärkt sich aktuell der Trend der rückläufigen Auftragslage und somit stagnierender bzw. abnehmender Preisniveaus. Insbesondere Rohbaugewerke sind hiervon stark betroffen. Da sowohl die Förderlandschaft als auch die Zinsentwicklung weiterhin als nicht stabil gelten, setzt sich aktuell dieser Trend fort. Hinzu kommen Unsicherheiten bezüglich steigender Energiekosten und CO_2 -Besteuerung. Nachgefragte Baustoffe und Gewerke, wie z. B. Holzmaterialien und die Hausversorgungstechnik bleiben allerdings derzeit weiterhin auf hohem Niveau.

Im Rahmen der Projektentwicklung muss somit die Beobachtung der übergreifenden und marktbezogenen Trendentwicklungen kontinuierlich erfolgen und iterativ auf das Projekt rückreflektiert werden in allen Projektphasen.

1.2.3.4 Steuerpolitik

Auch aus dem Bereich der Steuerpolitik entstehen Anforderungen an die Gestaltung des Projektes. Die steuerlichen Strukturen einer Auftraggeber-Organisation bilden dabei den übergeordneten Rahmen. Steuerliche Abhängigkeiten müssen bei der Projektausgestaltung und Finanzierung entsprechend berücksichtigt werden, dies kann die Themenfelder Mehrwertsteuer, Grunderwerbssteuer, etc. umfassen. Dabei sind Aspekte der Vorabzugsteuer, sowie der Grundsteuer oder Gewerbesteuer zu berücksichtigen bzw. abzustimmen.

Weiterhin können steuerliche Vorteile und Abschreibungsanreize Impulsgeber für die Initiierung von Projekten darstellen. Zur Stärkung der regionalen Wirtschaft und Stabilisierung der Arbeitsmärkte im vorherrschenden Fachkräftemangel werden durch die Politik beispielsweise Investitionsanreize für den Bau von Mitarbeiterwohnungen gesetzt.

Im Vergleich von Share Deal zu Asset Deal ergeben sich für den Verkäufer und den Käufer unterschiedliche steuerliche Vorteilhaftigkeiten. Während der Share Deal eher für den Verkäufer je nach Rechtsform die Besteuerung des Veräußerungsgewinns reduzieren kann, kann ein Asset Deal für den Käufer vorteilhafter sein. Hier können insbesondere Abschreibungspotenziale genutzt und Steuerersparnisse generiert werden.

1.2.4 Rechtliche Anforderungen

Grundsätzlich generieren sich rechtliche Anforderungen aus den globalen und kontinentalen Abkommen und Gesetzen, staatlichen und länderbezogenen Gesetzesnormen, kommunalen Vorschriften und Verordnungen, sowie branchenspezifischen Normen. Innerhalb dieses sehr umfangreichen und sich stetig verändernden sowie tendenziell steigenden regulatorischen Rahmens besteht eine Vielzahl an Anforderungen an das Projekt, die bei einer Projektentwicklung berücksichtigt werden müssen.

1.2.4.1 Übergeordnete Rechtsrahmen

Besonders bei internationalen Projekten sind fundierte Kenntnisse der relevanten Gesetze und Verordnungen sowie der klimatischen und kulturellen Besonderheiten von Bedeutung. Beispielsweise müssen im europäischen Kontext die Gesetzesstrukturen der Länder berücksichtigt werden. Weitere Anforderungen ergeben sich aus Handelsabkommen und den Kooperationsvereinbarungen. Ein Beispiel hierfür bilden föderalistische Organisationsformen der Länder wie z. B. die EU und Deutschland, deren Regelungen unterschiedlich gestaltet und ausgeprägt sein können.

Das im Jahr 2021 erlassene europäische Klimagesetz bildet beispielhaft den übergeordneten rechtlichen Rahmen für die EU Mitgliedsländer, der die Gesetzgebungen der einzelnen Staaten bestimmt. Die Klimaneutralität bis 2050 bildet dabei ein rechtlich bindendes Ziel der EU. Weitere Zwischenziele unterliegen einem Monitoring und entsprechender Berichterstattung. Bei Nicht-Einhaltung der Vorgaben können für die Länder Pönalen wirksam werden. Aktuelle Auswertungen auf nationaler Ebene deuten auf die Notwendigkeit zur Intensivierung der Handlungen hin, insbesondere im Bereich der Gesetzgebung, Finanzierung, Risikobewertung, Controlling, Berichtswesen und Evaluation. Die EU hat vor diesem Hintergrund 2023 weitere Empfehlungen an die Mitgliedstaaten herausgegeben (vgl. European Commission, Climate Law).

1.2.4.2 Bauplanungsrecht

Das hoheitliche Instrument der Baulandentwicklung in Selbstverwaltung gibt Kommunen die Möglichkeit zur Gestaltung im Rahmen vorherrschender Entwicklungstrends und Entwicklung von Gegenmaßnahmen bei Fehlentwicklungen. Durch die Ausweisung neuer Baugebiete, die Konversion und Entwicklung von Brachflächen im Bereich ehemaliger Gewerbegebiete, Bundeswehrflächen und Bahnarealen, sowie Rahmenkonzeptplanungen zur Innenentwicklung und Nachverdichtung können vorhandene Potenziale genutzt werden. Im Zuge von Umlegungsverfahren werden die Eigentumsverhältnisse in Entwicklungsgebieten neu geordnet und als Ausgleich für die Bauleitplanungsaufgaben Grundstücksflächen für gemeinwohlorientierte Nutzungen wie z. B. Kindertagesstätten, Kindergärten, Schulen, sozial geförderten Wohnungsbau, etc. festgesetzt und an die Kommune abgetreten. Über Vereinbarungen aus den städtebaulichen Verträgen können weitergehende Anforderungen an die Qualitäten der Baugebiete durch Vorgaben zu Nutzungsverhältnissen, verkehrlichen Regelungen, Erschließungsmaßnahmen, etc. wie z. B. die Sozialgerechte Bodennutzung (SoBoN) in München (vgl. Stadt München, SoBoN) definiert werden.

Grundstücksvergaben als sog. Konzeptvergabemodelle sind eine Sonderform der Vergabe kommunaler und privater Grundstücke. Das maßgebliche Vergabekriterium ist dabei nicht die Preisbildung für das zu erwerbende Baufeld, sondern die Erfüllung von vorab definierten städtebaulichen, architektonischen, ökologischen und sozialen Anforderungen und Qualitäten. Im Bereich des Wohnungsbaus ist dies ein mögliches Steuerungsinstrument, um den Grundstückspreis und damit auch die künftigen Mieten zu dämpfen und gleichzeitig weitere Wirkungen zu erzielen, z. B. Generierung sozial stabiler Nachbarschaften über frühzeitige und langfristige Bindung und Partizipation der Bewohner über Genossenschaften.

Auch Erbpachtmodelle sind in diesem Zusammenhang möglich und wirken zusätzlich kostendämpfend. Entscheidet sich ein Investor beispielsweise für die Realisierung von gemeinwohlorientierten Nutzungen auf einem Erbbaurechtsgrundstück, kann er von den im Einzelfall festgesetzten Erbbaurechtsgrundsätzen profitieren. Die Kommune kann unter bestimmten Rahmenbedingungen einen geringeren Erbbaurechtsprozentsatz erheben, z. B. bei Errichtung von sozial gefördertem Wohnraum. Weiterhin kann der Erbbauzins in Form einer Einmalzahlung abgelöst werden (vgl. Freiburg, Erbbaurecht). Die Attraktivität der Erbbaurechtsmodelle richtet sich nach den Grundstücksmarktgegebenheiten. Neben der Kommune können auch kirchliche Institutionen und Stiftungen Erbbaurechtsgrundstücke vergeben.

Insbesondere bei der Ausweisung von neuen Baugebieten oder bei Konzeptvergabemodellen steigt die Komplexität der Flächenentwicklungsaufgabe aufgrund der Vielzahl an Eigentumsverhältnissen. Die Projektdauern dieser Entwicklungen werden auch von Öffentlichkeitsinteressen beeinflusst und können zu Bürgerentscheidungsverfahren führen. Weitere Herausforderungen stellen die Verhandlungen mit den einzelnen Grundstückseigentümern dar und damit verbundenen unterschiedlichen Interessenslagen. Gegebenenfalls müssen abschließende Entscheidungen gerichtlich überprüft werden.

Auch im Bereich der Konzeptvergaben auf neugebildeten Flächenparzellen werden die Einzelgrundstücke an mehrere Akteure vergeben. Die Abwicklung solcher Projekte erfolgt in der Regel unter Anwendung eines Ankernutzerkonzeptverfahrens wie z. B. in Tübingen oder Freiburg. Sowohl die Planung als auch die Realisierung dieser Projekte erfolgt in einem Gesamtzusammenhang und im Zuge einer Projektgemeinschaft mit vielen Beteiligten. Diese müssen sich einer übergeordneten durch den Ankernutzer vorgegebenen Prozessabfolge und Verfahrensabwicklung unterordnen. Die Organisation und Durchführung solcher Projekte stellt dabei für die Projektentwicklung eine besondere Herausforderung dar und erfordert Erfahrung.

Vor dem Hintergrund der stagnierenden Fertigstellungszahlen im Immobilienbereich, insbesondere im Wohnbausektor, hat der Gesetzgeber 2024 eine Novelle des Baugesetzbuches (BauGB) initiiert. Diese soll 2025 in Kraft treten. Mit Vereinfachungen in der Vergabe von Baurechten sollen künftig Kommunen innerhalb angespannter Wohnungsmärkte besser auf sich verändernde soziale oder wirtschaftliche Bedarfslagen reagieren können.

Mit dem sog. „Bau-Turbo" gem. 246e BauGB sollen insbesondere Erleichterungen im Bereich der Gebäudeerweiterung- und Gebäudeaufstockung (§ 31 Absatz 3 BauGB), Innenentwicklung durch Nachverdichtung, Einführung eines sozialen Flächenbeitrages in Umlageverfahren (§ 58a BauGB), Ausweitung der kommunalen Vorkaufsrechte, Einführung der neuen Nutzungskategorie „Musikclub" als Sondergebiet (§ 11 Absatz 2 BauNVO), Verlängerung des Umwandlungsschutzes von Mietwohnraum in Eigentum (§ 250 BauGB) bis 2027, Verkürzung der Fristen der Bauleitplanung, Straffung der Inhalte der Umweltprüfung und Umweltbericht, Beschleunigung der Aktualisierung von Bebauungsplänen durch die Einführung einer „Innovationsklausel", Ausweitung der Digitalisierung auf z. B. Partizipationsverfahren, amtliche Veröffentlichungen, geschaffen werden. Weiterhin sollen Maßnahmen des Klima- und Artenschutzes stärker im Baurecht Berücksichtigung finden (vgl. BMWSB).

Auch auf europäischer Ebene werden die etablierten Instrumente der integrierten Stadtentwicklung an die aktuellen Zielsetzungen angepasst, wie z. B. die Leipzig-Charta. Entstanden im Jahr 2007 wurde das Rahmendokument 2020 erneuert und von den Ministerinnen und Minister innerhalb ihrer Zuständigkeit für die Europäische Stadtentwicklung verabschiedet. Hierbei wurden die Maßnahmen zur Schaffung zukunftsorientierter, diverser, lebenswerter und nachhaltiger europäischer Städte konkretisiert und um die Aspekte der verstärkten Partizipation, Gemeinwohlorientiertheit, Verantwortung für Klimaschutz und Umweltgerechtigkeit erweitert. Städte sollen künftig noch besser auf sich verändernde klimatische, soziale und wirtschaftliche Bedingungen reagieren können (vgl. BMWSB). Aufgrund der steigenden Anforderungen hinsichtlich der Klimaschutzzielsetzungen haben viele Städte Klimafahrpläne entwickelt, die im Rahmen von Bauleitplanverfahren zusätzliche fachplanerische Analysen und Gutachten erforderlich machen. Dabei werden im Sinne des ganzheitlichen Ansatzes insbesondere Neubau- und Bestandsquartiere betrachtet, als maßgebliches Instrument für die Klimaanpassung. Deren Entwicklung erfolgt z. B. in München nach den Maßgaben des „Integrativen Quartiersansatzes" (vgl. Stadt München, Nachhaltige Stadtentwicklung).

1.2.4.3 Bauordnungsrecht

Die Bauleitplanung gibt grundsätzlich das Maß der möglichen Baudichte bei Hochbauprojekten vor und richtet sich u. a. nach definierten Baugebieten gemäß den Vorgaben der Baunutzungsverordnung (BauNVO) – Wohn- und Misch- sowie urbane Gebiete, Gewerbe- und Industriegebiete, allgemeine Wohngebiete, Kleinsiedlungsgebiete, Dorfgebiete etc. Bei vorhabenbezogenen Bebauungsplänen geschieht dies bereits in einem frühen Planungsstadium, in der Regel basierend auf vorangehenden städtebaulichen Wettbewerben. Unter Berücksichtigung von stadtbaulichen, architektonischen und freiräumlichen Qualitäten werden die Ausformungen der Gebäudevolumina entsprechend den Baurechtsvorgaben bestimmt. Die in den Flächennutzungs- und Bebauungsplänen festgelegten Maßgrößen der Geschossflächenzahl (GFZ) und Grundflächenzahl (GRZ) sowie die zulässige Geschossigkeit bzw. Gebäudehöhe bilden den Planungsrahmen für Projektentwicklungen bezogen auf das zu bebauende Grundstück.

Der Begriff „bauliche Dichte“ wird im planungsrechtlichen Kontext als eine mathematische Größe des Verhältnisses der gebauten Fläche zur Grundstücksfläche definiert. Die somit erreichte quantitative Aussage über die Ausnutzung der Fläche lässt jedoch keine Rückschlüsse auf die sozialen Aspekte in Verbindung mit dem Dichtebegriff zu. Diese werden erst durch die zusätzliche Betrachtung der „Einwohnerdichte“ generiert sowie dem Vergleich zwischen der Außen- und Innendichte, wie z. B. die Anzahl der Einwohner bezogen auf die Grundstückgröße und der Bewohnenden in Verbindung mit der gebauten Geschossfläche. Der Begriff der „sozialen Dichte“ bezieht sich in diesem Zusammenhang auf die Infrastruktur und das Erleben des Gebauten. Die beiden sozialräumlichen und städtebaulichen Aspekte definieren die Qualität der Dichte im Kontext der gebauten Umwelt (vgl. Rosskamm 2011).

Die Entwicklung einer baulichen Maßnahme auf einem Grundstück steht darüber hinaus im Zusammenhang mit einer übergeordneten Betrachtungsweise der Quartiere, Stadtteile, Siedlungsgebiete, etc. In diesem Kontext verortet sich der Begriff der „Dichte“ und stellt nicht nur das einzelne Grundstück, sondern ein bestimmtes Areal ins Verhältnis zur vorhandenen Bebauung. Dabei werden die öffentlichen Verkehrs- und Freiflächen mitberücksichtigt wodurch in der Gesamtschau eine weitergehende Betrachtung der Stadt bzw. Ansiedlung als Gesellschafts-, Lebens- und Wohnraum erfolgen kann.

Im Ergebnis bildet das ausgewogene Verhältnis zwischen den bebauten und unbebauten Flächen eines Siedlungsgefüges den übergeordneten Kontext. Diese Betrachtungsweise bietet den Entwicklungsrahmen für ein Einzelgrundstück und stellt dieses in den Gesamtzusammenhang zum Stadtbild und den städteplanerischen übergeordneten Zielen.

Weiterhin kann der Gesetzgeber Anpassungen der Landesbauordnungen zu Gunsten übergeordneter Ziele erlassen. Beispielsweise wurde in Baden-Württemberg eine Neuregelung (§ 5 Abs. 5 LBO BW) erlassen, wonach Aufstockungen bis zu zwei Geschossen nicht auf die Abstandsflächen angerechnet werden. Auch die novellierte Bayerische Bauordnung 2025 enthält Vereinfachungen bei Abstandsflächen und Stellplatzpflichten (vgl. BayBO 2025). Die Anpassungen unterstützen durch den sparsamen Umgang mit Bauland die Klimaschutzziele und fördern gleichzeitig die Errichtung von zusätzlichem Wohnraum.

Um den aktuell hohen Investitionskosten entgegenzuwirken, unterstützt der Gesetzgeber Initiativen zur Deregulierung und Reduzierung von baulichen Standards (u. a. sog. Gebäudetyp E). Ob es zum In-Kraft-Treten des Gesetzes kommt, ist derzeit noch nicht absehbar. 2023 hat der Gesetzgeber bereits die Digitalisierungsnovelle im Baugesetzbuch beschlossen, um u. a. die Verwaltungs-, Planungs- und Genehmigungsverfahren zu beschleunigen (vgl. BMWSB).

1.2.5 Planerisch-technische Anforderungen

Aufgrund der unterschiedlichen übergeordneten und spezifischen Anforderungen an das Projekt – wie beschrieben – hat sich sukzessive die Entwicklung von Projekten verändert. Neben den städtebaulichen und architektonischen Aspekten müssen nun verstärkt die sozialen, ökologischen, ökonomischen, technischen und prozessualen Bedarfe stärker einbezogen werden, um zukunftsorientierte und resiliente Projekte zu entwickeln. Diese Qualitäten müssen innerhalb der Projektentwicklung mitgedacht und die hieraus resultierenden Zielkonflikte in Abwägungsprozessen harmonisiert und auf ihre Potenziale in Verbindung mit dem technologischen Fortschritt geprüft werden.

1.2.5.1 Objekt – Grundstück, Gebiet

Aufgrund des vorherrschenden und stetig zunehmenden Baulandmangels werden häufig Grundstücksflächen und Gebiete mit erschwerten Bedingungen entwickelt. In der Regel befinden sich die Bauflächen in unmittelbarer Nähe zu Bahnlinien, stark frequentierten Straßen und hohem Verkehrsaufkommen, auf ehemaligen gewerblichen Arealen mit Bodenbelastungen und Kontaminationen. Dies gilt sowohl für Neuentwicklungen von Bauland als Stadtteile oder Quartiere als auch für Arrondierungen von bestehenden Strukturen im Rahmen von Innenentwicklungen und Nachverdichtung.

Die Beschaffenheit des Grundstücks, seine Form, Flächenneigung, Himmelsausrichtung, mögliche Nähe zu Emissionsquellen, wirken sich unmittelbar auf die zu planenden und auszuführenden Maßnahmen der Grundstücksfreimachung und -erschließung aus. Erwähnt seien in diesem Zusammenhang Gründungsmaßnahmen (Flächen- bzw. Pfahlgründungen, Erschütterungsschutz), Sicherungsmaßnahmen in Abhängigkeit der Baugrundbeschaffenheit (Verbaumaßnahmen, Böschungssicherung), Wasserhaltung während der Baugrubenherstellung und Errichtung von unterirdischen Gebäudeteilen.

Aufgrund von klimatischen Veränderungen müssen erhöhte Schutzmaßnahmen gegen verstärkt auftretende Starkregenereignisse realisiert werden. Viele Kommunen stellen bereits Starkregengefahrenkarten kategorisiert nach seltenen, außergewöhnlichen und extremen Ereignissen online zur Verfügung. Auf dieser Grundlage können private und öffentliche Grundstückeigentümer entsprechende Maßnahmen für den Starkregenschutz ableiten. Dabei sind sowohl Maßnahmen auf den Baugrundstücken als auch im öffentlichen Bereich sowie besondere Maßnahmen im Bereich von Hanglagen zu berücksichtigen (vgl. Stadt Freiburg, Starkregen).

Weitere Herausforderungen liegen im Bereich des Natur- und Artenschutzes. Bei Grundstücksentwicklungen, der Durchführung von vorbereitenden Maßnahmen zur Grundstücksfreimachung, wie z. B. Baumfällungen, Sträucher- und Heckenschnitt, Abbruch von bestehenden Gebäuden, etc. sowie bei der Planung der städtebaulichen Gebäudeanordnung auf dem Grundstück sind z. B. Flugwege von Vögeln, Blendwirkungen bei Vogel- und Insektenflug, die Nähe zu benachbarten Waldgebieten, etc. zu berücksichtigen. Das Bundesnaturschutzgesetz (BNatSchG) und die Bundesartenschutzverordnung bestimmen den Rahmen für die erforderlichen vorbereitenden und begleitenden Maßnahmen einer Projektentwicklung (sh. BMUV Artenschutz). Für die Inanspruchnahme von Frei- und Grünflächen mit bestehender Fauna und Flora für den Siedlungsbau und die Verkehrsinfrastruktur sind vorgegebene Ausgleichmaßnahmen im Rahmen der Bauleitplanung und Grundstücksentwicklung gem. BNatSchG zu berücksichtigen und zu leisten (vgl. BfN Eingriffsregelung).

Auch Aspekte des Verkehrs, Schallschutzes, Starkregenschutzes und Klima- sowie Artenschutzes werden im Rahmen von Bebauungsplänen tlw. gutachterlich geprüft und festgesetzt.

Die Eigenschaften des Grundstücks beeinflussen in Folge maßgeblich die Gebäudeplanung. Im Zuge der Projektentwicklung werden die gegenseitigen Abhängigkeiten kontinuierlich überprüft und iterativ in den Entwicklungsprozess einbezogen. Vor allem Ausgleichmaßnahmen müssen frühzeitig mit den Behörden abgestimmt, zeitlich berücksichtigt und in die Projektkalkulation aufgenommen werden.

1.2.5.2 Objekt – Gebäude

Insbesondere Klimaschutzmaßnahmen wirken stark auf das Bauen ein. Objekte müssen gesetzlich vorgegebenen Energiestandards entsprechen, darüber hinaus können höhere Qualitäten erforderlich werden bei möglicher Inanspruchnahme von Fördermitteln.

Nachhaltiges Bauen hat stark an Bedeutung gewonnen und beeinflusst die Objektplanung in hohem Maße. Sowohl die bautechnischen als auch die haustechnischen Bestandteile eines Gebäudes richten sich an künftigen Umwelt- und Energiewirkungen aus. Die Erhöhung von Anteilen an erneuerbaren Energien in der Wärme- und Stromversorgung, das Senken der Wärmebedarfe, Erhöhung der Energieeffizienz, Nutzung und Wiederverwendung von nachhaltigen Baumaterialien, etc. implizieren die Anwendung neuer Technologien. Die politische Ausrichtung der Wärmewende und der damit verbundene Umstieg auf erneuerbare Energien durch die Nutzung von Fernwärmenetzen, Wärmepumpen, Geothermie, Eisspeicher, Ausbau der Photovoltaik-Anlagen, etc. sowie die perspektivische Senkung von Wärmebedarfen durch die Etablierung von Niedrigtemperaturnetzen sind richtungsweisend. Neben diesen Aspekten des technischen Ausbaus gewinnt auch die passive Energiegewinnung an Bedeutung, im Zuge der Planung müssen Aspekte der natürlichen Belüftung, Nutzung der Sonnenenergie, Bauteilaktivierung, etc. berücksichtigt werden.

Die Wahl der zu verwendenden Baumaterialien ergänzt im ökologischen Kontext das nachhaltige Handeln. Insbesondere die Verwendung von Holzwerkstoffen und recycelten und innovativen Materialien bilden hierbei einen neuen Schwerpunkt. Durch diese Maßnahmen sollen die CO_2-Emissionen künftig gesenkt werden.

Für die Formulierung der (Nutzer-)anforderungen an ein Gebäude stellt die DIN 18205 eine gute Grundlage dar. Von der Klärung des Kontextes, der Formulierung von Zielen, der Erfassung der erforderlichen Informationen bis zur eigentlichen Formulierung des Bedarfs bietet sie Hilfestellungen und exemplarische Checklisten. Wichtig ist dabei, dass der Bedarf nicht nur räumliche Erfordernisse (im Sinne der Gebäudefunktion), sondern auch die technische, die soziokulturelle, gestalterische und ökologische Dimension umfasst. Die Projektentwicklung muss darüber hinaus die Perspektive vergrößern und den Gebäudekontext um die Anforderungen an das Grundstück und die Infrastruktur erweitern.

Je nach Grundstückszuschnitt, seine Lage und Ausrichtung ergeben sich unterschiedliche Anforderungen an die Ausformung der zu errichtenden Gebäude. Aufgrund der zunehmenden globalen und lokalen Erwärmung gewinnt der sommerliche Wärmeschutz an

Bedeutung. Maßnahmen zur Verschattung und Kühlung von Lebensräumen insbesondere Schlafräumen in den Nachtzeiten sind abhängig von den regionalen und lokalen Gegebenheiten. Die Hitzebelastungen beeinträchtigen insbesondere vulnerable Gruppen (ältere Menschen, Kinder). Um dieser Entwicklung vorzubeugen haben viele Kommunen Klimaanpassungskonzepte entwickelt, und HotSpot-Auswirkungen in der Zukunft untersucht. Hiernach wird die bauliche Dichte in Relation zu den vorhandenen Grünflächen, der Gebäudefußabdruck, der Hellbezugswert der Gebäudefassaden, Verschattungsmaßnahmen, Versickerungs- und Retentionsflächen, ruhender Verkehr, etc. betrachtet (vgl. Stadt Freiburg, Klimaanpassungskonzept). Die Struktur- und Maßnahmenpläne können auf den kommunalen Webseiten eingesehen werden und dienen der städtebaulichen und objektbezogenen Entwicklungsplanung.

Da zunehmend auch Grundstücke in Lärm beaufschlagten Gebieten bebaut werden, erhöhen sich die Anforderungen an Schallschutzmaßnahmen sowohl für die Freiflächen als auch für die Gebäude. Die Lärmquellen sind in der Regel verkehrliche (Straßen, Bahntrassen) sowie gewerbliche Anlagen in gemischten bzw. benachbarten Gewerbegebieten. Die einzuhaltenden Schallimmissionswerte richten sich vorwiegend nach den Vorgaben der Bauleitplanung in Bebauungsplänen und weiteren gesetzlichen Vorgaben und Normierungen – hier insbesondere die technische Anleitung zum Schutz gegen Lärm (TA Lärm) für Gewerbeflächen, die 26. Verordnung zur Durchführung des Bundes-Immissionsschutzgesetzes (26. BImSchV) für Verkehrsimmissionen, sowie die DIN 18005 (Schallschutz im Städtebau) und DIN 4109 (Schallschutz im Hochbau).

Je nach Höhe der Schallbelastungswerte sind entsprechende Maßnahmen an Gebäuden erforderlich. Sowohl die Außenwandkonstruktion als auch die Fenster- und Türanlagen müssen den erforderlichen Schallschutz für die dahinter liegenden Nutzräume erbringen. Darüber hinaus können durch bauliche Veränderungen der städtebaulichen Gebäudeanordnung auch Schallimmissionen auf benachbarte Bebauungen ausgelöst werden, den sowohl planerisch als auch konstruktiv begegnet werden muss. Diese Maßnahmen sind in der Regel kostenintensiv und müssen bereits in den frühen Planungsphasen berücksichtigt werden. Sie sind auch für die Grundrissorganisation und Materialwahl entscheidend.

Weitere Anforderungen ergeben sich aus möglichen Zertifizierungen, die zum Teil auf Landesebene in Verbindung mit entsprechenden Förderprogrammen Voraussetzung geworden sind. Beispielhaft hierfür ist das aktuelle Landeswohnraumförderprogramm Baden-Württemberg (Förderprogramm BW 2022). Um die Landeswohnraumförderung für geförderten Wohnraum in Anspruch nehmen zu können, müssen Entwicklungen von über 100 Wohnungen ein anerkanntes Nachhaltigkeitszertifikat vorweisen. Diese Voraussetzung hat auch dann ihre Gültigkeit, wenn nur wenige geförderte Wohnungen innerhalb des Projektes enthalten sind. Da der Zertifizierungsvorgang maßgeblich die Planungs- und Ausführungsprozesse beeinflusst, muss die Auswahl des Zertifizierungssystem und dessen investive Bewertung frühzeitig berücksichtigt werden.

Aufgrund der klimatischen und umweltbezogenen Herausforderungen sind auch Bauprodukte und -materialien sowie deren Herstellungsprozesse und Verarbeitung im Fokus.

Mit der Nationalen Kreislaufwirtschaftsstrategie (NKWS) hat die Bundesregierung 2024 Ziele definiert zur Stärkung der zirkulären und ressourcenschonenden Wirtschaftstätigkeit. Dieser umfassende Ansatz geht über das Kreislaufwirtschaftsgesetz (KrWG), in dem die Vermeidung und der Umgang mit Abfallstoffen reguliert werden, hinaus und manifestiert einen zukunftsorientierten Gesamtwirtschaftskreislauf. Auch dieser Aspekt gewinnt in der immer mehr an Bedeutung und muss im Rahmen der Projektentwicklung mitgedacht werden (vgl. BMUV, Nationale Kreislaufwirtschaftsstrategie).

1.2.5.3 Infrastruktur

Die Erschließungsmöglichkeiten von Baugebieten und Grundstücken stehen in unmittelbarem Zusammenhang mit der Grundstücksbeschaffung und seiner Lage. Insbesondere im Rahmen der Entwicklung von gebietsbezogenen Flächen sind die Entscheidungen hinsichtlich der Medienver- und -entsorgung sowie der verkehrlichen Anbindung zu treffen und entsprechende Voruntersuchungen auch im Rahmen von Gutachten vorzunehmen. Dabei sind die vorhandenen Verkehrserschließungen wie z. B. Straßen- und Bahnanbindung, Flugverkehr, Fahrradschnellwege, Brücken- und Tunnelbauten, Gewässerläufe, etc. zu berücksichtigen. Aufgrund übergeordneter Verkehrsplanungen können Erfordernisse zur Vorhaltung von Flächen für künftige Infrastrukturprojekte entstehen, wie z. B. Vorhaltetrassen für Straßenbahnlinien oder Abhängigkeiten für entsprechende Anschlüsse an benachbarte Infrastruktur. Mögliche Ablösen für die Auflösung oder Veränderung der Vorhalteflächen sind mit den Kommunen zu verhandeln.

Wesentlich für die Entscheidungsprozesse sind auch Energieversorgungskonzepte, die sich an den übergeordneten politischen Zielen der Klimaneutralität orientieren. Durch die Wahl der Versorgungssysteme (Fern-, Nahwärme- und Niedrigtemperaturnetze) werden die Weichen für die Erreichung der Zielsetzung gelegt. Sowohl die Energiezentralen als auch Trafostationen müssen mit deren Größe und Lage im Gesamtkonzept Berücksichtigung finden. Je nach Konzeption können sich Anschlusszwänge ergeben, die im Zuge der Grundstücksvergabe an die Erwerber und Nutzer weitergegeben werden.

Eine weitere politische Zielsetzung stellt die Mobilitätswende dar. Demnach soll möglichst auf fossil-motorisierte Fortbewegungsmittel verzichtet werden. Zum einen werden durch Mobilitätskonzepte Alternativen für die emissionsfreie Mobilität angeboten, wie z. B. eine erhöhte Anzahl an Fahrradabstellplätzen auch für Sonderfahrräder, E-Lademöglichkeiten, Car- und Bikesharing, Bezuschussung von Regional-Fahrkarten, Nähe zu öffentlichen Verkehrsmitteln, etc. Zum anderen sollen durch diese Angebote die Stellplatzbedarfe reduziert werden, um den Verzicht auf ein eigenes Auto zu fördern. In Folge werden bereits in vielen Städten die Stellplatzschlüssel abhängig von den Nutzungsmodellen und Trägerschaften verringert.

Insbesondere künftige Entwicklungen der Infrastruktur können das zu entwickelnde Grundstück wertsteigernd oder -mindernd beeinträchtigen, daher müssen diese Aspekte vor dem Ankauf eines Grundstücks vertieft geprüft und investiv bewertet werden.

1.2.5.4 Digitale Instrumente

Die Digitalisierung stellt neben der Nachhaltigkeit einen weiteren globalen Entwicklungstrend dar. Der Einsatz von intelligenten Technologien in der Projektentwicklung und im Baugewerbe ist inzwischen unverzichtbar. Dazu gehören informationstechnologische (IT-)Anwendungen und Werkzeuge in der Planung und Ausführung von Objekten, die im Kap. 7 weiter vertieft werden.

Die Planungs- und Ausführungsprozesse lassen sich durch digitale Instrumente effizienter und einfacher abbilden, digitale Modelle ermöglichen kurzfristige Auswertungen, Vergleiche und Monitoring, Planungen lassen sich schnell erstellen und verändern, automatisierte Kommunikationssysteme unterstützen und optimieren die Zusammenarbeit aller Projektbeteiligten. Die Implementierung der Instrumente und Anwendung von möglichst vielen Akteuren stellt hierbei jedoch eine Herausforderung dar.

1.3 Konsequenzen der Transformation

Neben einer größtmöglichen Sorgfalt in der Zusammenstellung der Anforderungen und einem kontinuierlichen Monitoring derselben über die Projektlaufzeit können einige Instrumente und Vorgehensweisen als hilfreich für Projektentwicklungen im Kontext der Transformation benannt werden und für höhere Resilienz sorgen:

- Das Prinzip des „fail fast“ kommt aus der Welt der agilen Softwareentwicklung und des Design Thinking. Dabei wird ein besonderer Wert daraufgelegt, schnell und früh zu erfahren, inwieweit ein Konzept tragfähig ist, um zeitnah und noch im laufenden Prozess Anpassungen vornehmen zu können. Ein Beispiel hierfür wäre die im innerstädtischen Straßenbau inzwischen häufig anzutreffende testweise und temporäre Ausweisung von verkehrsberuhigten oder für Fahrräder und Fußgänger vorgesehenen Zonen, deren dauerhafte bauliche Umsetzung erst nach der Evaluation einer Testphase und der Integration notwendiger Anpassungen stattfindet.
- Das Prinzip der Partizipation steigert das Potenzial von Akzeptanz und sichert, dass möglichst alle Anforderungen bekannt (und soweit möglich berücksichtigt) werden. Insbesondere politische Entscheidungsgremien sind auf den Dialog und Diskurs mit der Öffentlichkeit und ggf. Nutzerschaft angewiesen, um tragfähige Entscheidungen für die Zukunft treffen zu können.
- Modulares und schrittweises Vorgehen hilft dabei, flexibel auf sich ändernde Bedarfe reagieren zu können, sowohl auf Objektebene als auch auf städtebaulicher Ebene. Gleichzeitig können einzelne Projekt- oder Bauabschnitte fertiggestellt werden und in Nutzung gehen.
- Ein integriertes Vorgehen bedeutet, dass innerhalb eines Projekts Kommunikation und direkte Abstimmung der Akteure einen hohen Stellenwert einnehmen und eine Parallelität verschiedener Schritte damit möglich wird, zugunsten schneller erreichbarer (Zwischen-) Ziele. In diesem Zusammenhang bieten sich auch Allianzen verschiedener Akteure an oder das Denken in größeren Zusammenhängen (z. B. Land- und Quartiersentwicklung)

- Angepasste Art der Entscheidungsfindung: Während es in komplizierten Kontexten Entscheidungen auf Basis vorliegender und analysierter Daten sich oft als gut erweisen und im Anschluss zu beobachten sind, sind in komplexen Umfeldern die Reaktionen nicht oder wenig prognostizierbar, sodass ein „Probehandeln" wesentliche Erkenntnisse liefern und eine spätere Entscheidung verbessern kann (vgl. Snowden).
- Digitale Instrumente helfen dabei, auf Basis parametrischer Daten die Machbarkeit verschiedener Varianten mit geringem Aufwand auszuloten sowie im Projektverlauf Rückkoppelungen aus Erfahrungen zu integrieren. Sie können die notwendige Reaktionsfähigkeit im Projektverlauf unterstützen und dabei helfen, die Komplexität der Projekte zu reduzieren oder abzubilden (siehe hierzu Kap. 7).

Insgesamt kristallisiert sich nach Betrachtung der Anforderungen heraus, dass die zentrale und wesentliche übergeordnete Anforderung an eine Projektentwicklung in allen ihren Stadien – vom Beginn bis zum Ende – die Konzeption und Aufrechterhaltung einer optimalen Reaktions- und Anpassungsfähigkeit und damit in gewisser Weise Krisenfestigkeit ist.

Reaktionsfähigkeit als übergeordnete Anforderung

Wie Tab. 1.1 zeigt, können dem VUCA- bzw. BANI-Konzept nachfolgend Beispiele und mögliche Vorgehensweisen zugeordnet werden:

Tab. 1.1 Beispiele für Vorgehensweisen im Kontext von VUCA und BANI

	Beispiele	Mögliche Vorgehensweisen (Auswahl)
volatile/volatil/ („brittle")	Volatile Märkte, volatile Preise, volatile Nachfrage, volatile Zinsen	Risikostreuung, Nutzungsmischung bzw. variable Nutzungen, abschnittweise Realisierung, modulares Vorgehen, zügige Realisierung, iteratives Vorgehen
uncertain/unsicher („anxoiuos")	Unsichere Entwicklung von Märkten, Preisen, Nachfrage, Zinsen; verunsicherte Stakeholder	Szenarienbildung, best/worst cases, Risikomanagement, Kommunikation, Empathie, modulares Vorgehen, zügige Realisierung, iteratives Vorgehen
Complex/komplex („non linear")	Viele und heterogene Projektbeteiligte, viele und heterogene Nutzungen, hohes öffentliches Interesse, Vielzahl sich ggf. widersprechender Anforderungen, Vielzahl an Eigentümern, komplexe Eigentumsverhältnisse	Hohe bzw. angepasste Managementkompetenzen, Bildung von Teilprojekten, modulares Vorgehen, Komplexitätsreduktion (z. B. durch die Bildung von Teilprojekten), iteratives Vorgehen
Ambigous/ mehrdeutig/ „incomprehensible")	Viele und heterogene Interessen am und im Projekt, hohes öffentliches Interesse, Zielkonflikte durch hohe Anforderungen	Nutzungsmischung bzw. variable Nutzungen, modulares Vorgehen, Kommunikation, iteratives Vorgehen

Literatur

Alt R (2020) Transformation – Ausführliche Definition im Online-Lexikon. Gabler Banklexikon. https://www.gabler-banklexikon.de/definition/transformation-70694/version-376018. Abruf 25.02.2025

Baden-Württemberg, Ministerium für Landesentwicklung und Wohnen, Förderprogramm BW 2022, https://mlw.baden-wuerttemberg.de/de/bauen-wohnen/wohnungsbau/wohnungsbau-bw, Abruf 25.02.2025

Baden-Württemberg, Landes-Bauordnung 2023, https://www.landesrecht-bw.de/bsbw/document/jlr-BauOBW2010V12IVZ, Abruf, 25.02.2025

Bundesanstalt für Immobilienaufgaben, BaFin-Risiko-Bericht 2025: https://www.bafin.de/DE/Aufsicht/Fokusrisiken/Fokusrisiken_2025/Fokusrisiken_2025_node.html, Abruf 25.02.2025

Bayern, Bayerische Bauordnung 2025, https://www.gesetze-bayern.de/Content/Document/BayBO, Abruf 25.02.2025

Bayrisches Staatsministerium für Wohnen, Bau und Verkehr, Bürgerbeteiligung im Städtebau, Ein Leitfaden, Arbeitsblätter für die Bauleitplanung Nr. 18

Bundesamt für Naturschutz, Eingriffsregelung, https://www.bfn.de/eingriffsregelung, Abruf 25.02.2025

Bundesministerium für Wohnen, Stadtentwicklung und Bauwesen, Der Gebäudetyp E, https://www.bmwsb.bund.de/SharedDocs/kurzmeldungen/Webs/BMWSB/DE/2024/07/gebaeudetyp-e.html, Abruf 25.02.2025

Bundesministerium für Wohnen, Stadtentwicklung und Bauwesen, Bezahlbar, beschleunigt, bedarfsgerecht - Die Novelle des Baugesetzbuches (BauGB), https://www.bmwsb.bund.de/SharedDocs/kurzmeldungen/Webs/BMWSB/DE/2024/09/baugb-novelle.html; Abruf 23.03.2025

Bundesministerium für Wohnen, Stadtentwicklung und Bauwesen, Die neue Leipzig-Charta, https://www.bmwsb.bund.de/Webs/BMWSB/DE/themen/stadt-wohnen/stadtentwicklung/neue-leipzig-charta/neue-leipzig-charta-node.html; Abruf 23.03.2025

Bundesministerium für Wohnen, Stadtentwicklung und Bauwesen, Bundestag hat heute die Digitalisierungsnovelle im Baugesetzbuch beschlossen, https://www.bmwsb.bund.de/SharedDocs/pressemitteilungen/Webs/BMWSB/DE/2023/06/Bau-Digitalisierung.html; Abruf 23.03.2025

Bundesministerium für Umwelt, Naturschutz, nukleare Sicherheit und Verbraucherschutz, Besonderer und strenger Artenschutz, 12.11.2021, https://www.bmuv.de/themen/artenschutz/nationaler-artenschutz/instrumente/besonderer-und-strenger-artenschutz, Abruf 25.02.2025

Bundesministerium für Umwelt, Naturschutz, nukleare Sicherheit und Verbraucherschutz, EU-Taxonomie und die rechtliche Grundlage, 2022, https://www.bmuv.de/faqs/taxonomie-und-die-rechtliche-grundlage, Abruf 25.02.2025

Bundesministerium für Umwelt, Naturschutz, nukleare Sicherheit und Verbraucherschutz, Nationale Kreislaufwirtschaftsstrategie, Dezember 2024

Bundesinstitut für Bau-, Stadt- und Raumforschung, Forschungsprojekt, Die Stadt der Viertelstunde, https://www.bbsr.bund.de/BBSR/DE/forschung/programme/refo/staedtebau/2023/stadt-der-viertelstunde/01-start.html?pos=1, Abruf 25.02.2025

Die Bundesregierung, Faire Aufteilung der CO_2 Kosten, Montag, 2. Januar 2023, https://www.bundesregierung.de/breg-de/themen/tipps-fuer-verbraucher/aufteilung-co2-kosten-2043728, Abruf 25.02.2025

Deutscher Bundestag: Hauptgutachten 2011 des Wissenschaftlichen Beirats der Bundesregierung Globale Umweltveränderungen Welt im Wandel – Gesellschaftsvertrag für eine Große Transformation, https://dip.bundestag.de/drucksache/hauptgutachten-2011-des-wissenschaftlichen-beirats-der-bundesregierung-globale-umweltver%C3%A4nderungen-welt-im-wandel/35377, Abruf 25.02.2025

Deutscher Bundestag, Wissenschaftliche Dienste, Sachstand Bürgerbeteiligung bei der Bauleitplanung, 2019; https://www.bundestag.de/resource/blob/654318/217a519c24ef16ec53d131a2302a5fde/WD-7-116-19-pdf-data.pdf, Abruf 25.02.2025

C.J. Diedrichs, J. Möser, R. Grolle-Hüging, AHO Heft 19, Ergänzende Leistungsbilder im Projektmanagement für die Bau und Immobilienwirtschaft, Bundesanzeiger Verlag 2018

Deutsche Gesellschaft für Nachhaltiges Bauen (DGNB), Das DGNB System für Quartiere, Nachhaltige Quartier planen und zertifizieren, https://www.dgnb.de/de/zertifizierung/quartiere, Abruf 25.02.2025

Berlin, Senatsverwaltung für Stadtentwicklung und Umwelt, Handbuch zur Partizipation. https://www.berlin.de/raum-fuer-beteiligung/#links, Abruf 25.02.2025

empirica Forschung und Beratung, Schwarmstädte in Deutschland, GdW Studie, 2015, https://www.gdw.de/uploads/pdf/publikationen/GdW_Studie_Schwarmstaedte_Endbericht.pdf, Abruf 25.02.2025

European Commission, Corporate sustainability reporting, https://finance.ec.europa.eu/capital-markets-union-and-financial-markets/company-reporting-and-auditing/company-reporting/corporate-sustainability-reporting_en, Abruf 25.02.2025

European Commission, European Climate Law, https://eur-lex.europa.eu/legal-content/EN/TXT/?uri=CELEX:32021R1119, Abruf 25.02.2025

E. Feess, Gabler, https://wirtschaftslexikon.gabler.de/definition/komplexitaet-39259, Abruf 25.02.2025

B. Flyvbjerg, What is a Megaproject? 2008 greenhousegas protocol, standards, https://ghgprotocol.org/standards, Abruf 26.02.2025

J. Heiling, A. Speer, Herausforderungen kommunaler Unternehmen bei der Einführung der CSRD respektive ESRS, der gemeindehaushalt 8/2023

Geoportal München, https://stadt.muenchen.de/infos/waermewende-muenchen.html, Abruf 25.02.2025

Land Baden-Württemberg, Landesbauordnung Baden-Württemberg, §5 Abstandsflächen, Fassung vom 13.06.2023

D. Lucht, Theorie und Management komplexer Projekte, Springer Gabler 2019

M. Peyinghaus, R. Zeitner, A.-K. Kempter, Leading Real Estate, Springer Vieweg 2022

Messe München GmbH, BAU, Digitalisierung der Baubranche: Digitale Transformation hält Einzug, https://bau-muenchen.com/de/messe/leitthemen/digitale-transformation/, Abruf 26.02.2025

A. Pfnür, M. Eberhardt, T. Herr, Transformation in der Immobilienwirtschaft, 2022

F. Plößl, Dr. T. Just, Megatrends der Immobilienwirtschaft, IRE|BS International Real Estate Business School, Universität Regensburg 2020, Heft 24

pro:Holz Austria, Bauteilbörsen und Materialdatenbanken, Eine Bestandaufnahme, Zuschnitt 88, Reuse und Recycling, März 2023, https://www.proholz.at/fileadmin/flippingbooks/Zuschnitt88/Zuschnitt88.pdf, Abruf 25.02.2025

B. Reineke, EY Hochbauprognose 2023, Juli 2023

N. Rosskamm, Dichte, transcript 2011

U. Schneidewind: Die Große Transformation, Fischer 2019, 4. Auflage

M. Saynisch, Neue Wege im Projektmanagement, Welche Impulse, Konzepte und Handlungsempfehlungen für das Projektmanagement zeigen die neuen Sichtweisen und Erkenntnisse in den Natur- und Sozialwissenschaften auf?, Ergebnisübersicht des Forschungsprogrammes 1990–2000, in: d-punkt-Verlag (Hrsg.), „InterPM 2003" – Konferenz zur Zukunft im Projektmanagement durch interdisziplinäre Ansätze, Tagungsband zur gleichnamigen Tagung am 18.–29.03.2003, Heidelberg 2003

D. Snowden, A Leader's Framework for Decision Making, Harvard Business Review, November 2007

Staatslexikon, Regierungssysteme, https://www.staatslexikon-online.de/Lexikon/Regierungssysteme

Stadt Freiburg, Amt für Liegenschaften und Wohnungswesen, Sozial.Flexibel.Generationengerecht., Das neue Erbbaurecht der Stadt Freiburg, 2023; https://www.freiburg.de/servicebw/Erbbaurecht.pdf, Abruf 25.02.2025

Stadt Freiburg, Klimaanpassungskonzept, https://www.freiburg.de/pb/site/Freiburg/get/params_E-2038560454/2071141/20201013_KLAK_Bericht-digital.pdf, Abruf 25.02.2025

Stadt Freiburg, Starkregen, https://www.freiburg.de/pb/2140665.html, Abruf 25.02.2025

Stadt München, Nachhaltige Stadtentwicklung in München, https://stadt.muenchen.de/infos/nachhaltige-stadtentwicklung-muenchen.html, Abruf 26.03.2025

Stadt München, Sozialgerechte Bodennutzung (SoBoN), https://stadt.muenchen.de/infos/sozialgerechte-bodennutzung.html, Abruf 26.03.2025

Weber, Gabler Wirtschaftslexikon, https://wirtschaftslexikon.gabler.de/definition/risiko-44896/version-268200, Abruf 25.02.2025

ZIA Zentraler Immobilien Ausschuss e.V., Taxonomie, 2022, https://zia-deutschland.de/project/taxonomie/, Abruf 25.02.2025

ZIA Zentraler Immobilien Ausschuss, e.V., Frühjahrsgutachten 2025, https://zia-deutschland.de/wp-content/uploads/2025/02/Fruehjahrsgutachten-2025.pdf, Abruf 25.02.2025

Zukunftsinstitut, Megatrends; https://www.zukunftsinstitut.de/zukunftsthemen/megatrends, Abruf 25.02.2025

Eine umfassende Typologisierung und Definition der Projektentwicklung in der Bau- und Immobilienwirtschaft

2

Elmar Schütz

Dieses Kapitel bietet eine umfassende Typologisierung und Definition der Projektentwicklung in der Bau- und Immobilienwirtschaft. Ausgangspunkt ist eine Projekt-Pyramide, die die Typologisierung von Objekten und Projekten veranschaulicht. Die Basis der Pyramide bilden Planungen und Maßnahmen der Raumordnung, während an der Spitze Hoch- und Tiefbauprojekte stehen. Die horizontale Aufteilung der Pyramide zeigt die Einteilung der Projekte nach räumlichen und rechtlichen Zusammenhängen, während die vertikale Gliederung die Objekttypologie darstellt. Im Weiteren werden die Bedeutung der Unterscheidung zwischen Projekten und Objekten hervorgehoben und die verschiedenen rechtlichen Planverfahren auf unterschiedlichen Planungsebenen erläutert. Zudem wird die Rolle der kommunalen Selbstverwaltung und der Bebauungspläne in der Stadtentwicklung hervorgehoben. Abschließend wird, neben anderen gebietsbezogenen Entitäten, die Bedeutung von Quartieren in der Stadt- und Immobilienentwicklung herausgestellt, wobei deren Merkmale und Erfolgsfaktoren beschrieben werden.

2.1 Die Projekt-Pyramide

Abb. 2.1 zeigt ein auf seiner Basis stehendes Dreieck, das auch als zweidimensionale Abbildung einer Pyramide gelesen werden kann. Die Projekt-Pyramide veranschaulicht die Typologisierung der Objekte und Projekte. Die Basis der Pyramide bilden Planungen und Maßnahmen der Raumordnung. An der Spitze stehen gleichberechtigt Hoch- und Tiefbauprojekte, dazwischen Projekte der kommunalen Bauleitplanung bzw. der Land- und Quartiersentwicklung. Die horizontale Aufteilung (von oben nach unten) der Pyramide zeigt also die Einteilung der Projekte nach räumlichen, aber auch rechtlichen Zusammen-

E. Krön et al., *Projektentwicklung – vom Quartier zum Gebäude*, https://doi.org/10.1007/978-3-658-49172-7_2

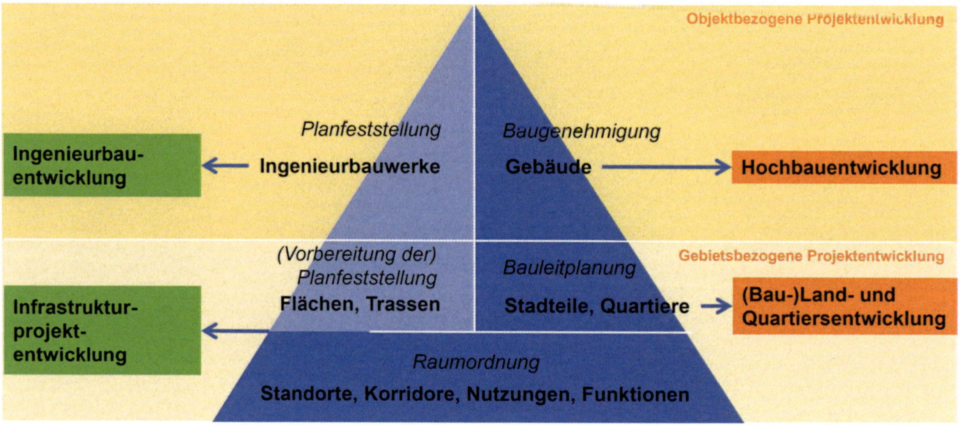

Abb. 2.1 Projektpyramide

hängen und Größen bzw. Maßstabsebenen. Die vertikale Gliederung (von links nach rechts) zeigt die Objekttypologie, also das, was durch die entsprechenden Projekte bearbeitet wird. Die Raumwissenschaft unterscheidet hierbei zwischen der Sektoralplanung (links der Mitte) und der Gesamtplanung (rechts der Mitte; ARL 2018, S. 1895).

Die Unterscheidung zwischen Projekten und Objekten ist sinnvoll, denn erst über das Verständnis des Gegenstands, besser: des physischen Ergebnisses der Projekte, nämlich die Objekte, wird deutlich, dass die Projekte nicht nur auf unterschiedlichen räumlichen Ebenen stattfinden, sondern auch unterschiedliche Eigenheiten haben. Und so wird klar, dass auf der unteren Maßstabsebene, der Basis der Pyramide, keine solche Einteilung der Projekte erfolgen kann. Denn dort sind nicht Hochbauten, Tiefbauten und – hier nicht dargestellt – Landschaftsbauten[1] das Ergebnis, sondern deren Standorte und Korridore, ggf. Trassen und Flächen (-ausdehnung). Das dient der Koordination ihrer Raumansprüche und Raumwirkungen mit anderen geplanten Objekten bzw. deren Standorten und Korridoren und den wirtschaftlichen, sozialen und ökologischen Belangen der Allgemeinheit (ebenda).

An der Basis geht es rein um Pläne und Programme der Bundesraumordnung sowie der Landes- und der Regionalplanung, die Vorgaben für die (bauliche) Entwicklung von Bund, Ländern, Regionen, Städten und Gemeinden machen, etwa dadurch, dass sie großräumige

[1] Der Vollständigkeit halber müsste die Figur in Abb. 2.1 ein drittes rechtwinkliges Dreieck für Landschaftsbauwerke haben, das mit seiner längsten Seite gegen die anderen lehnt. Dann würde die Figur zu einem dreidimensionalen Körper werden, der an einen Nadelbaum erinnert. Seine Äste, die die Objekte darstellen, würden exakt auf drei senkrecht stehenden und gleichmäßig auf der Ebene in 120°-Abstand verteilten Dreiecksflächen liegen. Ein Dreieck beschriebe die Gebäude, ein anderes die Ingenieurbauwerke und ein drittes eben die Landschaftsbauwerke. Da Landschaftsbauwerke selten eigenständig sind, können sie mal der Sektoralplanung, mal der Gesamtplanung zugeordnet werden. Auf der mittleren Ebene, direkt unterhalb der Bauwerke stünden die sie vorbereitenden Freiraumkonzepte.

Vorbehalts- oder Vorrangflächen, Standorte oder Korridore bzw. sogenannte Entwicklungsachsen, die auch wege- oder leitungsgebundene Infrastruktur enthalten, ausweisen (s. Abschn. 2.2.1). Zweifelsohne werden auch diese Pläne und Programme als Projekte abgewickelt.

Neben den vielen materiellen Unterschieden sind es vor allem die jeweils anzuwendenden öffentlichen Rechtsinstrumente bzw. zu durchlaufenden Planungs- und Genehmigungsverfahren, die die Objekte unterscheidbar machen. Während den fertiggestellten Objekten auf der linken Seite fast ausschließlich Planfeststellungsverfahren aufgrund von sogenannten Fachgesetzen vorausgehen, sind die Objekte der rechten Seite Ergebnis integraler Gesamtplanung (Abb. 2.1). Zwar stellt schon die Basis eine integrale Gesamtplanung dar. Aus ihr herauswachsen aber eben zwei Stränge von Projekten – je nach Rechtsinstrument ihrer Baurechtschaffung. Allerdings ist die Grenze zwischen Raumordnung und Planfeststellung nicht ganz so klar bestimmbar wie zwischen Raumordnung und Bauleitplanung. Auch kann über die Unterscheidung zwischen der Vorbereitung der Planfeststellung und der eigentlichen Planfeststellung diskutiert werden. Diese beiden Aspekte werden in Abschn. 2.2.3 weiter erörtert.

In gewisser Weise ist die Hauptunterscheidung nach den rechtlichen Planverfahren auch ein Hinweis auf die Komplexität der Projekte, zumindest auf der mittleren Ebene. Denn bei Stadtteilen und Quartieren müssen viele verschiedene bauliche Anlagen und Gebäude mit den jeweiligen Nutzungen zu einem Ganzen zusammengefügt werden. Ein entsprechender Bebauungsplan koordiniert zudem nicht nur die Belange der einzelnen Nutzungen untereinander, also innerhalb des Bebauungsplangebiets, sondern auch mit den Belangen außerhalb. Auf der fachplanerischen Seite steht in der Regel nur eine bauliche Anlage – die allerdings sehr lang sein kann – oder ein Gebäude, gegebenenfalls eine größere Kombination derselben, also ein Gebäude- oder Anlagenkomplex im Fokus. Hier geht es hauptsächlich darum, ihre Wirkungen nach außen verträglich zu gestalten.

Die Rechtsgrundlage für die Planfeststellung, ersatzweise die Plangenehmigung, findet sich in den §§ 72 bis 78 des Verwaltungsverfahrensgesetzes (VwVerfG). In diesem sind ausschließlich formelle, also verfahrensbezogene Aspekte geregelt. Materiellrechtliche Anforderungen, zum Teil auch ergänzende Verfahrensaspekte finden sich in Fachgesetzen, wie dem Allgemeinen Eisenbahngesetz (für Bahnanlagen), dem Bundesfernstraßengesetz (für Autobahnen und Bundesstraßen), dem Luftverkehrsgesetz (für Flugplätze), dem Kreislaufwirtschaftsgesetz (für Abfallentsorgungsanlagen) und vielen anderen.

Bemerkenswert ist der Umstand, dass im Zuge der Entscheidung der Planfeststellungsbehörde alle öffentlichen und privaten Belange, soweit das in Rede stehende Vorhaben sie betrifft, erhoben und abgewogen werden müssen. Zugleich beinhaltet der Planfeststellungsbeschluss alle öffentlich-rechtlichen Genehmigungen, Erlaubnisse, Bewilligungen usw., also auch die Baugenehmigung (§ 75 VwVerfG). Mit anderen Worten: Liegt der Planfeststellungsbeschluss vor, kann gebaut werden. Man spricht in dem Zusammenhang von einer Konzentrationswirkung der Planfeststellung (vgl. ARL 2018, S. 1.700).

Anders verhält es sich beim Bebauungsplan. In seinem Verfahren werden alle öffentlichen und privaten Belange gegeneinander und untereinander abgewogen (§ 1 [7]) Bundesbaugesetz [BauGB]) und sodann Festsetzungen getroffen, die vor allem die Art und das Maß der baulichen Nutzung verbunden mit einigen anderen Aspekten regeln. Rechtsbegründend sind hier vor allem die §§ 1 bis 4c sowie 8 bis 10a des BauGB in Verbindung mit den Regelungen der Baunutzungsverordnung (BauNVO).

Eine weitere wichtige Unterscheidung ist, dass der Planfeststellungsbeschluss immer von einer Behörde – verfassungsrechtlich der Exekutive zugehörig – getroffen wird, während der Bebauungsplan als gemeindliche Satzung vom kommunalen Parlament beschlossen wird und somit aus der Sphäre der Legislative stammt. Er ist Ausdruck der kommunalen Selbstverwaltung, wie sie im Artikel 28 des Grundgesetzes garantiert ist. Das ist ein Hinweis darauf, dass Projekte aus dem rechten Teil der Pyramide Gegenstand kommunalpolitischer Auseinandersetzungen sein können.

Der Bebauungsplan begründet aber nur, sofern das betreffende Vorhaben den Festsetzungen des Bebauungsplans entspricht, den Anspruch auf eine Baugenehmigung. Die Baugenehmigung selbst kommt wiederum von einer Behörde, der Bauaufsichtsbehörde. Sie prüft sowohl die Konformität mit den Festsetzungen des Bebauungsplans und stellt, soweit erforderlich – etwa, wenn von den Festsetzungen des Bebauungsplans befreit werden soll – das Einvernehmen mit der Gemeinde her, als auch prüft sie Aspekte wie Standsicherheit, Brand-, Wärme-, Schall- und Erschütterungsschutz. Die entsprechenden Regelungen finden sich in den Bauordnungen der Länder. Insoweit spricht man beim Bebauungsplan auch von Bauplanungsrecht und bei der Baugenehmigung vom Bauordnungsrecht. Letzteres wurde früher Baupolizeirecht genannt.

Dem Bebauungsplan vorgelagert ist der Flächennutzungsplan, der für das gesamte Gebiet einer Gemeinde aufgestellt wird, aber nicht unmittelbar für jedermann Recht setzt. Der Bebauungsplan, also der Plan für ein Teilgebiet der Gemeinde, das im Einzelfall nur aus einem oder wenigen Flurstücken bestehen kann, ist allgemeinverbindlich und in der Regel aus dem Flächennutzungsplan zu entwickeln. Der Flächennutzungsplan wiederum ist aus dem Regionalplan abgeleitet, der in seinem Gebiet Vorgaben des Landesentwicklungsplans oder -programms einhält. Im Landesentwicklungsprogramm finden sich die Leitbilder der Bundesraumordnung wieder. So entsteht eine durchgehende, aufeinander bezogene Planung von der Bundesraumordnung bis zur Baugenehmigung. Das System der Raumordnung ist in Abschn. 2.2.1 näher erläutert.

Die hier nicht abgebildeten Landschaftsbauwerke sind entweder Bestandteil von Planfeststellungen oder von Baugenehmigungen. Plant und baut die Gemeinde öffentliche, eigenständige Grünanlagen, etwa Parks selbst (oder lässt sie sie von Erschließungsträgern planen und bauen), so gibt es hierzu keine eigenständige Genehmigungsverfahren im Sinne eines Verwaltungsakts, es sei denn, die Grünanlagen enthalten nach Landesbauordnung genehmigungspflichtige bauliche Anlagen, z. B. Aufschüttungen und Abgrabungen, Brücken oder Gebäude. Dann müssen diese von der Bauaufsicht genehmigt werden. Das Bauplanungsrecht wird auf der rechten Seite über den Bebauungsplan geschaffen und die Gemeinde, vertreten durch das zuständige Amt, etwa das Grünflächenamt,[2] genehmigt das eigentliche Bauwerk in der Regel dadurch, dass sie die Ausführungspläne freigibt. Gleiches gilt für die öffentliche Erschließung, also den Bau von Straßen, Wegen und Plätzen. Man erkennt an diesen Umständen, dass das Schema der Projektpyramide seine Grenzen hat und nur ein Hilfsmittel zum Verständnis darstellt.

Eins macht sie aber deutlich, und dies ist vor allem für die gesamtplanerische, also die rechte Seite der Pyramide festzuhalten: Es gibt Projekte, die sich auf Gebiete beziehen und – wie im Kap. 3 noch gezeigt werden wird – eigene Charakteristika aufweisen, und es gibt Projekte, die reine Gebäude (bzw. Bauwerke aller Art) zum Gegenstand haben. Diese Erkenntnis mündet in der in diesem Buch getroffenen Unterscheidung zwischen *gebiets-* und *objektbezogenen Projekten* bzw. deren Entwicklungen.

2.2 Gebietsbezogene Objekte

2.2.1 Objekte der Raumordnung: Land und Region bzw. Standorte, Korridore, Funktionen und Nutzungen

Raumordnung ist ein Oberbegriff für alle rechtlichen Regelungen, Organisationen sowie Instrumente und Verfahren, die der bewussten Einflussnahme auf die räumliche Entwicklung dienen (ARL, S. 1889). Eine solche Einflussnahme wird auf Europa-, Bundes-, Landes- und Regionalebene betrieben. Nach deutschem Verständnis ist die kommunale Planung nicht mehr Bestandteil der Raumordnung, obwohl auch hier der Raum „geordnet" wird.

Auf der europäischen Ebene beschränkt sich die Ordnung auf eine Raumentwicklungspolitik, d. h. auf eine entsprechende Koordination im Rat der Europäischen Union unter den zuständigen Fachministern (ARL 2018, S. 1891). Einzelne Politiken finden Ausdruck in Programmen inklusive Anschubfinanzierung, die offiziell nicht in einer räumlichen Planung niedergelegt sind, sondern nur verbal beschrieben werden. Ein Beispiel eines solchen Programms sind die Transeuropäischen Netze in den Bereichen Verkehr, Telekommunikation und Energie (EU-Parlament o.D. [Website]). Sie können und werden zur Ver-

[2] In vielen Gemeinden – Gemeinde hier synonym für Kommunen jedweder Größenordnung gebraucht – insbesondere in größeren Städten, wird die Aufteilung nicht mehr in Ämter vorgenommen, insbesondere dann nicht, wenn es sich nicht um die Auftragsverwaltung des Staates handelt. So wird es z. B. weiterhin vielfach ein Amt für Umwelt und Naturschutz als Untere Naturschutzbehörde geben, die Planung und Unterhaltung der Grünflächen, überhaupt des ganzen öffentlichen Raumes kann aber in einem Eigenbetrieb „Stadtraumservice" wie bei der Stadt Mannheim zusammengefasst sein (Stadt Mannheim a o.D. [Website]). Darüber hinaus wird in den Kommunen vielfach die Organisation eher nach Produktgruppen vorgenommen, die sich in Fachbereichen wiederfinden. Dahinter steckt der Gedanke des Services und der Leistungserbringung für die Bürger (Stadt Mannheim b o.D. [Website]). Die Kommunale Gemeinschaftsstelle für Verwaltungsmanagement (KGSt) ist in Deutschland führend in Fragen der Verwaltungsorganisation. Sie wird für eine Weiterbeschäftigung mit dem Thema empfohlen (s. KGSt 2025 [Website]).

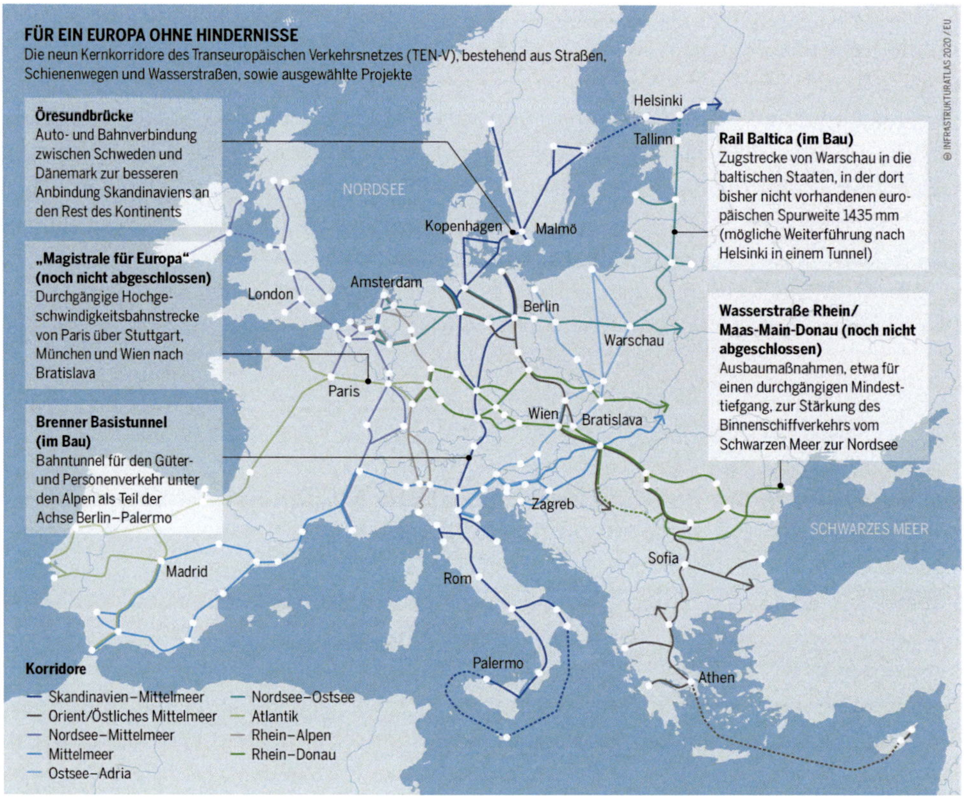

Abb. 2.2 Transeuropäische Netze – Verkehr (TEN-V), Visualisierung (Heinrich-Böll-Stiftung 2020, S. 45; Grafik: Infrastrukturatlas|Appenzeller/Hecher/Sack CC-BY-4.0)

anschaulichung aber durch Dritte auch grafisch dargestellt (Abb. 2.2). Es ist unschwer vorstellbar, dass aus solchen Programmen auf anderer Ebene konkrete Projekte werden, wie sie etwa im Kap. 6 beschrieben werden.

Kaum konkreter ist die Bundesraumordnung. Sie beschränkt sich auf die Festlegung von „Leitbildern und Handlungsstrategien für die Raumentwicklung in Deutschland", so wie sie zuletzt am 09. März 2016 von der Ministerkonferenz für Raumordnung (MKRO) verabschiedet wurden. Immerhin werden in diesem Dokument räumliche Vorstellungen visualisiert, auch wenn es dort heißt, dass die entsprechenden Karten lediglich die Leitbilder veranschaulichten und keine planerischen Festlegungen darstellten (Abb. 2.3). Gleichwohl sind in ihm schon die *Standorte* der internationalen Flug- und Seehäfen sowie die *Trassen* der gemäß den Transeuropäischen Netzen bedeutsamen Straßen und Schienenwege festgehalten.

Es gibt allerdings drei Ausnahmen, bei denen auf der Bundesebene die Vorstellungen konkreter werden:

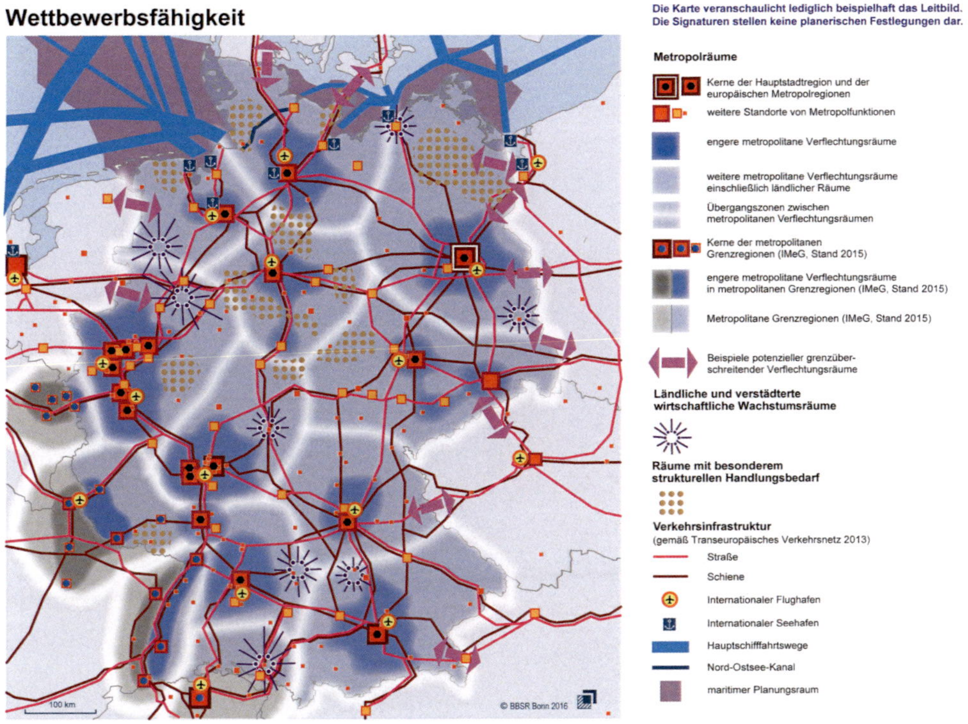

Abb. 2.3 Räumliches Leitbild der Bundesrepublik Deutschland im Bereich Wettbewerbsfähigkeit (MKRO 2016, S. 14)

Raumordnungsplan für die deutsche ausschließliche Wirtschaftszone in der Nordsee und in der Ostsee

In ihm geht es darum, die verschiedenen Ansprüche auf die ausschließliche Wirtschaftszone in Nord- und Ostsee, das ist der Bereich zwischen der 12- (Küstengewässer) und der 200-Seemeilenzone, zu koordinieren und planerisch festzuhalten (Schifffahrt, Windenergie, Leitungen, Fischerei, Rohstoffgewinnung, Naturschutz u. a.). Herausgekommen ist ein streng grafischer Kartenteil (Abb. 2.4) und ein Textteil, beide als Verordnung auf Basis des § 17 Raumordnungsgesetzes (ROG) durch das damals zuständige Bundesministerium des Innern, für Bau und Heimat erlassen. Entsprechend erkennt man hier *Korridore* für die Seeschifffahrt (als Vorranggebiet) und den Unterseeleitungsbau (als Vorbehaltsgebiet),[3]

[3] Vorranggebiete und Vorbehaltsgebiete sind Festlegungsarten nach § 7 ROG. In Vorranggebieten sind andere raumbedeutsame Funktionen oder Nutzungen auszuschließen, soweit diese mit den hier vorrangigen Funktionen oder Nutzungen nicht vereinbar sind. In Vorbehaltsgebieten sind solche Funktionen und Nutzungen festgelegt, denen bei der Abwägung mit konkurrierenden Funktionen oder Nutzungen besonderes Gewicht beizumessen ist. Darüber hinaus gibt es noch Eignungsgebiete, deren Funktionen und Nutzungen im Wesentlichen an anderer Stelle ausgeschlossen sind.

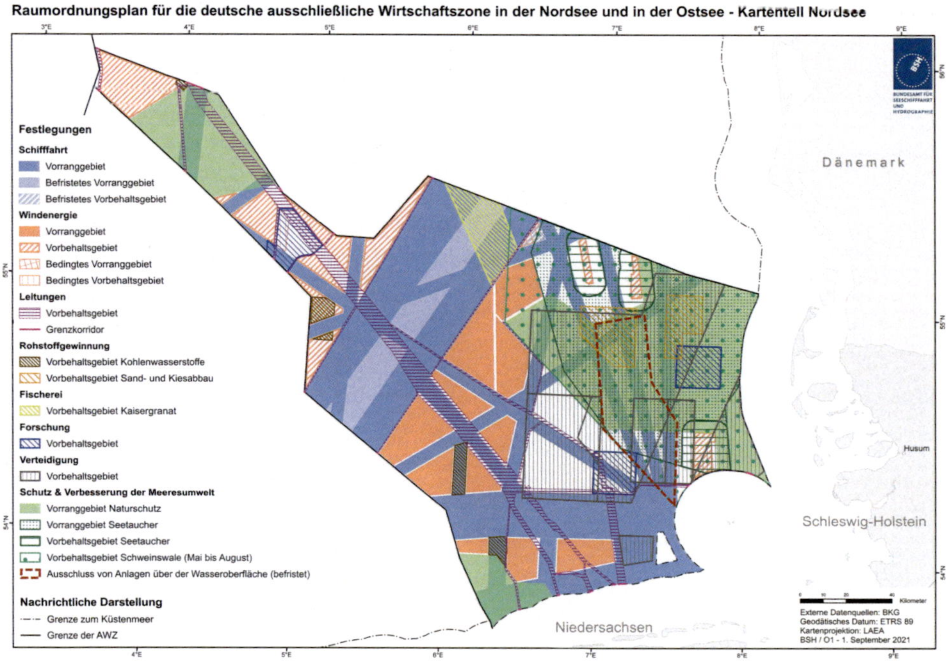

Abb. 2.4 Raumordnungsplan für die deutsche ausschließliche Wirtschaftszone in der Nordsee und in der Ostsee, Teil Nordsee (© Bundesamt für Seeschifffahrt und Hydrographie, Hamburg/Rostock 2021)

aber auch Flächen, in denen der Bau von Offshore-Windkraftanlagen Vorrang vor allen anderen *Funktionen* und *Nutzungen* hat (Vorranggebiet Windenergie).

Länderübergreifender Raumordnungsplan für den Hochwasserschutz

Entgegen dem Begriff Plan, der eine planerische Darstellung in einer Karte assoziiert, werden in diesem Dokument nur Grundsätze und Ziele[4] schriftlich formuliert, mit denen

---

[4] Grundsätze und Ziele sind zwei Kategorien von raumordnerischen Erfordernissen, die eine unterschiedliche Verbindlichkeit transportieren. Ziele sind bereits abgewogene Erfordernisse, die zwingend umzusetzen sind. Grundsätze sind Erfordernisse, die noch der Abwägung unterliegen, also im Einzelfall hinter anderen Erfordernissen zurücktreten können. § 2 ROG beschreibt unabhängig von konkreten Plänen die immer geltenden Grundsätze der Raumordnung, so z. B. im Absatz 2 unter Nr. 1 das Streben nach ausgeglichenen sozialen, infrastrukturellen, wirtschaftlichen, ökologischen und kulturellen Verhältnissen. In § 3 ROG sind die Begriffe definiert. Die Ziele und Grundsätze der Raumordnung sind gem. § 4 ROG von sämtlichen öffentlichen Stellen zu berücksichtigen, die raumwirksame Planungen und Maßnahmen betreiben, außerdem von Privaten, deren Vorhaben planfestgesellt werden, sowie von Privaten, die ganz oder überwiegend im öffentlichen Eigentum stehen, öffentliche Aufgaben wahrnehmen oder deren Projekt ganz oder überwiegend mit öffentlichen Mitteln finanziert werden. Bei öffentlich zugänglichen Abfallbeseitigungsanlagen muss letzteres nicht zutreffen.

der Hochwasserschutz in den betroffenen Küstenländern durch Harmonisierung der raumplanerischen Standards gefördert, ein risikobasierter Ansatz in der Raumplanung eingeführt und kritische Infrastrukturen küstennah besser geschützt werden sollen. Ein Beispiel für ein verbindliches Ziel ist die Prüfung des Hochwasserrisikos durch bei öffentlichen Stellen vorhandene Daten. Ein der weiteren Abwägung unterliegender Grundsatz stellt z. B. die Überprüfung der Planungen und Maßnahmen im Hinblick auf den Klimaschutz und daraus abgeleitete Anpassungen der Planungen und Maßnahmen dar. Auch dieser „Plan" ist als Verordnung auf Basis des § 17 ROG durch das damals zuständige Bundesministerium des Innern, für Bau und Heimat erlassen worden.

Bundesfachplanung Netzausbau

Damit ist die Bundesfachplanung für die Übertragungsnetze des Stromes aus erneuerbaren Energien von den großen Off-Shore-Windparks in Nord- und Ostsee in den Süden der Bundesrepublik Deutschland gemeint. Genau genommen handelt es sich aber nicht um eine raumordnerische Maßnahme, sondern um eine Planung auf der Basis eines Fachgesetzes, nämlich dem Netzausbaubeschleunigungsgesetzes Übertragungsnetz (NABEG). Somit ist die Planung der Netze in gewisser Weise der Raumordnung entzogen. Dennoch findet ein Abgleich mit den raumordnerischen Grundsätzen und Zielen statt, in dem die zuständige Behörde, die Bundesnetzagentur, die Raumverträglichkeit nach § 12 NABEG darzustellen hat. Die Raumverträglichkeit ist darüber hinaus Thema der gesetzlich vorgeschriebenen Trägerbeteiligung und Erörterung. Diese Bundesfachplanung findet in zwei Schritten statt. Zunächst werden als Ersatz eines sonst üblichen Raumordnungsverfahrens die *Korridore* der Leitungen auf Antrag eines Übertragungsnetzbetreibers festgelegt (Abb. 2.5). Danach folgt die eigentliche Planfeststellung der *Trasse*, mit der unmittelbares Baurecht besteht.

Der Übertragungsstromnetzausbau ist der bisher einzige Bereich, für den das Instrument einer Bundesfachplanung geschaffen und damit das Raumordnungsverfahren als Verfahren der Korridorfindung ersetzt wurde. Damit ist die sonst in Deutschland übliche Aufteilung in Gesamtplanung und Sektoralplanung in diesem Handlungsfeld aufgehoben worden. Der Gesetzgeber hat diesen Weg gewählt, um den Netzausbau zu beschleunigen. Denn jetzt kommen (Trassen-)*Korridor*findung und Planung der konkreten *Trasse* in der Planfeststellung mit der entsprechenden Verbindlichkeit aus einer Hand (Zeck und Köhler 2019, S. 148).

Die eigentliche konkrete Raumordnung, verbunden mit allumfassenden, d. h. das gesamte Gebiet des eigenen Zuständigkeitsbereichs betreffenden planerischen Festlegungen, findet auf der Ebene der Bundesländer und der Regionen statt. Jedes Bundesland trifft für sich in einem Landesentwicklungsprogramm oder einem Landesentwicklungsplan (beide LEP) Aussagen zu der angestrebten räumlichen Entwicklung. Insgesamt existieren dreizehn solcher Pläne und Programme, wobei Berlin und Brandenburg einen gemeinsamen Landesentwicklungsplan als Rechtsverordnung erlassen haben und das Instrument in den Stadtstaaten Hamburg und Bremen wegfällt. Dort übernimmt der Flächennutzungsplan die Darstellung der gesamträumlichen Entwicklung.

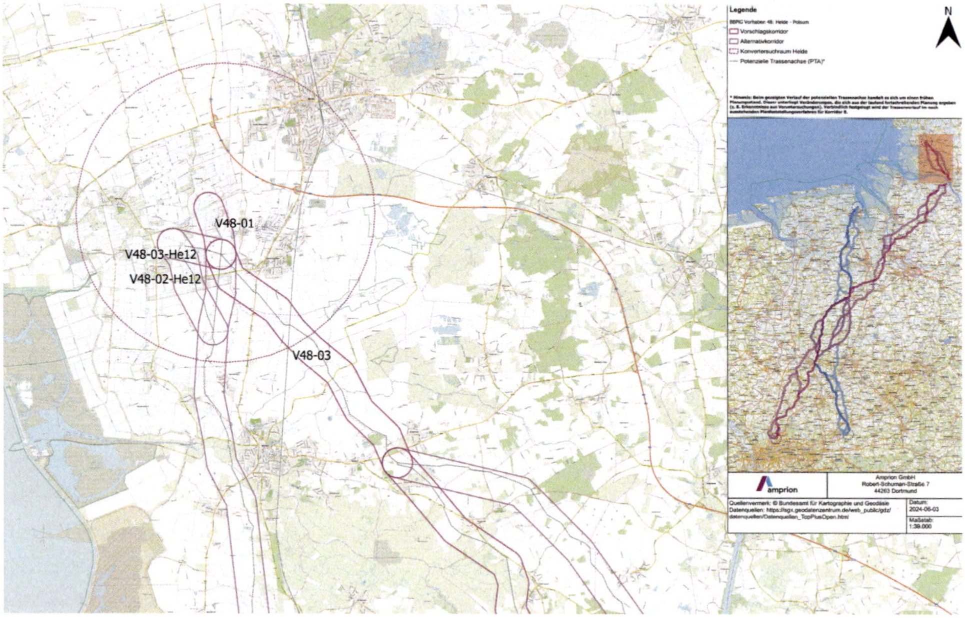

Abb. 2.5 Korridordarstellung des Übertragungsnetzes der Amprion, hier Korridor B, Leitungsbauvorhaben 48 (Heide/West-Polsum), Detail, Auszug (Amprion 2024 [Website])

Auch wenn die Unterscheidung zwischen Plänen und Programmen darauf hindeutet, dass in dem einen Fall konkreter räumlich geplant und in dem anderen Fall die Ziele, Grundsätze und sonstigen Erfordernisse der Raumordnung eher textlich beschrieben sind, enthalten auch die Programme in ihren Anhängen Karten und Pläne, um die Planungen und Maßnahmen zu verdeutlichen. Ebenso werden die Landesentwicklungspläne von einem Textteil begleitet, der (zusätzliche) Ziele und Grundsätze der Raumordnung in dem jeweiligen Land festhält.

Typische Festlegungen sind, wie das Beispiel des LEP Hessen zeigt, Planungsräume für überregional bedeutsame Infrastrukturen, im vorliegenden Fall etwa die Neubaustrecke der Bahn zwischen Frankfurt und Mannheim (Abb. 2.6). Hier handelt es sich um einen breiten *Korridor*, innerhalb dessen die „für die Schienentrasse notwendigen Flächen (…) regional-planerisch zu sichern" sind (Hessisches Ministerium für Wirtschaft, Energie, Verkehr und Wohnen 2022, S. 103). Die eigentliche Sicherung soll also erst eine Ebene tiefer stattfinden, nämlich im Regionalplan Südhessen. Tatsächlich findet sich die Trasse als linienförmige Darstellung schon in der noch gültigen Ausgabe des Regionalplans 2010, wenn auch noch in Varianten wieder (Abb. 2.7).

Weitere Festlegungen sind z. B. „überregional bedeutsame Freiräume" wie „agrarische Vorzugsräume" oder „Kernräume des Biotopverbundes" als Teil der „ökologischen Schwerpunkträume" (Hessisches Ministerium für Wirtschaft, Energie, Verkehr und Wohnen o.D. [Website]). Mit diesen flächigen Darstellungen werden *Funktionen* des Raumes dargestellt, in dem deren besondere Eigenschaft oder Bedeutung für die gesamträumliche Entwicklung festgehalten wird.

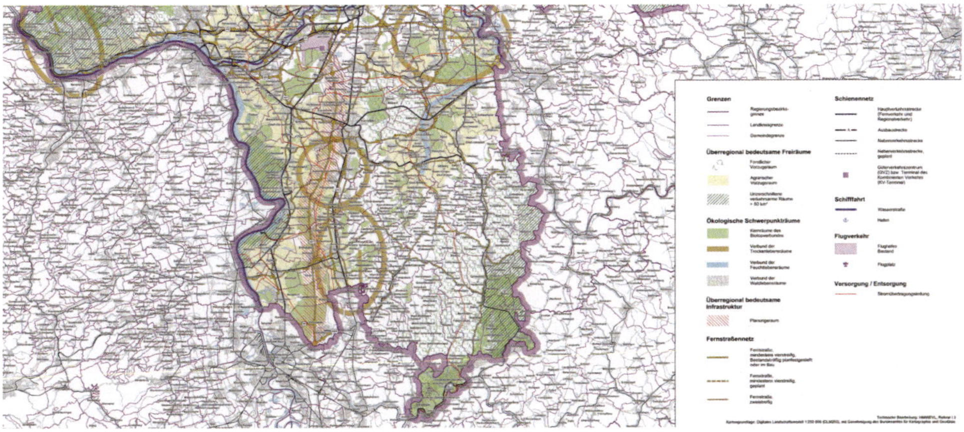

Abb. 2.6 Landesentwicklungsprogramm Hessen 2000, Plankarte I, Ausschnitt Südhessen mit Legende (Auszug aus Plankarte 3. Änderung (2018) des Landesentwicklungsplans Hessen 2000, © HMWVW [Website])

Abb. 2.7 Regionalplan Südhessen außerhalb des Ballungsraums, Ausschnitt Bereich Darmstadt (Regionalplan Südhessen/Regionaler Flächennutzungsplan 2010, Regierungspräsidium Darmstadt 2010); als lilafarben gestrichelte Linie sind die Varianten der Neubaustrecke Frankfurt-Mannheim zu erkennen.)

Eine weitere *Funktion*, die typischerweise auf Landesplanungsebene geplant wird, ist die der zentralen Orte. Die Raumordnung in Deutschland unterscheidet Oberzentren, Mittelzentren und Unterzentren sowie bisweilen auch Kleinzentren. Damit werden den betreffenden Städten und Gemeinden Versorgungs*funktionen* für die ihnen zugeordneten Räume (Gebiete) zugewiesen. Diese drücken sich dadurch aus, dass in einem Oberzentrum u. a. eine Hochschule, ein großes Krankenhaus mit Spezialabteilungen und ein Theater zu finden sind, während ein Unterzentrum lediglich mit einer weiterführenden Schule und einem ärztlichem Versorgungszentrum aufwartet. Abstraktere *Funktionen* sind die der Entwicklungs*funktion* (meist Verdichtungsräume) und der Ausgleichs*funktion* (meist ländliche Räume). Die zuvor genannten ökologischen Schwerpunkträume sind Teil dieser Ausgleichs*funktion* (ARL 2018, S. 1319).

Eine weitere wichtige Festlegung auf Landesplanungsebene sind die (überregionalen) Entwicklungsachsen. Diese sind nicht nur ein breiter *Korridor* für alle möglichen Arten von *Trassen*, sondern geben auch der Siedlungsentwicklung und Vernetzung der Räume eine Richtung vor.

Die konkretesten Darstellungen von raumordnerischen Erfordernissen finden sich in den Regionalplänen, ebenfalls in Text und Karte (Abb. 2.7). In Deutschland gibt es 104 Planungsregionen, die je einen solchen Regionalplan erstellen (BBSR 2020a, S. 8). In manchen Bundesländern sind die Planungsregionen mit den Regierungsbezirken identisch, so etwa in Hessen, in anderen sind die Regionen kleiner oder – umstrittene Ausnahme in Niedersachsen – mit den Landkreisen und kreisfreien Städten deckungsgleich. Im flächenkleinen Saarland ist die Planungsebene mit der Landesplanung identisch. In den Stadtstaaten ersetzt die Flächennutzungsplanung auch die Regionalplanung. Schließen sich Gemeinden und Gemeindeverbände zu Planungsgemeinschaften zusammen, so kann der Regionalplan zugleich die Funktion eines Flächennutzungsplans übernehmen. Das ist z. B. beim Regionalverband FrankfurtRheinMain der Fall, der mit seinem Regionalen Flächennutzungsplan etwa ein Viertel des Regionalplans Südhessen stellt.

Unabhängig davon werden in ihnen verschiedene Raum*funktionen* zugewiesen, etwa – beispielhaft im Regionalplan Südhessen – die Produktion von Nahrungsmitteln, und diese mittels „Vorranggebiete für Landwirtschaft" als konkrete definiert. Als Teil der *Nutzungs*festlegungen gilt auch die Darstellung der Siedlungsflächen (für Wohnen) sowie der Flächen für Industrie und Gewerbe jeweils als Vorranggebiet, sowohl im Bestand als auch als Planung. Darüber hinaus finden sich z. B. *Standorte* für Abfallbeseitigungsanlagen und Kraftwerke sowie *Trassen* für Straßen, Schienenwege und Leitungen, ebenfalls unterschieden nach Bestand und Planung (Abb. 2.8). Die Regionalplanung koordiniert und entwickelt also hier die punkt- und linienförmige Infrastruktur (ARL 2018, S. 2058).

Die rechtliche Grundlage für die Landes- und Regionalplanung in Deutschland liefert § 13 ROG. Darüber hinaus verfügen die Bundesländer über eigene, das ROG ergänzende Landesplanungsgesetze. Losgelöst von den bisher beispielhaft erwähnten raumordnerischen Festlegungen lassen sich die wesentlichen Objekte der Raumordnung wie folgt definieren:

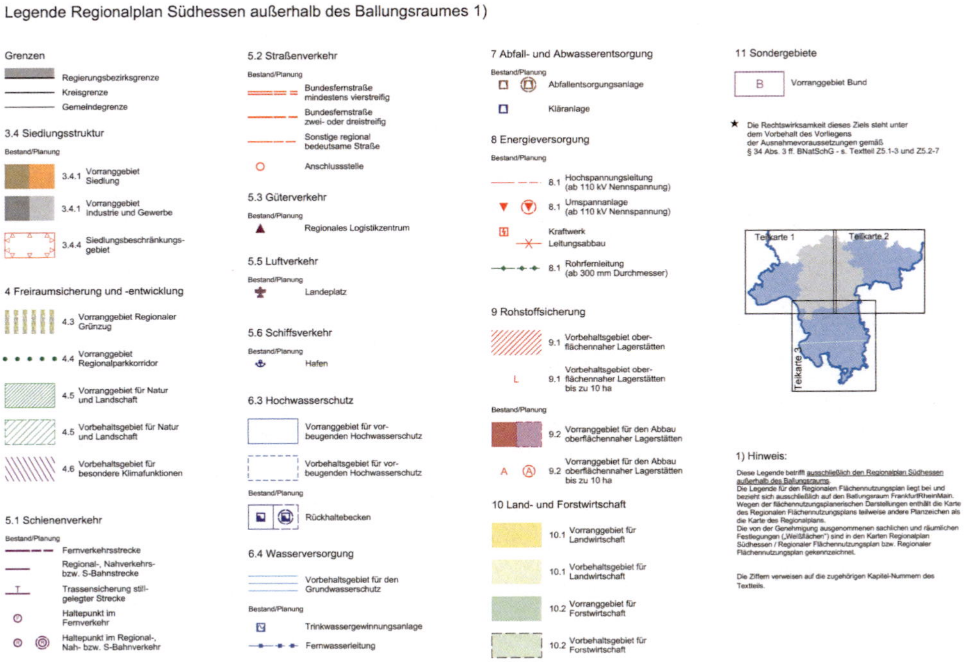

Abb. 2.8 Regionalplan Südhessen außerhalb des Ballungsraumes, Legende (Regionalplan Südhessen/Regionaler Flächennutzungsplan 2010, Regierungspräsidium Darmstadt 2010)

- *Standorte* sind konkrete, der punktförmigen Infrastruktur zuzuordnende und vergleichsweise gering flächenbeanspruchende Gebäude und Anlagen, die aufgrund der Maßstabsebene[5] der Landes- und Regionalplanung durch ein Symbol gekennzeichnet werden.
- *Korridore* sind mehr oder weniger breite zwischen zwei oder mehreren Orten (Ausgangs- und Endpunkten) sich erstreckende räumliche Bänder, innerhalb der linienförmige Infrastrukturen geplant und gebaut werden sollen bzw. innerhalb der die Lage der linienförmigen Infrastrukturen bestimmt werden soll.
- *Funktionen* oder auch Raum*funktionen* sind mehr oder weniger abstrakte, meist großflächige Zuweisungen besonderer Aufgaben und Bestimmungen einzelner Teilräume und Gebiete, die aufgrund deren jeweiliger Lage oder sonstiger räumlichen Gegebenheiten naheliegen oder planerisch sinnvoll sind.
- *Nutzungen* sind konkrete großflächige Zuweisungen von Funktionen einzelner Teilräume und Gebiete, die nach planerischer Abwägung nur dort stattfinden können oder sollen.

[5] Die Landes- und Regionalplanungen bewegen sich meist in den Maßstäben zwischen 1:250.000 und 1:100.000.

2.2.2 Objekte der Stadtplanung und des Städtebaus:[6] Stadt, Stadtteile und Quartiere

2.2.2.1 Stadt

Der Begriff Stadt „bezeichnet (im Ggs. zu Land) ein geschlossenes Siedlungsgebiet mit hoher Bebauungsdichte und Bevölkerungszahl, einer entwickelten Sozialstruktur und Arbeitsteilung, das aufgrund seiner wirtschaftlichen, politischen und kulturellen (auch religiösen) Bedeutung eine gewisse Orientierungsfunktion für das Umland einnimmt", wenn man nach dem Online-Politiklexikon der Bundeszentrale für politische Bildung geht (bpb 2025 [Website]).

Erläuterungsbedürftig an dieser Definition ist zunächst das Adjektiv *geschlossen*. Im Wortsinn traf das nur in der Antike und im Mittelalter – letzteres verbunden mit ersten bürgerlichen Stadtrechten – zu, soweit Städte von Stadtmauern umgeben waren, oder in der Zeit des Absolutismus, als Städte zu Befestigungsanlagen ausgebaut wurden. Heute kann dieser Begriff nur noch rechtlich bzw. verwaltungstechnisch gelesen werden, in dem Sinn, dass eine Stadt, jedenfalls eine kreisfreie Stadt auf der untersten Verwaltungsebene selbstverantwortlich bzw. selbstständig ist. Sie nimmt sowohl die Auftragsverwaltung des Staates als auch Selbstverwaltungsaufgaben war. Die in Artikel 28 des Grundgesetzes verankerte kommunale Selbstverwaltung trifft allerdings für alle Kommunen zu, ob kreisfrei oder kreisangehörig. Eine für die Projektentwicklung in dem Sinn entscheidende Selbstverwaltungsaufgabe ist die Stadtentwicklung. Die bestimmt eine Stadt oder Gemeinde ganz und gar selbst. Sie ist lediglich dem Gesetz, im Kern dem BauGB, und der Entwicklung aus übergeordneten Plänen gemäß Raumordnungsgesetz oder den jeweiligen Landesplanungsgesetzen verpflichtet.

Die *entwickelte Sozialstruktur* beschreibt das sozial Heterogene einer Stadt mit vielfältigen Differenzierungen nach Alter, sozialer Lage, Herkunft und (daraus resultierender) Milieus. Die *Orientierungsfunktion* ist tatsächlich eine Aufgabenwahrnehmung im Sinne des Zentrale-Orte-Systems.[7]

[6] Die Begriffe Städtebau und Stadtplanung werden häufig synonym verwendet. Tatsächlich besteht jedoch ein Unterschied: *Stadtplanung* ist der umfassendere Begriff von beiden. Sie befasst sich mit der strategischen Planung und Entwicklung von Städten und städtischen Gebieten. Sie erstellt Leitlinien und Pläne, die bestimmen, wie Grund und Boden einer Stadt genutzt werden sollen, und sie legt dafür Rahmenbedingungen für den Verkehr, die (sonstige) öffentliche Infrastruktur, Wohngebiete, Gewerbegebiete, Grünflächen usw. fest. Sie berücksichtigt soziale, wirtschaftliche und umweltbezogene Aspekte und zielt darauf ab, eine nachhaltige, funktionale und lebenswerte Stadt und ihrer Teile zu schaffen. *Städtebau* ist eher auf die physische Gestaltung und das Design städtischer Räume fokussiert. Er befasst sich mit der Raumbildung durch Gebäude und Bepflanzungen bzw. deren Wirkung auf den Raum, die detaillierten Ausgestaltung von (öffentlichen) Räumen, also Straßen, Wegen und Plätze sowie Grünflächen. Städtebau legt Wert auf Ästhetik, Funktionalität und das menschliche Wohlbefinden im städtischen Raum.

[7] Das Zentrale-Orte-Konzept geht auf die Untersuchungen deutschen Geografen Walter Christaller zurück, der empirisch nachgewiesen hatte, dass Orte unterschiedlicher Hierarchiestufen bestehen, deren obere Stufen einen Bedeutungsüberschuss z. B. im Sinne ihrer Versorgungsfunktion gegenüber solchen niedrigerer Stufen haben. In den Raumwissenschaften ist daraus auch ein (normatives) Steuerungsinstrument geworden, in dem Orten durch die Landesplanung die Funktion eines Ober-, Mittel- oder Unterzentrums zugewiesen werden.

Die Selbstverwaltung in Sachen Stadtentwicklung, besser bekannt als *kommunale Planungshoheit*, ist entscheidend für die in diesem Buch behandelten Immobilienprojekte. Mit ihr legen Städte die Grundlage für Baugenehmigungen nach dem BauGB in der Regel dadurch, dass sie einen Bebauungsplan aufstellen (Genehmigung nach § 30 BauGB), oder anderweitig bei der Baugenehmigung mitentscheiden, etwa im Falle des § 34 BauGB, also bei Vorhaben im sogenannten Innenbereich. Bei Land- und Quartiersentwicklungen haben sie die Schlüsselrolle bei der Aufstellung des notwendigen Bebauungsplans, dem Element der verbindlichen Bauleitplanung. Insofern werden sie zurecht auch als Baurechtsgeber[8] bezeichnet.

Der Flächennutzungsplan als vorbereitender Bebauungsplan sowie Rahmenpläne oder Entwicklungskonzepte für die Gesamtstadt oder Teile davon, meist Stadtteile, sind auch projektmäßig anzugehende Aufgaben. Solche Pläne integrieren entweder alle Planungsaspekte und werden deshalb auch als *Integrierte Stadtentwicklungskonzepte* (ISEK) bezeichnet, oder befassen sich mit einzelnen Aspekten wie Grün- und Freiraum oder Verkehr bzw. Mobilität. Die ISEK für die Gesamtstadt oder Stadtteile haben in den vergangenen Jahren an Bedeutung gewonnen, da sie Voraussetzung für die Bewilligung von Mitteln aus der Städtebauförderung sind (Ministerium für Landesentwicklung und Wohnen des Landes Baden-Württemberg 2024, S. 4).

Städte und Gemeinden arbeiten abgesehen von der Bottom-Up-Mitwirkung bei Regionalplänen auf Basis freiwilliger Zusammenschlüsse mit Nachbargemeinden hin und wieder zusammen, in dem sie gemeinsame Flächennutzungspläne erarbeiten, oder gründen gemeindeübergreifend Zweckverbände für Aufgaben der Ver- und Entsorgung. In solchen Fällen bekommen Nachbargemeinden ein besonderes Gewicht als Stakeholder in städtebaulich bedeutsamen Projekten. Der Regionale Flächennutzungsplan der Region FrankfurtRheinMain ist eine Sonderform der übergemeindlichen Zusammenarbeit (s. Abschn. 2.2.1).

2.2.2.2 Stadtteil

Stadtteile sind geografisch-städtebauliche sowie politisch-verwaltungstechnische größere Teile einer Stadt, deren geografische und politische Abgrenzungen aber nicht immer deckungsgleich sind oder sich über die Zeit geändert haben. Besonders kompliziert ist es z. B. in Frankfurt am Main, das aus 16 Ortsbezirken, 46 Stadtteilen und 121 Stadtbezirken besteht. Die Stadtteile sind früher selbstständige Einheiten gewesen, die im Laufe der Zeit zu Frankfurt am Main kamen, so z. B. die Gemeinden Bornheim, Hausen oder Bergen-Enkheim und die ehemalige Stadt Höchst am Main, oder sie sind durch Stadtwachstum in verschiedenen Epochen entstanden, wie das Bahnhofsviertel, das Westend und das Nordend. Allein Sachsenhausen bildet insofern eine Ausnahme, als es seit seiner Gründung im 12. Jahrhundert ein Stadtteil von Frankfurt ist.

Die Stadtbezirke sind in Frankfurt die kleinsten Verwaltungseinheiten, die von einem ehrenamtlichen Stadtbezirksvorsteher mit einem Dreierausschuss als Bindeglied zwischen dem Magistrat (Stadtregierung) und den Bürgern vor Ort geführt werden. Sie kommen zu-

[8] Das Baurecht ist hier eigentlich Bauplanungsrecht, das vom Bauordnungsrecht zu unterscheiden ist (s. Abschn. 2.1).

mindest im Bereich der Innenstadt dem weiter unten beschriebenen Quartier sehr nahe. In den Ortsbezirken sind mehrere Stadtbezirke zusammengefasst, die gemeinsam über ein lokales Parlament verfügen, dem Ortsbeirat. Dieser ist nach der hessischen Gemeindeordnung von der eigentlichen Gemeindevertretung, in Frankfurt am Main der Stadtverordnetenversammlung, zu hören. Ihre Stellungnahmen und Anträge haben also formal nur beratende Funktion; dennoch bestimmen sie so über städtebauliche Projekte mit und sind als wichtiger Stakeholder in diesen zu beachten.

Alle Stadtteile – in Frankfurt und anderswo – sind aufgrund ihrer Historie Einheiten mit eigener Identität. Ihre Bedeutung ist deshalb eher informell. Sie können aber als statistische Einheit eine Rolle spielen oder – in dem hier in Rede stehenden Kontext bedeutender – als Planungsraum oder Abgrenzung eines ISEK, der bzw. die entsprechend problemabhängig gewählt wurde. Gleiches kann anderswo für die (Stadt-)Bezirke zutreffen.

2.2.2.3 Quartier

Etymologisch betrachtet hat der Begriff zwei Wurzeln: Teil einer Stadt und militärische Unterkunft, die aber auf eine gemeinsame römische bzw. lateinische Wurzel zurückzuführen sind. Römische Stadtgründungen begannen (physisch) mit der Festlegung der *(Via) Cardo Maximus*, der Nord-Süd-Achse, und der *(Via) Decumanus Maximus*, der Ost-West-Achse, als Hauptstraßen. Im Kreuzungspunkt lag naturgemäß das Stadtzentrum. Durch die Lage der Hauptstraßen senkrecht zueinander wurde die Stadt in vier Teile (*quattuor partes*) geteilt. Es entstanden vier Viertel (*quartarii*) einer Stadt. Römische Stadtgründungen gingen oft auf ein Militärlager (*castrum*) zurück, das diese Grundeinteilung bereits enthielt (Benevolo 2000, S. 256). Ins Deutsche kam der Begriff über das Französische (Berlin-Brandenburgische Akademie der Wissenschaften o.D. [Website])).

Heute spielt das Quartier in der Stadt- und Immobilienentwicklung eine besondere Rolle mit entsprechender Bedeutung für die Zielgruppe dieser Veröffentlichung und dem für sie konzipierten Leistungsbild. Daher wird das Quartier an dieser Stelle etwas genauer beschrieben.

Dem Verständnis des Begriffs Quartier kann man sich heute aus drei Perspektiven nähern:[9]

- Aus der Perspektive seiner Nutzer: Zentraler räumlicher Bezugsraum des städtischen Wohnens und Arbeitens, der sich durch seine Überschaubarkeit auszeichnet; als solcher ist er prädestiniert für Formen der Selbstorganisation (Bottom-Up-Perspektive) und er erfüllt Bedürfnisse nach Identität und Integration.

[9] In ähnlicher Form: Meisel (2013, S. 45 f.). Er trennt zwischen Sozialraum (Ort sozialer Prozesse), Lebens- und Wirtschaftsraum, Ort von Wirtschaftsprozessen (wobei die Trennung der beiden zuletzt genannten nicht ganz schlüssig erscheint) und dem Gegenstand von Planung und Governance. Hinzu kommt für ihn noch eine weitere Perspektive: das Quartier als Ort der Geschichten und (symbolischer) Bedeutung. Im Sinne der Relevanz spielt Letzteres für diese Veröffentlichung keine besondere Rolle.

- Aus der Perspektive von Politik und Verwaltung: Handlungsebene, auf der übergeordnete Pläne und Programme ihre Umsetzung finden oder für die spezielle Pläne und Programme entwickelt werden (Top-Down-Perspektive); dabei spielt aufgrund der zuvor genannten Überschaubarkeit der Dialog mit der Bevölkerung eine besondere Rolle. Allerdings ist das Quartier in den seltensten Fällen eine (formelle) Verwaltungsebene – und muss es auch nicht sein.
- Aus der Perspektive der Immobilienwirtschaft: Immobilienwirtschaftliches Produkt; da ein Quartier nicht so häufig als Ganzes am Markt angeboten wird,[10] ist es angebracht, in dem Zusammenhang seinen Charakter als Rahmenprodukt herauszustellen. Die besser handelbaren einzelnen Objekte eines Quartiers, sind die in ihm befindlichen Immobilien. Diese sind in ihren Eigenarten komplementär zueinander, also in gewisser Weise voneinander abhängig bzw. stärken sich gegenseitig, in dem Sinn, als sie nur gemeinsam das Quartier ausmachen. Das Quartier erhöht ihre Wertigkeit.

Mit der Reurbanisierung deutscher Innenstädte, die Ende der 1900er/Anfang der 2000er-Jahre begann (Brühl et al. 2005/difu 2005 [Website]), rückte das Quartier in den Blick, zunächst von Stadtplanern, dann von Immobilienentwicklern. Das Bundesinstitut für Bau-, Stadt- und Raumforschung zählt derzeit (Stand November 2020) 751 neue Stadtquartiere, die seit 1990 errichtet wurden. Dazu zählen nur solche, die mehr als 500 Wohnungen bzw. mehr als 1000 Einwohner haben oder bei vorhandener Wohnfunktion größer als 10 ha sind. Damit ergeben sich erste Anhaltspunkte, was ein Quartier ausmacht: Größe über 10 ha und (signifikanter) Wohnanteil (BBSR 2020b, S. 4).

Mit der Entwicklung und „Revitalisierung“ großer Bahnflächen in München, Frankfurt, Düsseldorf, Berlin und anderswo oder Hafenflächen in Hamburg und Bremen – kurz darauf waren es ehemalige Kasernenareale, anschließend Gewerbe- und Industriebrachen – gewann das Quartier auch in der Immobilienwirtschaft Aufmerksamkeit und Bedeutung.[11] Die Be-

[10] Mit dem Produkt Quartier ist möglicherweise eine neue Assetklasse Quartier entstanden. CORESTAE und bulwiengesa sprechen jedenfalls von einer Assetklasse der Zukunft und weisen den (damals) in Entwicklung befindlichen Quartieren einen Marktwert von knapp 200 Mrd. € bundesweit zu (2021, S. 57). CBRE hat in einer Studie darauf hingewiesen, dass das Transaktionsvolumen in die Assetklasse Quartier 2019 mit knapp 9 Mrd. € und 11 % Anteil am Gesamttransaktionsvolumen bisher am höchsten war (CBRE Research Deutschland 2021, S. 9) und bis dato kontinuierlich gestiegen ist. Savills hat das Transaktionsvolumen im gleichen Jahr auf knapp 2,8 Mrd. € taxiert (2020, S. 1). Allerdings waren darin auch kleine Quartiere enthalten, deren vollständigen Quartierscharakter man diskutieren kann, wie z. B. die Macherei in München oder das 3 Höfe Work in Berlin (vgl. Anmerkung 17).

Heute wird das Quartier in den einschlägigen Investmentmarktberichten in Deutschland nicht (mehr) als eigene Assetklasse ausgewiesen. (Seine Transaktionen sind wahrscheinlich in der Kategorie „Mischnutzung“ oder „Sonstige“ enthalten). Die Frage, ob es ein neue Assetklasse Quartier gibt, muss daher offenbleiben. Es liegt die Vermutung nahe, dass die bisherigen statistischen Annäherungen an das Thema (auch) einen Marketinggrund hatten.

[11] Der Autor dieses Kapitels schloss 2008 zusammen mit Kollegen seine Arbeiten am „Weißbuch Quartiersentwicklung und Quartiersmanagement“ für seinen damalige Arbeitgeber Vivico Real Es-

teiligten auf allen Seiten mussten allerdings (wieder) lernen, wie Quartiere in der Innenstadt oder innenstadtnah entwickelt werden. Gleichwohl konnte man auf Erfahrungen mit der Planung von neuen Stadtteilen an der Peripherie der Städte in Hamburg (Allermöhe), Freiburg (Rieselfeld), München (Messestadt Riem) und Frankfurt (Riedberg) zurückgreifen, die nach einer längeren Pause und den Problemen der Großsiedlungen der 60er und 70er des letzten Jahrhunderts wieder als Notwendigkeit in Folge des weiteren Stadtwachstums zum Teil schon in den 80er-Jahren angegangen wurden (Schmitt 2021, S. 63 ff.).

Mitte/Ende der 2010er/Anfang der 2020er-Jahre war das Quartier vollends als Teil der Immobilienentwicklung etabliert. Ausdruck dessen sind Veröffentlichungen wie „Urbane Quartiere und Mixed-Use-Immobilien" (Beyerle und Catella 2019), „Stadtquartiere. Die Assetklasse der Zukunft" (Schlachter/bulwiengesa und Holz/CORESTATE 2021) und „Wie werden Quartiere zu einer Erfolgsstory in Deutschland?" (CBRE Research Deutschland 2021). Zuletzt hat sich die Gesellschaft für Immobilienwirtschaftliche Forschung damit befasst (gif 2023).

Neben dem BBSR gebührt diesen Autoren Anerkennung für die systematische Auseinandersetzung mit dem Thema und Einordnung des Quartiers nach Immobilientyp, Größenordnung und Erfolgsfaktoren. Zusammenfassend lassen sich daraus die folgenden Merkmale ableiten, die zusammen ein Quartier ausmachen und seinen Bewohnern, Beschäftigen und Besuchern Identität, Integration und Konnektivität geben:

- Übergeordnete Leitidee bzw. Konzept,
- städtebauliche Dichte,
- Nutzungsmischung aus Grund- und Erweiterungsnutzungen (Wohnen, [Büro-]Gewerbe,[12] und/oder Einzelhandel kombiniert mit sozialer Infrastruktur und/oder Kultur-, Gastronomie- und Freizeitangeboten),

tate ab, das explizit nur für den internen Gebrauch gedacht war und nicht veröffentlich wurde. Kurz darauf (2009) beendete Feldmann, der zwischen 2005 und 2007 bei Vivico mit dem Autor in Rahmen einer Forschungskooperation zusammenarbeitete, seine Dissertation an der International Real Estate Business School (IREBS) am Institut für Immobilienwirtschaft der Universität Regensburg zum Thema. Beide zusammen veröffentlichten kurz davor (ebenfalls 2008) die Fallstudie „Quartiersentwicklung am Beispiel des Arnulfparks in München", einem Teil der ehemaligen „Zentralen Bahnflächen" in München, dessen Entwicklung damals schon fortgeschritten war, im Handbuch Immobilienprojektentwicklung, herausgegeben von Karl-Werner Schulte und Stephan Bone-Winkel. Diese drei Dokumente zusammen können als Einstieg der jüngeren Immobilienwirtschaft in das Thema Quartiersentwicklung in Deutschland gesehen werden.

[12] Die Frage, ob in einem Quartier immer die Wohnfunktion Bestandteil sein muss, kann diskutiert werden. Wohnen und Gewerbe sind im o. g. Sinn Grundnutzungen, Einzelhandel, soziale Infrastruktur, Kultur- und Freizeiteinrichtungen Ergänzungsnutzungen. Ausgehend von der Überlegung, dass trotz Mischung der Hauptnutzungen die Funktionen Wohnen und Arbeit für eine Person häufig an verschiedenen Orten liegen und es eher darauf ankommt, an einem Ort möglichst viele Aktivitäten und Besorgungen nacheinander und ohne Ortswechsel in angenehmer Umgebung erledigen zu können, spricht dafür, dass es genügt, in einem Quartier eine der Grundnutzungen mit Ergänzungsnutzungen zu kombinieren, um Quartiersqualität zu erreichen. In dem Sinne kann es neben Wohnquartieren auch Gewerbequartiere und Cityquartiere, also das unmittelbare Stadtzentrum mit der (früheren) Dominanz des Einzelhandels geben.

- soziale Mischung (soweit Wohnen eine dominierende Rolle als Nutzung im Quartier spielt),
- Bedeutung des öffentlichen Raums (der uneingeschränkt öffentlich zugänglich sein muss) und
- Vorhandensein eines Mobilitätskonzepts in Verbindung mit einer guten Verkehrsanbindung an das übergeordnete Netz

Aus heutiger Sicht muss man noch ein ganzheitliches, also auf Quartiersebene integriertes, durch Skaleneffekte besser funktionierendes Ver- und Entsorgungskonzept als Merkmal hinzufügen, ebenso wie ein Grün- und Freiraumkonzept, das vielfältige, sogenannte multicodierte Flächen enthalten kann und im Sinne der blau-grünen Infrastruktur mit dem Ver- und Entsorgungskonzept – in dem Fall von Niederschlagswasser – in Verbindung steht.[13]

Feldmann (2009, S. 122 f.) hatte diese Merkmale in seiner umfassenden Definition bereits vorweggenommen:

► *Das Quartier ist ein intuitiv abgrenzbarer, innerstädtischer oder innenstadtnaher Bereich, geprägt durch Nutzungsmischung, mit einer gehobenen baulichen Dichte, einer robusten Stadtstruktur, einem individuellen Erscheinungsbild, einer funktionierenden Nahversorgungsinfrastruktur, mit einem oder mehreren, gemeinsamen Bezugs-bzw. Orientierungspunkten im öffentlichen Raum und einer guten Verknüpfung mit der Stadt als Ganzes. Darüber hinaus ist das Stadtquartier ein unmittelbarer Lebensraum in fußläufiger Erreichbarkeit mit einer einheitlichen, starken und positiven Selbstidentität und einem positiven und starken Fremdbild im Sinne eines Images sowie einer ausgeglichenen Sozialstruktur und einer hohen sozialen Interaktionsdichte der Nutzer.*

Der Identität sei an dieser Stelle noch etwas Raum eingeräumt: Ein in dem Zusammenhang hilfreicher Definitionsvorschlag stammt von Schnur (2014, S. 43). Er stellt die Adaptivität durch die Nutzer in den Vordergrund. Seine Definition lautet:

---

[13] Hintergrund ist das Streben nach Nachhaltigkeit im Allgemeinen und die Reaktion auf den Klimawandel im Besonderen, und zwar in zweifacher Hinsicht:

- Ein Energieversorgungskonzept auf Quartiersebene, das auf erneuerbaren Energien aufbaut, reduziert den CO_2-Fussabdruck und dient damit dem *Klimaschutz*. Denkbar sind auch Ansätze der Kreislaufwirtschaft bei Abwässern und der Abfallentsorgung, die neben dem Klima weitere natürliche Ressourcen in den Blick nehmen.
- Freiräume, etwa Spiel- und Sportflächen oder Teile von Parks, sollten so angelegt sein, dass sie im Falle von Starkregen als Rückhalte- und Versickerungsbecken funktionieren, was ein Element der *Klimaanpassung* ist. Wenn sie dann noch so weit als möglich naturnah angelegt sind, dienen sie gleichzeitig der Erholung, dem Niederschlagsmanagement und der Biodiversität. Das nennt man Multicodierung, die Kombination aus Grün- und Wasser-(bau-)elementen blau-grüne Infrastruktur. Eine große Bedeutung haben Grün- und Freiräume auch für das Mikroklima, etwa im Sinne der Reduzierung des Wärmeinseleffekts. Idealerweise werden entsprechende Konzepte der Klimaanpassung über die öffentlichen, halböffentlichen und privaten Freiräume hinweg entwickelt.

► *Ein Quartier ist ein kontextuell eingebetteter, durch externe und interne Handlungen sozial konstruierter, jedoch unscharf konturierter Mittelpunkt-Ort alltäglicher Lebenswelten und individueller sozialer Sphären, deren Schnittmengen sich im räumlich-identifikatorischen Zusammenhang eines überschaubaren Wohnumfelds abbilden.*

Damit werden Merkmale und Eigenschaften angesprochen, die zur Identität führen: die soziale Konstruiertheit, die individuelle Bestimmung und damit die unscharfe Abgrenzung gegenüber anderen Quartieren.[14] Beim Konturieren und Konstruieren helfen städtebauliche und topografische Elemente, die bewusst eingesetzt werden können, um Quartiere räumlich erfahrbar zu machen. Sie unterstützen den Menschen beim Produzieren einer kognitiven Karte, also der mentalen Repräsentation seiner Umgebung. Zu ihnen zählen Straßen, Geländesprünge, Ufer und Grünflächen, aber auch eine einprägsame städtebauliche Struktur (Straßengefüge, Platzfolgen, Baumgruppen und -reihen sowie „Landmarken“).[15]

Zu der einprägsamen städtebaulichen Struktur gehört eine Quartiersmitte, die eine besondere Gestalt und eine besondere Funktion hat. Ein Platz, eine besonders gestaltete Straße, eine Grünfläche oder ein markantes Gebäude können allein oder in Kombination diese Mitte bilden. Besondere Einrichtungen und Nutzungen (Einzelhandel, Gastronomie oder soziale Infrastruktur) geben dieser Mitte eine tatsächliche Bedeutung für das gesamte Quartier. So bilden Gestalt und Funktion eine Einheit, die das Generieren einer kognitiven Karte befördern.

Diese Mitte sollte gut, also in wenigen Minuten zu Fuß erreichbar sein. Auch das erhöht die Überschaubarkeit und Begreifbarkeit eines Quartiers. 300–500 m oder weniger als fünf Minuten Fußweg sind dafür ein guter Anhaltswert, was zu einer Größenordnung von über 25 ha führt. Es geht aber auch deutlich kleiner.

---

[14] Schnur betont an anderer Stelle nochmals die unscharfe und individuelle vom eigenen Lebensmittelpunkt ausgehende, aber sonst angepasste gedankliche Konstruktion eines Quartiers und bedient sich dabei der Analogie zur Fuzzy-Logic. Zugleich macht er deutlich, wie je nach (professionellem) Kontext und Zweck der Begriff aufgeladen und unterschiedlich verwendet wird, ohne dieses Phänomen ins Illegitime zu verweisen (Schnur 2021, S. 14 f.). In der hier vorliegenden Perspektive, die die eines Immobilienentwicklers ist, geht es aber gar nicht anders, als das Quartier räumlich scharf abzugrenzen. Denn an einer bestimmten Linie endet der rechtliche Zuständigkeitsbereich, ab einer bestimmten Grenze wird nicht mehr gebaut oder saniert. Bei der Produktentwicklung helfen jedoch sämtliche Erkenntnisse aus allen Wissensbereichen, insbesondere die folgenden aus dem Bereich der Wahrnehmungspsychologie.

[15] Kevin Lynch, Stadtplaner und Architekt, sowie Professor am Massachusetts Institut of Technologie, erkannte 1965 in seiner grundlegenden Veröffentlichung „Das Bild der Stadt“ als erster die Bedeutung städtebaulicher (und sozialer) Strukturen und Elemente für die Wahrnehmung der und die Orientierung in der Stadt. Es kann angenommen werden, dass ihm die Arbeiten von Tolman aus dem Jahr 1948 bekannt waren. Tolman prägte aufgrund seiner Forschungen den Begriff der kognitiven Karte (Spektrum der Wissenschaft Verlagsgesellschaft mbH [Website]). Lynchs Bereiche (Gebiete, Distrikte als Elemente der kognitiven Karte) bewegen sich zwischen Quartier und Stadtteil, eher Richtung Stadtteil, und sind geprägt von einer gewissen Einheitlichkeit der Straßen, Gebäude und Nutzung (2001, S. 82 ff.).

Zusammenfassend und vereinfachend für die Quartiersentwicklung kann man daher sagen:

▶ *Ein Quartier ist ein integraler Bestandteil einer Stadt mit einer eigenständigen Identität und einer fußläufig erreichbaren Mitte. In gelungenen Quartieren fühlen sich die Menschen wohl, weil die Gesamtheit des Quartiers mehr ist als die Summe seiner Teile.*

In den genannten Veröffentlichungen, die aus dem Beratungs- und Investmentbereich der Immobilienwirtschaft stammen, kommen die Aspekte der strategischen und strukturellen Offenheit über Raum und Zeit zu kurz bzw. werden nur angedeutet (etwa Beyerle und Catella 2019, S. 12). Über einen längeren Zeitraum betrachtet ist ein Quartier nie fertig. Nach einer langen Entwicklungsdauer kann sich der Erstbezug je nach Marktlage und Größe des Quartiers über Jahre hinziehen. Schon die Entwicklungszeit dauert von den ersten Ideen bis zu Fertigstellung Jahre, wenn nicht ein, zwei Jahrzehnte. In dieser Zeit kommen neue Ansprüche, Technologien, gesetzliche Rahmenbedingungen, politische Veränderungen und Trends hinzu oder bestehende werden weiterentwickelt. Mit den ersten Bewohnern und Beschäftigten werden Ansprüche erstmals klarer bzw. durch natürliche Personen formuliert. Wechseln diese (und andere Akteure, z. B. das Quartiersmanagement) im Laufe der Zeit, ändern sich mit ihnen die Ansprüche. Es kann sogar sein, dass Grundannahmen, die zur Planung des Quartiers getroffen wurden, in der Realisierungsphase nicht mehr zutreffen.

Das Quartier braucht also eine robuste städtebauliche Struktur, die Veränderungen schon in seiner Vorbereitungs- und Planungsphase, vor allem aber später nach Fertigstellung im Wandel der Zeit zulässt (*strukturelle Offenheit*). Und es braucht eine Haltung der handelnden Akteure im Entstehungs- und Aufsiedlungsprozess, die sich bewusst macht, dass

1. die ersten Pläne und Bilder nicht den fertigen Zustand zeigen und
2. mit der Hineinnahme zusätzlicher Akteure neue Anforderungen und Perspektiven hinzukommen.

Damit ist die *strategische Offenheit* beschrieben. Diese ist besonders wichtig im Geschäftsmodell der Landentwicklung oder wenn der Quartiersentwickler nicht alle Gebäude selbst errichtet, sondern wie in der Landentwicklung Grundstücke zur Entwicklung und Bebauung an Dritte weitergibt (ähnlich Schmitt 2021, S. 69, s. Abschn. 3.4).

Zu guter Letzt können Quartiere inhaltlich von anderen Objekten (negativ) abgegrenzt werden. So sind z. B. Wohnsiedlungen keine Quartiere, sofern ihnen die Nutzungsmischung fehlt. Komplizierte, mehrere Gebäude umfassende Hochbauentwicklungen können oder müssen wie ein Quartier konzipiert sein, ihnen fehlt aber die strukturelle und strategische Offenheit als Merkmal.[16] In Werksgeländen ist die Öffentlichkeit ausgeschlos-

[16] Das dürfte an ihrer Größe liegen, die gemäß dem dahinterliegenden Geschäftsmodell so beschaffen ist – nämlich eher klein –, wie es Markt- und Finanzierungsbedingungen zum Zeitpunkt ihrer Kon-

sen, weshalb sie kein Quartier sind. Und Gewerbe und Industriegebiete lassen oft übergeordnete Konzepte vermissen, die über Anlage von Straßen, Grundstücksgrößen und Baumassenzahl[17] hinausgehen.

Der häufig verwendete Begriff Stadtquartier ist eigentlich ein Pleonasmus; denn Quartiere sind immer Bestandteil einer Stadt. Außerhalb der Stadt gibt es als städtebaulich-typologische und sozial äquivalente Einheit das Dorf oder – in größeren Gemeinden – den Ortsteil. Es macht nur insoweit Sinn, den Begriff zu verwenden, als damit eine Verwechslung mit dem Quartier als Unterkunft ausgeschlossen wird.

Eine Abgrenzung von Stadtteil und Quartier ergibt sich in erster Linie über die Flächengröße bzw. Ausdehnung und Nutzerzahl. Ein Stadtteil besteht aus mehreren Quartieren.

Mit der Covid-19-Pandemie und der mit ihr einhergehenden Beschränkungen des öffentlichen und privaten Lebens sind Aspekte der Stadtplanung in den Vordergrund getreten, die die Erreichbarkeit von wichtigen Funktionen einer Stadt innerhalb einer fußläufigen oder – ersatzweise – Distanz mit dem Fahrrad (ohne Pandemie auch mit dem ÖPNV) gewährleisten. Hervorzuheben ist in diesem Zusammenhang das Modell der *15-Minuten-Stadt* des französisch-kolumbianischen Stadtforschers Carlos Moreno, der die Erreichbarkeit von Einrichtungen des Wohnens, Arbeitens und Einkaufens sowie der Gesundheit, Bildung und Freizeit in einem entsprechenden Zeitrahmen fordert. Das hat u. a. zur Konsequenz, dass Städte, wenn sie sich nicht unendlich verdichten wollen, ihre Einwohnerzahl beschränken müssen. Da eine gleichmäßige Verteilung aller Funktionen – was mathematisch für die Gesamtheit alle Weggründe und Distanzen das Optimum ergäbe – aus ökologischen, ökonomischen und sozialen Gründen nicht in Frage kommt, bedeutet dieses Modell eine konsequentere, weniger autoorientierte Anwendung des Zentralen-Orte-Konzepts (vgl. Anmerkung 8) auf der Ebene der Stadt, mithin eine ihrer Größe und Bedeutung entsprechende Verteilung der Funktionen über Quartiers-, Stadtteil- und Stadtzentren – gemäß Moreno unter Anwendung der Prinzipien der Dichte, Nähe, Vielfalt und Digitalisierung. Letztere dient hierbei eher als Mittel zur Vereinfachung von Planung, Umsetzung und Leben in der 15-Minuten-Stadt. (Moreno et al. 2021, S. 100–105) Quartiere und – infolge der distanzsadäquateren Größenordnung – Stadtteile bekommen durch diese und ähnliche Konzepte größere Bedeutung als Planungs- und Entwicklungsgegenstand.[18]

---

zeption hergaben. Und wenn diese Annahmen bis zur Verwertung stabil bleiben, braucht es diese Offenheit auch gar nicht.

[17] Die Baumassenzahl nach § 21 BauNVO gibt an, mit welcher Masse (gemeint ist allerdings das Volumen) ein Grundstück überbaut werden kann. Sie ist also ein Vielfaches der Grundstücksfläche und führt im Ergebnis zu Kubikmetern des oder der Gebäude auf einem Grundstück. Anders als bei der Geschossfläche nach § 20 BauNVO spielt damit die Anzahl der Geschosse keine Rolle.

[18] Fußgänger laufen in fünf Minuten mit einer Geschwindigkeit von etwa 5 km/h ca. 420 m. Das ist eine gute Distanz vom Rand des Quartiers zu seinem Zentrum. Findet man dort die gesuchte Funktion nicht, so wird man sich in das Zentrum des nächsten Quartiers begeben. Man geht also in 15 min vom Rand zum Zentrum des eigenen, von dort zum gegenüberliegenden Rand des eigenen und von dort zum Zentrum des nächsten und hat somit ca. 1260 m zurückgelegt. Bei einer gut (idealtypisch) strukturierten Stadt ist das nächste Zentrum das Stadtteilzentrum. Mit dem Fahrrad schafft

Ein vielfach verwendeter Begriff, der etliche Elemente der Quartiersentwicklung aufgreift und impliziert, dem aber meist Nutzungsmischung und oft uneingeschränkte Zugänglichkeit der Öffentlichkeit fehlt, ist der des *Campus* (lateinisch für Feld, offenes Gelände außerhalb der Stadtmauern). Er hat seinen Bedeutungsursprung zunächst im Amerikanischen und dann im Deutschen für die Neuanlage von Hochschulen außerhalb der Stadt, wird aber mittlerweile auf alle Arten von Forschungseinrichtung und darüber hinaus angewendet (z. B. Novartis Campus in Basel [fertiggestellt], Novartis AG 2025 [Website], IPAI in Heilbronn [in Planung]; IPAI Management GmbH o.D. [Website]).

2.2.3 Objekte der Infrastrukturen: Flächen und Trassen

Bevor Projekte der Infrastrukturen baulich in Angriff genommen werden können, bedürfen sie ihrer räumlichen Vorbereitung und Präzisierung. In den jeweiligen rechtlichen Verfahren muss zunächst über die genaue *Trasse* und die genaue *Fläche*, die von einer entsprechenden baulichen Anlage in Anspruch genommen werden sollen, entschieden werden. Insofern ist der Analogieschluss zu Stadtteilen und Quartieren gerechtfertigt. Auch bei diesen steht die Errichtung von Gebäuden zunächst nicht oder nicht unmittelbar im Vordergrund, (vgl. Abb. 2.1 bzw. Abschn. 2.1 und 2.2.2). Allerdings sind die Ebenen der Projektpyramide hier nicht so klar unterscheidbar wie auf der rechten Seite der Pyramide.

Zum einen sind Flächen und Trassen (in ihren Varianten) oft auch schon Gegenstand der Raumordnung, genauer: des Raumordnungsverfahrens, wie es im Abschn. 2.2.1 beschrieben wurde. So wurde z. B. die Trasse der Schienen-Neubaustrecke Frankfurt-Mannheim parallel zur Autobahn festgelegt. Im Plan erscheint dementsprechend eine lilafarbene gestrichelte Linie östlich der Autobahn A 67. Für die Regionalplanung ist das schon genau, für die Planfeststellung dagegen noch ungenau. Die eigentlich beanspruchte Fläche ist erst aus den Planfeststellungsunterlagen ersichtlich. Der in Rot dargestellte Ausdehnungsbereich der Trasse reicht sogar über die Autobahn nach Westen hinweg, da im Zuge von Überführungsbauwerken kreuzender Wege auch dortige Flächen inklusive der Dämme der Autobahn in Anspruch genommen werden müssen (Abb. 2.9). Insofern sind die Grenzen zur Raumordnung fließend. Und um dies auszudrücken, wurde die Trennlinie zur Vorbereitung der Planfeststellung in der Projektpyramide nicht durchgezogen.

Auf der anderen Seite kommt die Unterscheidung zwischen Vorbereitung der Planfeststellung und eigentlicher Planfeststellung in der Praxis gar nicht vor, jedenfalls nicht in rechtlich getrennten Verfahren. Es gibt also keinen eigenständigen Projekttyp, der der Vorbereitung von Infrastrukturbauentwicklungen dient. Von daher ist es möglich, die mittlere Ebene auf der Seite der Ingenieurbauwerke wegzulassen (Abb. 2.10).

---

man bei 15 km/h in fünf Minuten 1250 m, also nahezu die gleiche Distanz, und kann gleich in das Stadtteilzentrum mit einer größeren Auswahl an Möglichkeiten fahren (oder in 15 min ins Stadtzentrum). In der Kombination von Fußgänger- und Radverkehr erfährt also vor allem das Stadtteilzentrum einen Bedeutungszuwachs.

Abb. 2.9 Geplante Trassen der Neubaustrecke Frankfurt-Mannheim, links im Regionalplan, rechts im Übersichtslageplan zur Planfeststellung (links: Regionalplan Südhessen/Regionaler Flächennutzungsplan 2010, Regierungspräsidium Darmstadt 2010; rechts: DB InfraGO 2024)

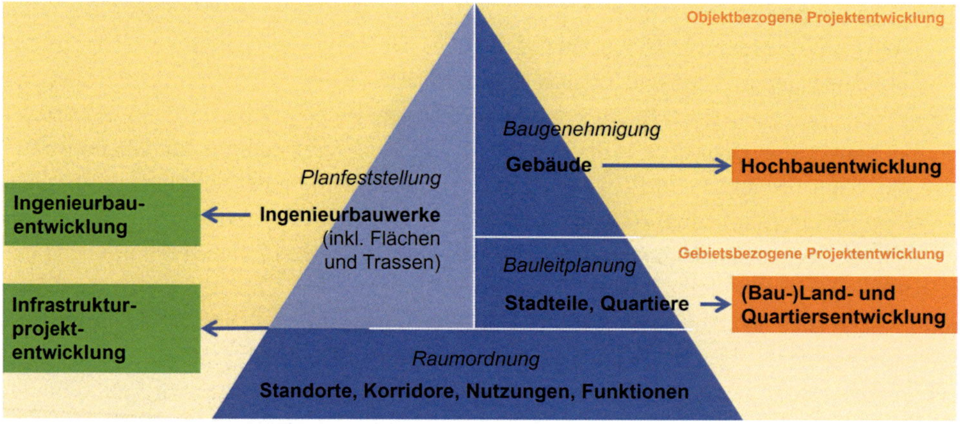

Abb. 2.10 Variante der Projektpyramide

Gleichwohl findet in jedem Projekt ein Herantasten an die endgültige Lage und Flächeninanspruchnahme meist über mehrere Maßstabsstufen statt. Verdeutlicht wurde das schon im Abschn. 2.2.1 anhand der Bundesfachplanung für das Übertragungsstromnetz. Dort wird zunächst von Trassenkorridoren, einem bandartigen Untersuchungsraum im Trassenfindungsverfahren gesprochen, und erst auf der (eigentlichen) Planfeststellungsebene von Trassen. Rechtlich gesehen ersetzt das Trassenfindungsverfahren das Raumordnungsverfahren; inhaltlich gesehen, dient es der Vorbereitung der Planfeststellung.

Dass die Trassen eines Vorhabens sowohl auf Raumordnungsebene als auch auf Planfeststellungsebene diskutiert werden und wozu das führt, zeigt das Beispiel Stuttgart 21 gut.[19] Hier wurden Trassenvarianten sowohl im Raumordnungsverfahren als auch in der Planfeststellung gegenübergestellt. Das Raumordnungsverfahren aus dem Jahr 1997 endete sogar mit einer Abweichung von der Antragstrasse, die u. a. eine Flughafenanbindung über ein großes Gleisdreieck auf den Fildern vorsah. Nach dem Raumordnungsverfahren sollte die Anbindung an die Neubaustrecke Wendlingen-Ulm die Möglichkeit eines Durchgangsbahnhofs für den Hochgeschwindigkeitsverkehr am Flughafen („Filderbahnhof") besser offenhalten. Die Tunnelstrecke wurde damit zwar etwas länger und teurer, aber raumverträglicher. (Vallée 2019, S. 134; Abb. 2.11 und 2.12) In der Planfeststellung wur-

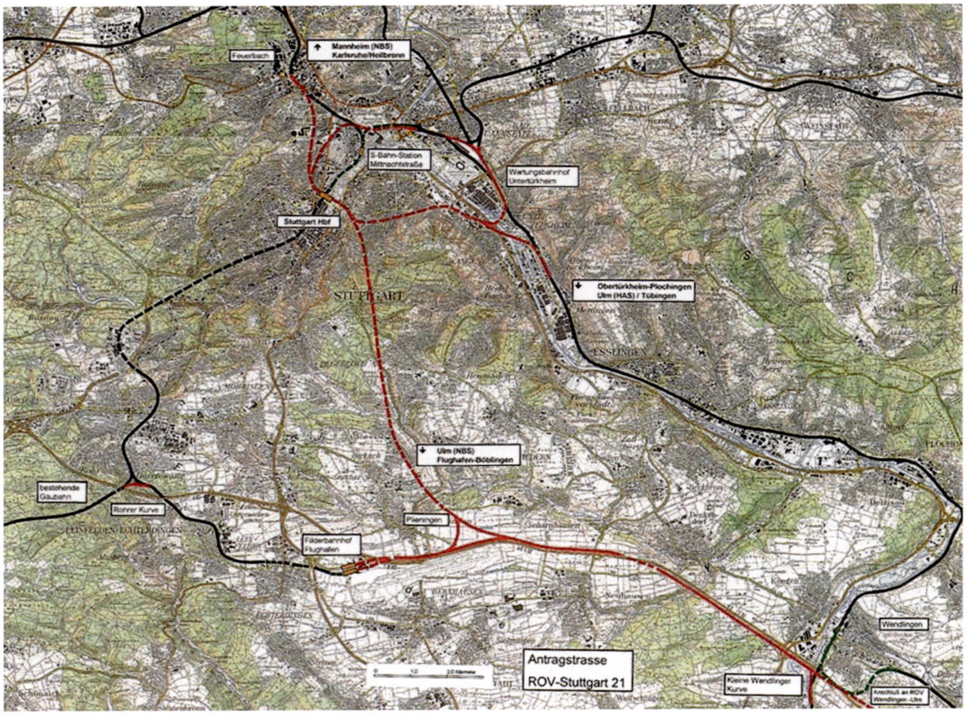

Abb. 2.11 Raumordnungsverfahren Stuttgart 21, Antragstrasse (Regierungspräsidium Stuttgart 1997, S. 42; Geobasisdaten © LGL (www.lgl-bw.de)

[19] Das Bahnprojekt Stuttgart-Ulm besteht aus zwei Projekten, der Neuordnung des Bahnknotens Stuttgart und der Neubaustrecke Wendlingen-Ulm. Eigentlich ist nur erstgenanntes das, was allgemein unter dem Namen „Stuttgart 21" bekannt ist. Stuttgart 21 wiederum besteht aus sieben Planfeststellungsabschnitten; es gibt für das Projekt keine Planfeststellung über alles. Eine umfangreiche Dokumentation bietet die Mediathek des Projektträgers DB Projekt Stuttgart-Ulm GmbH im Internet.

Einen anderen Ansatz, Projekte solchen Ausmaßes zu kommunizieren, zeigt das Beispiel des „Bahnknoten Frankfurt RheinMain plus" (s. DB InfraGO o.D. [Website]). Es besteht aus 19 Einzelprojekten in ganz Hessen, die meisten davon im Großraum Frankfurt. Auch wenn Synergien entstehen, sind alle Projekte voneinander unabhängig planbar und realisierbar. Bei einer solchen Zusammenfassung mehrere Projekte unter einem Label spricht man von einem Programm.

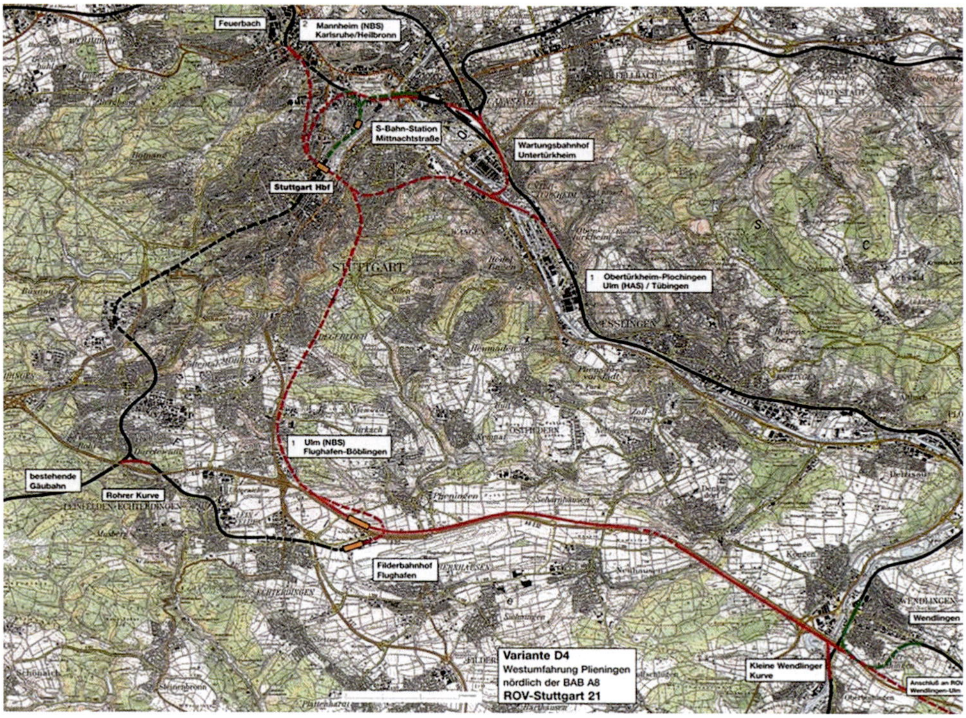

Abb. 2.12 Raumordnungsverfahren zu Stuttgart 21, empfohlene Trasse (Regierungspräsidium Stuttgart 1997, S. 144; Geobasisdaten © LGL (www.lgl-bw.de)

den dann z. B. für den Planfeststellungsabschnitt 1.1, der insbesondere die Tieferlegung des Hauptbahnhofs quer zum noch in Betrieb befindlichen Kopfbahnhof und die Führung der Strecken innerhalb des Stadtgebiets Stuttgart („Talquerung") zum Inhalt hatte, zahlreiche großräumige Alternativen als auch kleinräumige Varianten geprüft und bewertet. Zum Teil wurden damit Gegenstände des Raumordnungsverfahren nochmals zum Thema gemacht. (DB Projekt Stuttgart 21 GmbH 2004, S. 11 ff., 21 ff. und 95 ff.)[20]

[20] Zwischen dem Abschluss des Raumordnungsverfahrens und dem Beginn des Planfeststellungsverfahren vergingen 15 Jahre. Dies hat mit dazu beigetragen, dass Stuttgart 21 im Planfeststellungverfahren auf erbitterten Widerstand insbesondere Stuttgarter Bevölkerungsteile traf (Vallée 2019, S. 135). Erschwerend kommt in Stuttgart wie anderswo hinzu, dass Raumordnungsverfahren und Planfeststellungsverfahren nicht von derselben Behörde durchgeführt werden. Das Verwaltungsverfahrensrecht unterscheidet zudem zwischen der Anhörungsbehörde und der Planfeststellungsbehörde, die auch nicht identisch sein müssen. Außerdem sind es eben zwei unterschiedliche Verfahren nach unterschiedlichen Rechtsregimen, die im wahrsten Sinne des Wortes nach je eigenen Gesetzen ablaufen. Sie bieten damit u. a. verschiedene Hebel für Projektgegner. Drohender zeitlicher Abstand und unterschiedliche Behörden sind der Hauptgrund, warum erstmals für die Übertragungsstromnetze die Bundesfachplanung eingeführt wurde (s. Abschn. 2.2.1).

Ein anderes Beispiel, welches zeigt, dass bereits sehr konkrete Trassenvarianten schon auf raumordnerischer Ebene diskutiert werden können, sind die Planungen zum Pumpspeicherwerk Heimbach am südlichen Mittelrhein, dessen Realisierung im Zuge der Energiewende angedacht wurde, aber zur Zeit nicht weiterverfolgt wird. Nach rheinland-pfälzischem Landesplanungsrecht hat der Vorhabenträger, die Stadtwerke Mainz, einen sogenannten Antrag auf raumordnerische Beurteilung gestellt, damit die Notwendigkeit der Durchführung eines Raumordnungsverfahrens durch die zuständige Behörde geprüft werden kann, und dabei Varianten der Energie-, also der Stromabfuhr sowohl als Erd- als auch als Überlandkabel vorgelegt. (Stadtwerke Mainz AG o.D) (Abb. 2.13).

Es bleibt festzuhalten, dass gerade Trassenverständnis und Trassendiskussion je nach Fachgebiet bzw. Objekt der Planung und im Einzelfall unterschiedlich verstanden und ge-

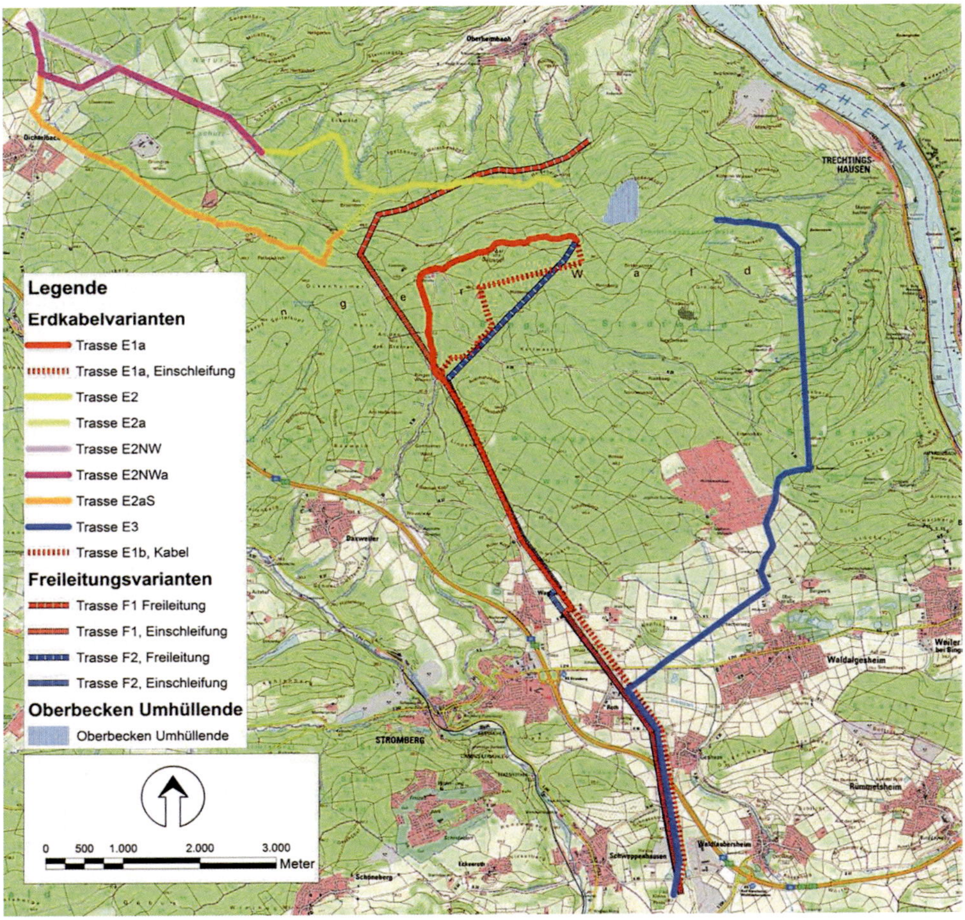

Abb. 2.13 Varianten der Energieableitungstrassen des Pumpspeicherwerks Heimbach (Mainzer Stadtwerke AG o.D., S. 3–9; Grafik: Mainzer Stadtwerke AG/SHU Sabine Häring Umweltberatung und –management)

führt werden. Auf jeden Fall ist die Alternativen- und Variantendiskussion nicht nur eine Frage des Maßstabs, sondern auch der politischen Absichten und der Bedeutung der betroffenen Belange. Von Alternativen spricht man dann, wenn sich die Lösungen sehr grundsätzlich unterscheiden, dazu zählt auch die Alternative, die umgangssprachlich als Nullvariante bezeichnet wird, in der also kein Projekt realisiert werden soll. Von Varianten spricht man dann, wenn es darum geht, im Detail in unterschiedlichen Ansätzen die beste Lösung zu finden. Das gleiche gilt für punktförmige Infrastrukturen wie Flugplätze und Abfallbeseitigungsanlagen, die in den Landesentwicklungs- oder Regionalplänen meist noch als Symbol stehen und deren Flächeninanspruchnahme in den weiteren Verfahren konkretisiert werden muss.

2.3 Definition der Projektentwicklung nach Projekttypen

2.3.1 Herleitung

„Ein Projekt entwickeln" heißt, „ein nach vorne Geworfenes von einer Spule oder einem Knäuel (einem Wickel) abwickeln, auseinanderwickeln". Im übertragenen Sinne bedeutet das, „ein (bauliches) Vorhaben (stufenweise) herausbilden und (wie bei der Entwicklung eines Fotos) sichtbar machen" (Duden-Herkunftswörterbuch 2001, S. 632 und 926 f.).

Projektentwicklung bedeutet etymologisch also, etwas Ausgedachtes, etwas noch nicht Existierendes, durch die Arbeit des Projektentwicklers Realität werden zu lassen. Während ein Projekt schon mit Plänen, Bildern, Texten, Videos etc. sichtbar, eher: verständlich gemacht werden kann, braucht es für seine gänzliche Realität Menschen bzw. Organisationen (bzw. die Verträge mit ihnen), Material, Maschinen und Geld. Gänzlich Realität ist es erst, wenn es fertiggestellt und in Benutzung genommen worden ist.

Diederichs und Preuß definieren Projektentwicklung wie folgt (2020, S. 206):

► *Durch Projektentwicklung sind die Faktoren Standort, Projektidee und Kapital so miteinander zu kombinieren, dass einzelwirtschaftlich wettbewerbsfähige, arbeitsplatzschaffende und sichernde sowie gesamtwirtschaftlich sozial- und umweltverträgliche Immobilienprojekte geschaffen und dauerhaft rentabel genutzt werden können.*

Damit leiten sie zutreffend die Projektentwicklung aus der Aufgabenstellung der Immobilienwirtschaft her. Die Kombination der Faktoren Standort, Projektidee und Kapital ist eine tragende Idee, die dort bis heute gilt. Allerdings enthält die Definition von Diederich und Preuß, die ihren Ursprung 1994 hat (ebenda), zum einen einengende, zum anderen zeitgeistige Aspekte, die man heute umfassender und zeitloser formulieren sollte. So wird z. B. mit dem Begriff „wettbewerbsfähig" auf einen (stark) konkurrierenden Immobilienmarkt abgehoben. Zu einen ist der Immobilienmarkt nicht an jedem Ort und zu jeder Zeit von (starker) Konkurrenz geprägt, zum anderen gibt es Immobilientypen, die nicht am Markt konkurrieren und/oder wettbewerbsferne Auftraggeber haben, z. B. die öffentliche Hand, Genossenschaften oder Baugruppen. „Arbeitsplatz schaffend und sichernd" ist sicher dem Geist der 1980er (z. B. Ölkrise in den 1970ern mit nachlaufend hoher Arbeitslosigkeit) und 1990er (z. B. Wiedereinigung und Einbruch der Wirtschaft in Ostdeutschland) geschuldet. Inwieweit Immobilien (einzelwirtschaftlich) zur Arbeitsplatzschaffung beitragen können, wäre zu diskutieren. Und schließlich ist die Zuordnung von Sozial- und Umweltgesichtspunkten nur der gesamtwirtschaftlichen Ebene nicht richtig, da Immobilien diese Wirkungen auch und gerade an ihrem Ort erzeugen. Zweifellos gibt es auf übergeordneter Ebene eine kumulierte Wirkung.

Daneben wird von den genannten Autoren zwischen Projektentwicklung im engeren und im weiteren Sinne unterschieden: *Projektentwicklung im engeren Sinne (PE i. e. S.)* umfasst die Phase vom Projektanstoß bis zur Entscheidung über die weitere Verfolgung der Projektidee durch Erteilung von Planungs-/Realisierungsaufträgen bzw. bis zur Entscheidung über die Einstellung aller weiteren Aktivitäten (ebenda). Diese Definition entspricht etwa einer umgangssprachlichen „Phase 0" vor dem eigentlichen Projekt im Sinne der Projektstufen nach AHO (2020, S. 46 ff.).

Projektentwicklung im weiteren Sinn (PE i. w. S.) betrachtet den gesamten Lebenszyklus der Immobilie vom Projektanstoß bis hin zur Umwidmung oder dem Abriss am Ende der wirtschaftlich vertretbaren Nutzungsdauer (ebenda). Diese Definition entspricht mehr dem gelebten Verständnis und Wortgebrauch in der Immobilienwelt, allerdings ist der Einbezug der gesamten Nutzungsdauer nicht zutreffend und entspricht in keiner der Sphären der gelebten Praxis. In der Betriebs- bzw. Nutzungsphase wird nicht entwickelt. Das Facility Management (FM) ist per se nicht Teil einer Immobilienprojektentwicklung, da es in der Regel nicht projektmäßig bearbeitet wird. Zusammen mit dem Property Management (PropM), zum Teil auch dem übergeordneten Asset Management (AM) fehlen ihm typische Projekteigenschaften (keine Projektstruktur, Bewältigung von Routineaufgaben, periodische bzw. laufende Budgets). Die Projektentwicklung kommt dann ins Spiel, wenn es Diskrepanzen innerhalb oder zwischen den Elementen Nutzung (z. B. Leerstand), Standort (z. B. abgewirtschaftet, nicht mehr nachgefragt) und Kapital (z. B. mangelnde Wertschöpfung) kommt. Entweder werden dann im Rahmen des FM oder des PropM Aufgaben projektmäßig angegangen (z. B. Gebäudedigitalisierung, Optimierung des Energiesystems, Umzüge) oder es kommt im Rahmen des AM bzw. auf dessen Veranlassung zu einem Modernisierungs- oder Sanierungs- bzw. Abriss- und Neubauprojekt. In solchen Fällen läuft die Projektentwicklung in Teilen parallel zur Betriebsphase.

Wollte man eine Immobilie (bei Vernachlässigung der Projekteigenschaften) als dauerhaftes Projekt begreifen, müsste man neben dem FM auch das PropM und das AM in die Nutzungsphase einbeziehen. Umgekehrt hat das FM in jeder Projektentwicklung einen festen Platz, in dem Sinne, dass es rechtzeitig und sachgerecht geplant und baulich vorbereitet sein will.

Kategorisch betrachtet sind Projektzyklus (der Zyklus des Projekts) und Lebenszyklus (der Zyklus des Objektes) ohnehin nicht dasselbe. Der Projektzyklus beschreibt die Entstehungsphase des Objekts. Wie gesehen können kleinere oder größere Projekte danach in den Lebenszyklus „eingeflochten" werden. In einer Kreislaufwirtschaft sind Abriss, Weiter- bzw. Wiederverwendung zugleich Teil der Entstehung eines neuen Objekts. Der Projektanstoß gehört zum Projektzyklus. Richtig ist allerdings die Vorstellung, dass er – wenn zuvor genannte Diskrepanzen den Ausschlag geben – der Betriebsphase, also dem Lebenszyklus entspringt.

Schulte und Bone-Winkel ersetzen die Projektidee durch Nutzung bzw. den Nutzerbedarf und fügen den Zeitfaktor hinzu (2008, S. 28 f.). Aus einem Dreieck der Faktoren wird dadurch ein Viereck. Sie bemängeln an Diederichs und Preuß' Verständnis damit die dort fehlende Dynamik von Projektentwicklungsprozessen und betonen außerdem die Interdisziplinarität der Maßnahmen (ebenda, S. 29):

► *Immobilien-Projektentwicklung umfasst (...) das interdisziplinäre Management von planungs- und baubezogenen Wertschöpfungsprozessen im Lebenszyklus der Immobilie. Dazu gehören die Bausteine Akquisition, Nutzungskonzeption und Machbarkeitsanalyse, Baurechtschaffung Eigen- und Fremdkapitalbeschaffung, Marketing und Vermietung, Projektmanagement sowie die Verwertung der Immobilie.*

Sie nähern sich den Inhalten der Projektentwicklung über den notwendigen Bezug zur Wertschöpfung im Lebenszyklus einer Immobilie. Sie umschiffen damit die Frage, was projektmäßig angegangen wird und wie Projektzyklus und Lebenszyklus zueinanderstehen. Implizit sind aber routinemäßig anzugehende Managementaufgaben und explizit Managementaufgaben in der Betriebsphase ausgenommen. Im Weiteren ihrer Ausführungen markieren sie das Ende der Projektentwicklung mit der Verwertung der Immobilie oder ihrer Übernahme in den Bestand des Entwicklers (ebenda, S. 55). Hier bleibt allerdings anzumerken, dass ihre Vorstellung auf den professionell-privaten Sektor begrenzt bleibt, in dem die Wertschöpfung ausschlaggebend für den Projekterfolg ist.

Die bestehenden Definitionen werden im Folgenden aufgegriffen und weiterentwickelt. Die etymologische Herleitung wird dabei berücksichtigt und eine übergeordnete und umfassende Definition des Begriffs *Projektentwicklung* vorgestellt. Diese Definitionen sollen in der Sphäre der privaten Auftraggeber genauso zutreffen wie bei öffentlichen Auftraggebern und alle Typen von Immobilienprojekten abdecken. Zu Letzterem bedarf es eine Differenzierung nach Objekttypen.

2.3.2 Definitionen nach Projekttypen

2.3.2.1 Projektentwicklung (übergeordnet)

Projektentwicklung ist die strukturierte und zielgerichtete Zusammenstellung und Durchführung der Gesamtheit aller Maßnahmen, die zu einer für die Realisierung eines Vorhabens relevanten Entscheidung oder dessen Abschluss führt.

► *Die Entscheidung findet unmittelbar danach statt und bildet den Start einer nachfolgenden Projektphase, eines nachfolgenden (Teil-)Projekts oder der Betriebsphase. Die*

Abb. 2.14 Phasen der Projektentwicklung

Projektentwicklung kann also enden, wenn die Entscheidung getroffen oder das Projekt beendet worden ist.

Diese Definition trägt der Tatsache Rechnung, dass jedes Modul und jede Phase wie ein eigenes Projekt in Initiierungs-, Planungs- und Umsetzungsphase bzw. Vorbereitung, Planung und Realisierung eingeteilt werden kann bzw. muss (Prinzip der Selbstähnlichkeit). Besonders deutlich wird das darin, dass objektbezogene Projekte (Gebäude, Ingenieurbauwerke) in gebietsbezogene Projekte (Land- und Quartiersentwicklung) einbezogen werden.

Den folgenden Definitionen verschiedener Projekttypen (und der in Abschn. 3.3 behandelten Geschäftsmodell- und Prozessmatrix der Land- und Quartiersentwicklung) liegt also die Vorstellung der drei klassischen Projektphasen aus Abb. 2.14 zugrunde. Die Vorbereitung integriert dabei die Projektinitiierung und -konzeption, die Planung die Projektkonkretisierung und die Realisierung das Projektmanagement nach Schulte und Bone-Winkel (2008, S. 36).

2.3.2.2 Hochbauentwicklung

Hochbauentwicklung (Hochbau-Projektentwicklung) hat die Planung, Realisierung und Verwertung eines Hochbauvorhabens zum Gegenstand.

In ihr sind (je nach Auftrag)

- alle Maßnahmen und Entscheidungen, die eine **Budget- und Auftragsentscheidung** für die Planung und den Bau eines Gebäudes ermöglichen,
- alle Maßnahmen und Entscheidungen, die eine **Realisierungs-/Investitionsentscheidung** (zur Grundstücksakquisition und/oder zum Baubeginn) einschließlich der durchzuführenden (öffentlich-rechtlichen) Planungs- und Genehmigungsverfahren für ein Gebäude bzw. die damit verbundene Baumaßnahme vorbereiten oder
- alle Maßnahmen und Entscheidungen, die zur **Inbetriebnahme** oder **Nutzung** und gegebenenfalls zur **Eigentumsübertragung** eines Gebäudes führen

unter Berücksichtigung aller sozialen, ökologischen und ökonomischen Randbedingungen und Notwendigkeiten der jeweiligen Zeit und unter prioritärer Beachtung der Ziele des Auftraggebers strukturiert zusammenzustellen und umzusetzen.

2.3.2.3 Ingenieurbauentwicklung

Ingenieurbauentwicklung (Ingenieurbau-Projektentwicklung) hat – analog zur Entwicklung eines Hochbaus – die Planung, Realisierung und Verwertung eines Ingenieurbauvorhabens zum Gegenstand.

In ihr sind (je nach Auftrag)

- alle Maßnahmen und Entscheidungen, die eine **Budget- und Auftragsentscheidung** für die Planung und den Bau eines Ingenieurbauwerks ermöglichen,
- alle Maßnahmen und Entscheidungen, die eine **Realisierungs-/Investitionsentscheidung** (zur Grundstücksakquisition und/oder zum Baubeginn) einschließlich der durchzuführenden (öffentlich-rechtlichen) Planungs- und Genehmigungsverfahren für ein Ingenieurbauwerk bzw. die damit verbundene Baumaßnahme vorbereiten oder
- alle Maßnahmen und Entscheidungen, die zur **Inbetriebnahme** oder Nutzung und gegebenenfalls zur Eigentumsübertragung eines Ingenieurbauwerks führen
- unter Berücksichtigung möglichst aller sozialen, ökologischen und ökonomischen Randbedingungen und Notwendigkeiten der jeweiligen Zeit und unter prioritärer Beachtung der Ziele des Auftraggebers strukturiert zusammenzustellen und umzusetzen.

Bei der Hochbau- und der Ingenieurbauentwicklung ist die Dreigliedrigkeit der Definition hilfreich, um dem unterschiedlichen Begriffsverständnis Rechnung zu tragen, das in unterschiedlichen Sphären herrscht. Die Bandbreite des Verständnisses reicht dabei von dem nah am Wortsinn der Projektentwicklung liegenden Verständnis der öffentlichen Auftraggeber, nach dem ein Projekt dann entwickelt ist, wenn alle Rahmenbedingungen klar sind, aus einer Machbarkeitsstudie der Umfang des Projekts bestimmt ist und eine generelle Entscheidung zur Durchführung des Projekts verbunden mit einer Budgetierung getroffen wurde. Hingegen geht das Verständnis der Projektentwicklung, so wie es in der (privaten) Immobilienwirtschaft an den Tag gelegt wird, davon aus, dass ein Projekt erst dann fertig entwickelt ist, wenn das Gebäude mängelfrei errichtet, an den oder die Nutzer (z. B. die Mieter) und ggf. nach einer Optimierungsphase im Betrieb an den oder die (zukünftigen) Eigentümer übergeben wurde.

2.3.2.4 (Bau-)Landentwicklung

(Bau-)Landentwicklung ist die strukturierte und zielgerichtete Zusammenstellung und Durchführung der Gesamtheit aller Maßnahmen und Entscheidungen, die zur Fertigstellung der Erschließung eines Baugebiets und die Übereignung aller bebaubaren Grundstücke an Dritte zum Zwecke ihrer Bebauung führen, jeweils unter Berücksichtigung möglichst aller sozialen, ökologischen und ökonomischen Randbedingungen und Notwendigkeiten der jeweiligen Zeit und unter prioritärer Beachtung der Ziele des Auftraggebers.

2.3.2.5 Quartiersentwicklung

Quartiersentwicklung ist die strukturierte und zielgerichtete Zusammenstellung und Durchführung der Gesamtheit aller Maßnahmen und Entscheidungen, die zur Aufnahme der neuen oder Wiederbelebung der bestehenden Nutzung in einem Quartier führen, jeweils unter Berücksichtigung möglichst aller sozialen, ökologischen und ökonomischen Randbedingungen und Notwendigkeiten der jeweiligen Zeit und unter prioritärer Beachtung der Ziele des Auftraggebers.

Sie integriert die Entwicklung von Hoch- und Ingenieur- sowie Landschaftsbauwerken. Ihr geht häufig, aber nicht zwingend eine Landentwicklung voraus.

Literatur

Akademie für Raumforschung und Landesplanung e. V. (ARL; Hrsg.): Handwörterbuch der Stadt- und Raumentwicklung, Band 1–4, Hannover, 2018, hier insbesondere die Kapitel Fachplanung (S. 642ff), Landesplanung, Landesentwicklung (s. 1307ff), Planfeststellung (S. 1963ff), Raumordnung (S. 1889ff) und Regionalplanung (S. 2047ff)

Amprion GmbH: BBPlG [Gesetz über den Bundesbedarfsplan (Bundesbedarfsplangesetz)] Vorhaben 48: Heide-Polsum, 2024, https://korridor-b.amprion.net/Informationsmaterial/Karten/, abgerufen am 31.01.2025

Ausschuss der Verbände und Kammern der Ingenieure und Architekten für die Honorarordnung e. V: AHO-Schriftenreihe Nr. 9: Projektmanagement in der Bau- und Immobilienwirtschaft – Standards für Leistungen und Vergütungen, 5. Auflage, Stand März 2020

Benevolo, Leonardo: Die Geschichte der Stadt, Frankfurt/New York 2000

Berlin-Brandenburgische Akademie der Wissenschaften: Digitales Wörterbuch der deutschen Sprache/Etymologisches Wörterbuch des Deutschen o.D. (Website), https://www.dwds.de/wb/etymwb/Quartier, abgerufen am 02.01.2024

Beyerle, Thomas/Catella: Urbane Quartiere und Mixed-Use-Immobilien. Neue Elemente und Strategien der Immobilienentwicklung, Frankfurt am Main 2019, Internetfundstelle: https://www.catella.com/de/deutschland/research/catella-studie-urbane-quartiere-und-mixed-use-immobilien, abgerufen am 26.10.2024

Brühl, Hasso et al: Wohnen in der Innenstadt – eine Renaissance? difu-Beiträge zur Stadtforschung, Bd. 41, 2005, Internetfundstelle: https://difu.de/publikationen/2005/wohnen-in-der-innenstadt-eine-renaissance, abgerufen am 26.10.2024

Bundesamt für Seeschifffahrt und Hydrographie: Raumordnungsplan für die deutsche ausschließliche Wirtschaftszone in der Nordsee und in der Ostsee – Kartenteil Nordsee, Hamburg 2021, Internetfundstelle: https://www.bsh.de/DE/THEMEN/Offshore/Meeresraumplanung/Raumordnungsplan_2021/_Anlagen/Downloads/Kartenteil_Nordsee_A3.pdf?__blob=publicationFile&v=2, abgerufen am 31.01.2025

Bundesinstitut für Bau-, Stadt- und Raumforschung (BBSR, Hrsg.): Wie aktuell sind die Raumordnungspläne in Deutschland? Eine bundesweite Analyse der Landes- und Regionalpläne, Bonn 2020a, Internetfundstelle: https://www.bbsr.bund.de/BBSR/DE/veroeffentlichungen/analysen-kompakt/2020/ak-03-2020.html, abgerufen am 26.10.2024

Bundesinstitut für Bau-, Stadt- und Raumforschung (BBSR, Hrsg.): Neue Stadtquartiere – Konzepte und gebaute Realität, Bonn 2020b, Internetfundstelle: https://www.bbsr.bund.de/BBSR/DE/veroeffentlichungen/bbsr-online/2021/bbsr-online-04-2021.html, abgerufen am 26.10.2024

Bundeszentrale für politische Bildung (bpd): Das Politiklexikon, 2025 (Impressum der Website), https://www.bpb.de/kurz-knapp/lexika/politiklexikon/18292/stadt/, abgerufen am 07.02.2025

CBRE Research Deutschland: Wie werden Quartiere zu einer neuen Erfolgsstory in Deutschland?, Frankfurt am Main 2021, Internetfundstelle: https://www.cbre.de/insights/reports/wie-werden-quartiere-zu-einer-neuen-erfolgsstory-in-deutschland, abgerufen am 26.10.2024

DB InfraGO AG: Frankfurt RheinMain plus o.D. (Website), Internetfundstelle: https://www.frmplus.de/projekte.html, abgerufen am 31.01.2025

DB InfraGO AG: Neubaustrecke Frankfurt-Mannheim, PFA 1, Zeppelinheim–Darmstadt Nord, Genehmigungsplanung: Unterlage für eine Entscheidung nach §18 AEG vom 15.11.2024, Internetfundstelle: https://www.frankfurt-mannheim.de/planung/planfeststellung-zeppelinheim-darmstadt-nord.html, abgerufen am 31.01.2025

DB Projekt Stuttgart 21 GmbH: Planfeststellungsunterlagen. Umgestaltung des Bahnknotens Stuttgart. Ausbau- und Neubaustrecke Stuttgart-Augsburg. Bereich Stuttgart-Wendlingen mit Flughafenanbindung. Abschnitt 1.1. Talquerung mit Hauptbahnhof. Erläuterungsbericht Teil II. Darstellung der Variantenauswahl, Stuttgart 2004

DB Projekt Stuttgart-Ulm GmbH: https://www.bahnprojekt-stuttgart-ulm.de/no_cache/mediathek/, abgerufen am 21.01.2023

Deutsches Institut für Urbanistik (difu), Pressemitteilung vom 09.09.2005: Studie: Rückkehr in die Stadt ist keine Modeerscheinung, Internetfundstelle: https://difu.de/presse/pressemitteilungen/2005-09-09/studie-rueckkehr-in-die-stadt-ist-keine-modeerscheinung, abgerufen am 07.02.2025

Diederichs, Claus Jürgen und Preuß, Norbert: Projektentwicklung und Immobilienmanagement, in: Diederichs, Claus Jürgen und Malkwitz, Alexander: Bauwirtschaft und Baubetrieb. Technik – Organisation – Wirtschaftlichkeit – Recht, Wiesbaden 2020, S. 205–280

Duden-Herkunftswörterbuch, 3. Auflage, Mannheim 2001

EU-Parlament, o.D: https://www.europarl.europa.eu/factsheets/de/sheet/135/greasain-thras-eorpacha-treoirlinte, abgerufen am 25.10.2024

Feldmann, Philipp: Die Strategische Entwicklung neuer Stadtquartiere unter besonderer Berücksichtigung innenstadtnaher oder innerstädtischer, brachgefallender Industrieareale, Köln 2009, Internetfundstelle. https://epub.uni-regensburg.de/24516/6/53.pdf, abgerufen am 07.02.2025

Gesellschaft für Immobilienwirtschaftliche Forschung e. V (Hrgs.): gif im Fokus. Quartier der Zukunft, Heft 2/2023, Internetfundstelle: https://gif-ev.com/produkt/gif-im-fokus-quartier-der-zukunft/, abgerufen am 07.02.2025

Heinrich-Böll-Stiftung: Infrastrukturatlas. Daten und Fakten über öffentliche Räume, Berlin 2020, Internetfundstelle: https://www.boell.de/de/infrastrukturatlas, abgerufen am 26.10.2024

Hessisches Ministerium für Wirtschaft, Energie, Verkehr und Wohnen (HMWVW), Landesentwicklungsplan Hessen 2000 – Plankarte I, Wiesbaden o.D.; Internetfundstelle: https://landesplanung.hessen.de/landesplanung/lep-lesefassung, abgerufen am 26.10.2024

Hessisches Ministerium für Wirtschaft, Energie, Verkehr und Wohnen (HMWVW): Landesentwicklungsplan Hessen 2020 – Lesefassung, Wiesbaden 2022; Internetfundstelle: https://landesplanung.hessen.de/landesplanung/lep-lesefassung, abgerufen am 26.10.2024

IPAI Management GmbH o.D. (Website): https://ip.ai/, abgerufen am 25.01.2024

Kommunale Gemeinschaftsstelle für Verwaltungsmanagement (KGSt) – Verband für kommunales Management 2025 (Website): https://www.kgst.de/, abgerufen am 25.10.2024

Lynch, Kevin: Das Bild der Stadt, Basel 2001 (Nachdruck)

Meisel, Ulli: Beiträge von Städtebau und Architektur zu einer multiperspektivischen Erforschung von Stadtquartieren, in: Deffner, Veronika und Meisel, Ulli (Hrsg.): Standquartiere. Sozialwissenschaftliche, ökonomische und städtebaulich-architektonische Perspektiven, Essen 2013, S. 41–69

Ministerium für Landesentwicklung und Wohnen des Landes Baden-Württemberg: Ausschreibung des im Jahr 2025 vorgesehenen Programms für die städtebauliche Erneuerung und Entwicklung, Stuttgart 2024, Internetfundstelle: https://mlw.baden-wuerttemberg.de/de/service/foerderprogramme/liste-foerderprogramme-mlw/staedtebaufoerderung, abgerufen am 26.10.2024

Ministerkonferenz für Raumordnung (MKRO): Leitbilder und Handlungsstrategien für die Raumentwicklung in Deutschland, beschlossen am 9. März 2016, Internetfundstelle: https://www.bmi.bund.de/SharedDocs/downloads/DE/veroeffentlichungen/themen/heimat-integration/raumordnung/leitbilder-und-handlungsstrategien-2016.pdf?__blob=publicationFile&v=5, abgerufen am 08.11.2025

Moreno, Carlos et al: Introducing the "15-Minute City": Sustainability, Resilience and Place Identity in Future Post-Pandemic Cities, in: Smart Cities 2021, 4, S. 100–105, Internetfundstelle: https://www.mdpi.com/2624-6511/4/1/6, abgerufen am 07.02.2025

Novartis AG, 2025 (Impressum der Website): https://www.campus.novartis.com/de, abgerufen am 07.02.2025

Regierungspräsidium Darmstadt: Regionalplan Südhessen außerhalb des Ballungsraumes, Teilkarte 3 und Legende, Darmstadt 2010, Internetfundstelle: https://rp-darmstadt.hessen.de/infrastruktur-und-wirtschaft/regionalplanung/regionalplan-suedhessen/regionalplan-suedhessen-regionaler-flaechennutzungsplan, abgerufen am 26.10.2024

Regierungspräsidium Stuttgart: Aus- und Neubaustrecke Stuttgart-Augsburg. Bereich Stuttgart-Wendlingen mit Flughafenanbindung und Umgestaltung des Bahnknotens Stuttgart, Stuttgart 1997

Savills plc: Market in Minutes/Savills Research. Investmentmarkt für Quartiere, Frankfurt am Main 2020, Internetfundstelle: https://pdf.euro.savills.co.uk/germany-research/2020/mim-investmentmarkt-quartiere-marz-2020.pdf, abgerufen am 08.11.2025

Schlachter, Maximilian/bulwiengesa und Holz, Mark/CORESTATE: Stadtquartiere. Die Assetklasse der Zukunft, Berlin/Frankfurt am Main 2021, Internetfundstelle: https://live.bulwiengesa.de/de/publikationen/studie-stadtquartiere, abgerufen am 26.10.2024

Schmitt, Gisela: Lebendige Quartiere planen. Urbane Qualitäten in suburbanen Räumen? in: pnd – rethingking planning, Aachen, Ausgabe 1/2021, Internetfundstelle: https://www.planung-neu-denken.de/wp-content/uploads/ausgabe_pnd_1-2021_grosse-quartiere_new-urban-quarters.pdf, abgerufen am 26.10.2024

Schnur, Olaf: Quartier als Schlüsselbegriff, in: Bundesministerium des Inneren, für Bau und Heimat (BMI) und Bundesinstitut für Bau-, Stadt- und Raumforschung (BBSR, Hrsg.): Stadt gemeinsam gestalten. Neue Modelle der Koproduktion im Quartier, Bonn 2021, S. 13–17, Internetfundstelle: https://www.bbsr.bund.de/BBSR/DE/presse/presseinformationen/2021/stadt-gemeinsam-gestalten.html, abgerufen am 26.10.2024

Schnur, Olaf: Quartiersforschung im Überblick: Konzepte, Definitionen und aktuelle Perspektiven, in: Schnur, Olaf: Quartiersforschung. Zwischen Theorie und Praxis, Wiesbaden 2014, S. 21–56

Schulte, Karl-Werner und Bone-Winkel, Stephan: Grundlagen der Projektentwicklung aus immobilienwirtschaftlicher Sicht, in: Schulte, Karl-Werner und Bone-Winkel, Stephan: Handbuch Immobilienprojektentwicklung, Köln 2008, S. 23–89

Schütz, Elmar und Feldmann, Philipp: Quartiersentwicklung am Beispiel des Arnulfparks in München, in: Schulte, Karl-Werner und Bone-Winkel, Stephan: Handbuch Immobilienprojektentwicklung, Köln 2008, S. 843–868

Spektrum der Wissenschaft Verlagsgesellschaft mbH: Lexikon der Kartographie und Geomatik, 2023 (Impressum der Website), https://www.spektrum.de/lexikon/kartographie-geomatik/kognitive-karte/2849, abgerufen am 26.10.2024

Stadt Mannheim a, o.D: https://www.mannheim.de/de/stadt-gestalten/verwaltung/aemter-fachbereiche-eigenbetriebe/stadtraumservice-mannheim, abgerufen am 25.10.2024

Stadt Mannheim b, o.D: https://www.mannheim.de/de/stadt-gestalten/verwaltung/aemter-fachbereiche-eigenbetriebe, abgerufen am 25.10.2024

Stadtwerke Mainz AG: Pumpspeicherwerk Heimbach. Antrag auf raumordnerische Beurteilung. Teil A Erläuterungsbericht, o.D., Mainz, Internetfundstelle: https://www.mainzer-stadtwerke.de/projekte/psw-heimbach?mid=region, abgerufen am 26.10.2024

Vallée, Dirk: Stuttgart 21: Bahnknoten und Flughafenanbindung, in: in: Panebianco, Stefano et al. (Hrsg.): Raumordnungsverfahren. Grundlagen, Beispiele, Empfehlungen. Arbeitsberichte der ARL 25, Hannover 2019, S. 127–136, Internetfundstelle: https://www.arl-net.de/system/files/media-shop/pdf/ab/ab_025/ab_025_gesamt.pdf, abgerufen am 07.02.205, S. 127–136

Vivico Real Estate GmbH (Hrsg.): Weißbuch Quartiersentwicklung und Quartiersmanagement (unveröffentlicht), Frankfurt am Main 2008

Zeck, Hildegard und Köhler, Gesa: Bundesfachplanung gemäß Netzausbaubeschleunigungsgesetz (NABEG): Vorbild für die Weiterentwicklung des Raumordnungsverfahrens?, in: Panebianco, Stefano et al. (Hrsg.): Raumordnungsverfahren. Grundlagen, Beispiele, Empfehlungen. Arbeitsberichte der ARL 25, Hannover 2019, S. 127–136, Internetfundstelle: https://www.arl-net.de/system/files/media-shop/pdf/ab/ab_025/ab_025_gesamt.pdf, abgerufen am 07.02.2025

Gebietsbezogene Projektentwicklung 3

Elmar Schütz

Im Folgenden geht es um die gebietsbezogene Projektentwicklung, insbesondere die Land- und Quartiersentwicklung. Gebietsbezogene Projekte sind komplex, da sie divergierende Interessen, unübersichtliche Verfahren, volatile politische Zielsetzungen und zahlreiche Gesetze und Normen berücksichtigen müssen. Komplexität wird von Einfachheit, Kompliziertheit und Chaos abgegrenzt und ist durch Wechselwirkungen und Rückkopplungen innerhalb des Systems gekennzeichnet.

Ein komplexes System kann nie vollständig erfasst oder vorhergesagt, aber systemimmanente Gesetzmäßigkeiten können erkannt werden. Quartiere sind komplexe Systeme sowohl in ihrer Existenz als auch in ihrem Entwicklungsprozess. Die rechtliche Sicherung durch Bebauungsplanverfahren und die Abhängigkeit von Politik und Verwaltung tragen zur Komplexität bei.

Die Land- und Quartiersentwicklung umfasst verschiedene Phasen und Module, die von der Umfeldanalyse über die Planung bis zur Realisierung reichen. Jede Phase endet mit einem klaren Ergebnis, einem Meilenstein. Die Geschäftsmodelle der Land- und Quartiersentwicklung variieren je nach Tiefe der Wertschöpfung und Produkt der Entwicklung. Flexibilität und Anpassungsfähigkeit sind entscheidend, um auf unvorhergesehene Entwicklungen reagieren zu können.

3.1 Gebietsbezogene Projektentwicklungen als besonders komplexe Aufgaben

Alle in Kap. 2 aufgeführten Objekte der Raumordnung, der Stadt- und Regionalplanung und des Städtebaus können Gegenstand bzw. Resultat von gebietsbezogenen Projekten sein. Kap. 3 beschäftigt sich jedoch nur noch mit Projekten der *Land- und Quartiersentwicklung*, da sie die einzigen aus dieser Kategorie sind, die unmittelbar in bauliche Reali-

E. Krön et al., *Projektentwicklung – vom Quartier zum Gebäude*,
https://doi.org/10.1007/978-3-658-49172-7_3

sierung münden. Gebietsbezogene Projektentwicklung[1] ist somit als Überbegriff der Land- und Quartiersentwicklung zu sehen und wird im Folgenden teilweise synonym für das Begriffspaar verwendet.

Immobilienprojekte sind grundsätzlich kompliziert, aber auch komplex. Das gilt besonders für gebietsbezogene Projektentwicklungen. Komplexität ist deren Wesenskern. Früh hat das Scholl herausgearbeitet, allerdings ohne das Wesen der Komplexität (in Abgrenzung zur Kompliziertheit) genauer zu beschreiben. Es ergibt sich aber aus den von Scholl (1994, S. 14) aufgeführten Merkmalen, besser: Randbedingungen gebietsbezogener Projektentwicklungen, die da sind:

- divergierende Interessen raumbezogener Akteure und der Öffentlichkeit untereinander und gegeneinander
- Unübersichtlichkeit und Langwierigkeit durchzuführender Verfahren
- volatile Politik und schwerfällige Verwaltung
- zahlreiche Gesetze und Verordnungen, die zudem ständig novelliert werden

und weiter untern (ebenda, S. 29)

- Überraschungen, also der Eintritt von etwas Unvorhergesehenem

Exkurs: Über Komplexität

Komplexität ist abzugrenzen und einzuordnen gegenüber Einfachheit, Kompliziertheit und Chaos. Bei der Einfachheit kennt man Ursache und Wirkung. Handlungsoptionen können leicht abgeleitet werden, etwa um ein gewünschtes Ergebnis zu erzielen. Die Beziehung ist rein linear. Kompliziertheit braucht ausreichend (Fach-)Wissen, Geduld und Akribie, um alle Zusammenhänge zu erfassen. Dadurch wird ein kompliziertes System verständlich, vorhersagbar und beherrschbar. Die Frage, was als kompliziert angesehen wird, ist also von den Fähigkeiten und Fertigkeiten des betrachtenden oder agierenden Subjekts abhängig, und somit ein *subjektiver Tatbestand*. Ein komplexes System kann nie in seiner Vollständigkeit erfasst werden, was im Wesentlichen daran liegt, dass seine Komponenten in *Wechselwirkungen* zueinander und in *Rückkopplungen* zum System stehen. D. h., diejenigen, die im System interagieren, beeinflussen durch ihre Interaktionen gleichzeitig das System. Das trifft vor allem für die Menschen zu, in unserem Zusammenhang die Projektteammitglieder und Stakeholder des Projekts.

Auch können die Eigenschaften eines komplexen Systems nicht vollständig aus den Eigenschaften seiner Komponenten erklärt werden. Somit sind Zustände eines komplexen Systems nie vollständig vorhersagbar und das System nie vollständig beherrschbar. Gleichwohl können systemimmanente Gesetzmäßigkeiten erkannt werden, die sogar für eine Modellbildung taugen – in ihrer Gänze aber allenfalls im Nachhinein, wenn man alle Wirkungen und Folgen von Ereignissen sieht. Weitere Kennzeichen und Merkmale von Komplexität sind *Emergenz* (das Hervorbringen von etwas Neuem, Brockmann 2021, S. 28 [bei 5 % des E-Books]), *exponentielle Wachstums- und*

[1] Hier wird bewusst der Begriff „gebietsbezogen" verwendet. Er beschreibt eindeutiger als der in zahlreichen Veröffentlichungen verwendete Begriff „flächenbezogen" den Gegenstand der Projekte. Flächen gibt es auch auf anderen Maßstabs- und Objektebenen, etwa bei Hochbau- und Ingenieurbauwerke. Hier geht es aber um das Teilgebiet einer Stadt, vornehmlich das Quartier.

Schrumpfungsprozesse, (zweckorientiere) *Musterbildung*, der sogenannte *Schmetterlingseffekt* (kleine Ursache – große Wirkung) sowie (Stabilität vs.) *Kritikalität* und *Kipppunkte* (Brockmann 2021, S. 95 ff. [bei 27 % des E-Books]) und 121 ff. [bei 35 % des E-Books]).

Weßeling (2022) macht in dem Zusammenhang deutlich, dass in Folge der allgemeinen Tendenz zur Zunahme von Entropie der Zufall befördert wird (S. 162 [bei 75 % des E-Books]). An anderer Stelle klärt er, dass Nicht-Gleichgewichte – hierbei handelt es sich um Systeme, durch die ständige Materie, Energie oder Information fließt, also das meiste, was wir kennen – der Zufall eine bedeutende Rolle spielt. Denn gerade durch den Fluss entsteht Fluktuation (Schwankungen). Kleine zufällige Abweichungen können in diesen verstärkt werden und zu neuen Strukturen führen. Dieses Phänomen nennt sich *Selbstorganisation*, ebenfalls eine Eigenschaft komplexer Systeme (S. 102 ff. [ab 47 % des E-Books]). Zu den Eigenschaften komplexer Systeme gehören außerdem *Dynamik* (infolge der Interaktion mit der Umwelt und mit anderen Systemen, z. B. durch Energiezunahme), *adaptives Verhalten*, *Vernetzung* und *Mehrskaligkeit* (nach dem Prinzip der Selbstähnlichkeit).[2]

Die Frage, was als komplex angesehen wird, kann objektiv anhand aller zuvor aufgeführten Eigenschaften beschrieben werden. Das Gegebensein von Komplexität ist also ein *objektiver Tatbestand*.

Im umgangssprachlichen Sinn ist Chaos ein Zustand ohne erkennbare Regeln und Muster. Tatsächlich ist aber ein chaotisches System ein auf eine höhere Ebene gehobenes komplexes, dessen Zusammenhänge noch nicht verstanden sind, oder dessen Variablen zwar bekannt und auch mathematisch beschreibbar sind, dessen zukünftige Zustände sich aber trotzdem nicht vorhersagen lassen. Das Wetter ist eine solches System (Wehr 2024, S. 37 [bei 7 % des E-Books]). In letzterem Fall spricht man auch von einem deterministischen Chaos (Brockmann 2021, S. 26 [bei 4 % des E-Books]).

Das projektbezogene Unangenehme an Komplexität ist u. a. die große Menge an Nichtwissen und Unsicherheit in Bezug auf den Eintritt eines Ergebnisses, etwa dadurch, dass der Eintritt von Entscheidungen anderer außerhalb des eigenen Wirkungsbereichs abhängig ist. Wehr unterscheidet in dem Zusammenhang zwischen natürlichen und vom Menschen gemachten (künstlichen) Komplexitätsfallen (2024, S. 17 [bei 2 % des E-Books]). Die gebaute Umwelt ist der Ort, wo beide Phänomene ständig zusammentreffen, etwa ein Starkregen mit Überflutung auf ein mehr oder weniger koordiniertes Verhalten der betroffenen Quartiersbewohner.

Aber nicht die ganze Welt ist komplex bzw. ist sie nicht immer komplex. Systeme sind meist stabil, sofern die Ausgangsbedingungen nicht schnell und tiefgreifend geändert werden, und es bestehen „Bereiche der Ordnung in einem Meer des Zufalls“: Bereiche, die mit der newtonschen Physik beherrscht werden, in denen es mehr auf die linearen Zusammenhänge ankommt, die also noch einfach, allenfalls kompliziert sind (ebenda, S. 63 [bei 14 % des E-Books]).

Quartiere sind in zweifacher Hinsicht komplexe Systeme:

- in ihrer Existenz als fertige Quartiere, z. B. geprägt durch die Vielzahl der handelnden Akteure im Quartier und dadurch, dass sie mehr sind als die Summe ihrer Teile (Emergenz)
- in ihrem Vorbereitungs-, Planungs- und Realisierungsprozess

[2] Der deutsche Journalist, Autor und Philosoph Gert Scobel hat 2023 die Eigenschaften komplexer Systeme in zwei Teilen seiner Videoreihe anschaulich zusammengefasst. Diese Videos seien für eine alternative Auseinandersetzung mit dem Thema empfohlen.

Bei letzterem tragen vor allem zwei Aspekte zur Komplexität bei: Das in der Regel für seine rechtliche Sicherung notwendige Bebauungsplanverfahren muss gesetzeskonform in der Öffentlichkeit stattfinden. Eine Vielzahl von Stakeholdern darf und kann sich beteiligen. Deren Reaktion ist nicht immer vorhersehbar bzw. bisweilen für eine Überraschung gut. Genauso sind gerade diese Projekttypen stark von dem Handeln von (lokaler) Politik und Verwaltung abhängig, deren Sphären ihrerseits jede für sich und gemeinsam erst recht ein komplexes System bilden. Besteht ein Bebauungsplan und wird (nur) ein Objekt entwickelt, reduziert sich die Komplexität dahingehend, dass bei Einhaltung des Bebauungsplans Anspruch auf Genehmigung besteht und damit Öffentlichkeit und Politik zunächst außenvor gelassen werden können. Gleichwohl sind die Grenzen fließend und auch bei der Hochbauentwicklung, in der beim Planen und Bauen eine Vielzahl von Akteuren koordiniert werden muss, tritt Komplexität auf.[3] Allerdings kommt es darauf an, wie, also über welche Kanäle und welche Tools die Koordination erfolgt und welche Abhängigkeiten unter den Beteiligten bestehen. Gerade bei letzterem ist für die Land- und Quartiersentwicklung charakteristisch: Die Beteiligten sind weitgehend autonome Subjekte, nur sich selbst und ihrem Auftrag verpflichtet und in der Kommunikation frei – mit anderen Worten: nicht steuerbar.

Der Einschätzung der Komplexität kann man sich auch über das Projektumfeld nähern. Aus der Sicht eines privaten Projektentwicklers bietet es sich an, zwischen Absatz- und Beschaffungsmarkt zu unterscheiden, also dem Teil des Umfelds, der benötigt wird, um das Produkt zu erstellen, und dem Teil des Umfelds, der benötigt wird, das Produkt zu vermarkten. Auf dem Beschaffungsmarkt spielen eine Rolle: Stadtplaner, Architekten und Fachingenieure, Bauunternehmen, eigenes und Fremdpersonal, externe Finanzierer (Banken, Versicherungen, Leasinggeber, private Geldgeber, Crowd Investing usw.), die öffentliche Hand (als Regulierer und Baurechtsgeber) u. a. Eine besondere Rolle spielen die Stakeholder, die ein eigenes Interesse am Gelingen oder Nichtgelingen eines Projektes haben, jedenfalls es in ihrem Sinne beeinflussen wollen.

Auf dem Absatzmarkt treten auf: Käufer und Mieter in den verschieden Marktsegmenten; Käufer können sein: andere Developer und Bauträger (im Geschäftsmodell Landentwicklung), Family Offices, Privatpersonen, institutionelle Investoren wie Fonds, Versicherungen und Pensionskassen, die öffentliche Hand u. a.; Mieter können sein: wiederum die öffentliche Hand, Vereine, Verbände, Unternehmen, Privatpersonen u. a.

---

[3] Mit der Anzahl der Akteure steigt die Komplexität, schon rein mathematisch. Nach der Gaußschen Summenformel $S_n = n(n-1)/2$ wächst die Zahl der (möglichen) Beziehungen unter ihnen exponentiell. Und es ist klar, dass die Komplexität nicht nur von der Anzahl der Projektbeteiligten und (externen) Stakeholder abhängt. Hinzu kommen andere Parameter der Projektgröße wie Anzahl der Module und Aufgabenpakte mit ihren Schnittstellen und Abhängigkeiten, die Anzahl der involvierten Experten und Fachgebiete, die Anzahl der Abhängigkeiten von Projekten und Teilprojekten untereinander bzw. von anderen, die Anzahl und Kongruenz von Projektzielen, die Stabilität des Projektumfelds usw. (Zu Frage der Komplexität und ihren Einflussfaktoren – auch in anderen Branchen – s. z. B. Bosch-Rekveldt et al. 2018 und Vidal et al. 2011; eine besondere Rolle spielen dabei Qualität und Quantität der Knoten und deren Verknüpfungen in einem Netzwerkplan [Eber 2020].)

Jede der genannten Entitäten befindet sich in einem eigenen System mit eigenen Regeln. Die so zustande kommende Heterogenität insbesondere des Beschaffungsmarktes ist ein besonderes Kennzeichen der Bau- und Immobilienwirtschaft.

Zu Beginn einer Land- und Quartiersentwicklung, in deren Vorbereitungsphase, gerät jeder Projektentwickler mit der ganzen Bandbreite aktuell bestehender Rahmenbedingungen und gesellschaftspolitischer Diskurse in Berührung, und zwar so, wie sie sich in der jeweiligen Stadt und Region (objektiv) spezifisch ausprägen und (subjektiv) gesehen und angegangen werden (s. Tab. 3.1).

Diese Rahmenbedingungen müssen nicht nur in Quartiersidee und -konzept inhaltlich Niederschlag finden, sie bestimmen auch Interessen und Kommunikation der Stakeholder, teils vorgeschoben im Sinne des Kaschierens der wahren eigenen Interessen, teils klar und ernsthaft im Sinne eigener Betroffenheit oder wohlmeinend in echter Sorge um die Allgemeinheit geäußert. Neben der Autonomie der zahlreichen Stakeholder zeigt sich hier die besondere umfeldbezogene Komplexität gebietsbezogener Projektentwicklungen. Solang das Baurecht nicht gesichert ist, also ein Bebauungsplan in Kraft getreten ist, zumindest

Tab. 3.1 Umfeld der Land- und Quartiersentwicklung (ohne Anspruch auf Vollständigkeit; die Aspekte der unteren Reihe wirken direkter)

Politik, übergeordnet	**Megatrends**	**Gesamtwirtschaft**
• „Zeitenwende“ - Multipolarität - geopolitische Spannungen - hybrider Krieg • Zustand der öffentlichen Haushalte • Herausforderungen der Demokratie	• Klimawandel • demografischer Wandel • Digitalisierung • Urbanisierung	• Deglobalisierung/ Protektionismus • (relativ) hohes Zinsniveau • (weiterhin) Inflation(sgefahr) • Arbeitskräftemangel • hohe Energiekosten, ggf. Energieknappheit • technologische Herausforderungen (vor allem in einigen Branchen) • Verunsicherung/fehlende politische Impulse • Bürokratie
Politik, kommunal	**System Stadt+Technik**	**Regulatorik**
• Herausforderungen der Demokratie • „Eigenlogik“ der Städte • Zustand der Kommunalhaushalte	• Wohnraummangel • Zustand der sozialen und technischen Infrastruktur • Transformation - „klimaresiliente Stadt“ - „Schwammstadt“/wassersensible Stadt - „Verkehrswende“ - „Wärmewende“/ kommunale Wärmeplanung - „Smart City“	• europäische Verordnungen und Richtlinien • Baugesetzbuch • Landesbauordnungen • Umweltgesetze • Fachgesetze • Ortssatzungen

Planreife[4] erreicht hat, können diese Rahmenbedingungen und das Verhalten der Stakeholder diesbezüglich das Projekt umfassend beeinflussen.

Vereinfachend kann man nun behaupten:

- Gebietsbezogene Projekte sind eher komplexer Natur. Bei deren Bewältigung helfen vielfach neben technischen, kaufmännischen und Managementfähigkeiten Erkenntnisse der Gesellschaftswissenschaften, z. B. der Soziologie.
- Objektbezogene Projekte sind eher komplizierter Natur. Bei ihnen haben Ingenieurwissenschaften, z. B. Statik (technische Mechanik) höhere Bedeutung.

Fertige Objekte sind, jedenfalls so lange keine Naturkatastrophen eintreten oder ein Brand ausbricht, die besagten „Bereiche der Ordnung".

Kommen wir noch einmal zurück zu Scholl. Er unterscheidet

- komplexe Schwerpunktaufgaben, etwa die Entwicklung eines Quartiers oder gar ganzen Stadtteils,
- Projektaufgaben, etwa der Bau von Erschließung oder Gebäude und
- Routineaufgaben, etwa das Management von Gebäuden.

Erstgenannte sind für ihn zumindest in der Vorbereitungsphase noch kein Projekt, da die klassischen Projekteigenschaften wie Einmaligkeit, zeitliche und Ressourcenbegrenztheit sowie feste Projektorganisation erst noch erarbeitet werden müssen. Letztgenannte sind es auch nicht, da sie mit eingeübten, immer wiederkehrenden Verfahren bewältigt werden können. Es wird deutlich, dass Scholl zumindest implizit von einer sinkenden Komplexität in seiner Einteilung ausgegangen ist (vgl. Scholl 1994, S. 32 ff.).

3.2 Geschäftsmodell- und Prozessmatrix der (Bau-)Land- und Quartiersentwicklung

Es existiert ein vereinfachter Standardablauf für die Land- und Quartiersentwicklung, wie er in der Abb. 3.1 dargestellt ist.

Land- und Quartiersentwicklung unterscheiden sich dabei durch die Art des Produkts. Dieses ist in der Landentwicklung das erschlossene und baureife, folglich mit Baurecht gemäß in Kraft getretenem Bebauungsplan versehene Grundstück. Dabei ist es theoretisch unerheblich, ob nur ein Grundstück entwickelt wird oder mehrere. In der Praxis geht es je-

[4] Damit ist der Zustand des § 33 Baugesetzbuch gemeint, nachdem Anspruch auf Baugenehmigung nach Erreichen bestimmter Fortschritte im Bauleitplanverfahren und bei Sicherung der Erschließung besteht.

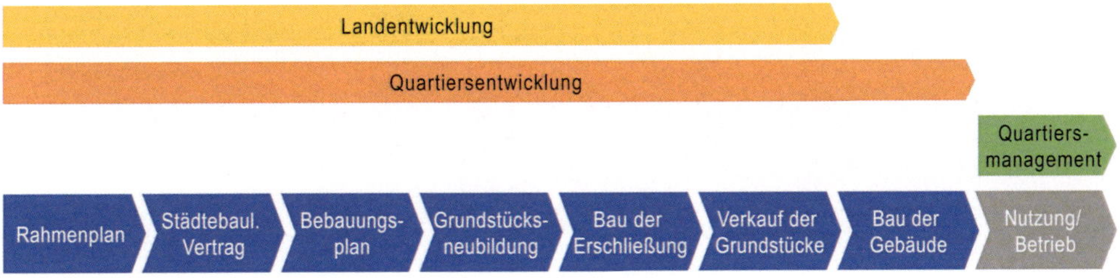

Abb. 3.1 Standardprozess der Land- und Quartiersentwicklung

doch ausschließlich um die Entwicklung mehrerer Grundstücke, die zukünftig zusammen eine Siedlung oder ein Quartier, jedenfalls ein Baugebiet bilden.[5]

Die Quartiersentwicklung bezieht in den Entwicklungsprozess die Realisierung der Gebäude, jedenfalls großer Teile davon durch denselben Projektentwickler ein. Das Produkt ist also das fertige Quartier oder Teile davon bzw. Gebäude innerhalb eines Quartiers. Zur Realisierung der Gebäude gehört auch deren Vermarktung, die in einem Quartier idealerweise nicht unabhängig, sondern im Sinne des Gesamterfolg koordiniert und entsprechend dem Quartierskonzept erfolgt. Nach der Fertigstellung folgt wie bei einem einzelnen Gebäude die Betriebsphase.

Es ist nicht unmöglich, die Module aus Abb. 3.2 – in Teilen sind es eigene Projekte – in einen vollständigen Netzwerkplan oder ein vollständiges Gantt-Diagramm der Land- und Quartiersentwicklung zu übertragen. Die Frage ist jedoch, ob es dem Entwickler einen Mehrwert bringt. Dagegen sprechen folgende Gründe:

- In Anlehnung an Scholl haben wir es in der Vorbereitungsphase nicht mit einem klassischen Projekt zu tun, das entsprechend „abgewickelt" werden kann. Vielmehr muss sich herangetastet werden und das Projekt erst gemeinsam mit dem Baurechtsgeber und unter Beachtung der Stakeholderinteressen, ggf. Beteiligung von Stakeholdern definiert werden.
- Jede Land- und Quartiersentwicklung ist anders. Das hat mit Markt- und Standort, mit der örtlichen Regulatorik, der Eigenlogik der jeweiligen Stadt (örtliche Gepflogenheiten), der Aufgabestellung und anderem mehr zu tun. So unterschiedet sich z. B. die Herangehensweise je nachdem, ob Grundstücke aus dem eigenen Bestand entwickelt werden sollen oder erst akquiriert werden müssen. Ein städtebaulicher Rahmenplan kann über unterschiedliche Wege zustande kommen (z. B. über Testplanungen, Machbarkeitsstudien, sogenannte Workshopverfahren oder städtebauliche Wettbewerbe). Die Art und Weise der Beteiligung sowie des Stakeholdermanagements wird immer projektadäquat festgelegt.

[5] Der Begriff Siedlung steht hier – im Gegensatz zum Quartier (s. Abschn. 2.2.2.3) – für ein kontextunabhängiges, rein monofunktionales Wohngebiet. Baugebiet ist der neutrale, eher rechtlich (im Sinne von Baurecht) und technisch (im Sinne von Erschließung) verstandene Begriff.

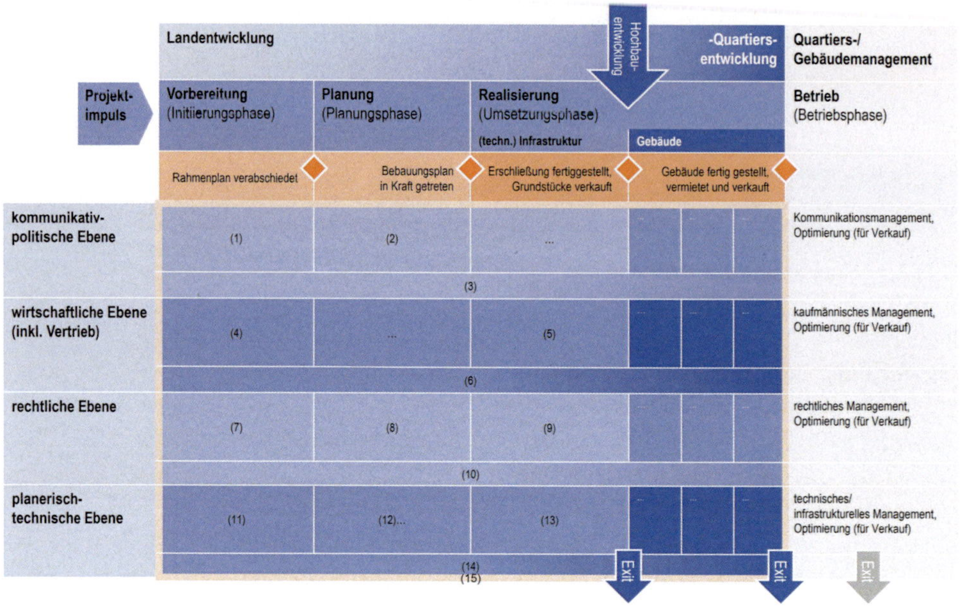

Abb. 3.2 Geschäftsmodell- und Prozessmatrix

- In der Planungs- und Realisierungsphase ist die Einheitlichkeit prinzipiell größer, aber auch hier gilt es, Vorgaben der Bundesländer etwa bei der Anwendung des Baugesetzbuchs oder bei der Städtebauförderung (sofern sie infrage kommt) und vor allem örtliche Gepflogenheiten und Vorgabe der jeweiligen Stadt zu beachten, z. B. hinsichtlich der Durchführung der Bauleitplanung (z. B. parallele oder getrennte Durchführung der Verfahren nach den §§ 3 [1] und 3 [2] bzw. 4 [1] bzw. 4 [2] BauGB, Befassung welcher Gremien der Gemeindevertretung bei den förmlich zu fassende Beschlüssen) oder hinsichtlich der Frage, wann ein städtebaulicher Vertrag endverhandelt sein oder unterschrieben vorliegen muss. Auch in Sachen Erschließung „tickt" jede Stadt anders oder sind Projektspezifika zu beachten, z. B. hinsichtlich der Frage, wie Erschließungsabschnitte gebildet werden und wann der Endausbau der Erschließung in Abhängigkeit der Hochbauten erfolgen kann.
- Projetverantwortliche unterschiedlichen Typs (Service, Trader oder Investor Developer[6]) oder unterschiedlicher Sphären (Private oder Öffentliche) gehen unterschiedlich

[6] Der *Investor Developer* plant, baut und betreibt Immobilien auf eigene Kosten bzw. Risiko und auf eigene Rechnung für den eigenen Bestand. Im Gegensatz dazu plant und baut *Trader Developer* Immobilien in gleicher Weise, aber für den Verkauf an strategische Investoren (Versicherungen, Fonds, Family Offices und dergleichen) oder andere Endinvestoren. Davon deutlich unterscheidet sich der *Service Developer*. Er plant und baut Immobilien auf fremde Kosten bzw. Risiko und auf fremde Rechnung. Er bietet seine Leistung also als Dienstleister an. (Schulte und Bone-Winkel 2008, S. 61 f.).

an die Aufgabenstellung heran, weil sie andere Aufgaben, Rollen oder ein anderes Projektverständnis haben, oder unterliegen zum Teil unterschiedlichen Rechtsregimen insbesondere bei der Vergabe von Dienstleitungs- und Werkaufträgen.
- Aufgrund neu gewonnener Erkenntnisse oder externer Einflüsse müssen vielfach Iterationsschleifen durchlaufen werden, die häufig den Projektplan zeitlich und inhaltlich ändern.
- Je nach örtlichen Gegebenheiten oder Anforderungen des Projekts und seines Trägers kann es aus strategischen Gründen sinnvoll sein, mal das eine, mal das andere Modul vorzuziehen. So kann einen Grundstücksverkauf (mit Erschließungsverpflichtung, ggf. sogar vor Inkrafttreten des Bebauungsplans) abgeschlossen werden, um frühzeitig Einnahmen zu erzielen (zumindest erste Raten). Oder es müssen mittels architektonischer Testplanungen während des Bebauungsplanverfahrens Machbarkeiten geklärt werden, die später in der Hochbauentwicklung wieder Verwendung finden.

Es ist daher besser, sich an Geschäftsmodell- und Prozessmatrix in Abb. 3.2 zu orientieren und nur für relative sichere und feststehende, also definierte Teilprojekte und Module Netzwerkpläne oder Gantt-Diagramme zu erstellen. Ein Grob- oder Rahmenterminplan ist dagegen jederzeit ratsam – aber häufig in Anpassung.

In die Felder und Rahmen mit Ziffern der Abb. 3.2 gehören die Module und Arbeitspakete der Spalte 1 der Tab. 3.2. Diese entsprechen einfachen Beschreibungen dessen was, je Feld übergreifend (in den verbundenen Zellen) oder laufend (im Rahmen) getan werden soll – ohne Anspruch auf Vollständigkeit und aus Gründen der Lesbarkeit herausgezogen. Sie entsprechen den genauer bzw. ausführlicher in Kap. 5 beschriebenen Teilleistungen, wie sie in der 2. Spalte der Tab. 3.2 dargestellt sind.

Tab. 3.2 Gegenüberstellung der vereinfachten Module und Arbeitspakte einer Land- und Quartiersentwicklung und der ausführlichen Teilleistungen aus dem Katalog gem. Kap. 5

(1) Umfeldanalyse, Stakeholderanalyse, Erstinformation, …	1.4.8 Erstellen einer Umfeldanalyse mit Ableitung eines Stakeholdermanagements 4.3.2 Laufendes Kommunikations- und Beteiligungsmanagement
(2) gesetzlich vorgeschriebene Beteiligung, Markenbildung, …	2.1.12 Formelle Beteiligungsverfahren 4.3.4 Erarbeiten und Fortschreiben des Marketingkonzeptes
(3) Kommunikationskonzept, Stakeholdermanagement, Beteiligungsprozesse	4.3.1 Erstellung und Fortschreiben des Kommunikationskonzeptes 4.3.2 Laufendes Kommunikations- und Beteiligungsmanagement
(4) Market and Financial Due Diligence (beim Ankauf), Finanzierung (des Ankaufs), Markt- und Standortanalyse, Risikoanalyse, Machbarkeitsstudie, …	1.3.8 Due Diligence 1.5 Projektfinanzierung (Teil Ankauf) 1.4 Machbarkeitsstudien, mit den Unterpunkten 1.4.7 Erstellen einer Standortanalyse 1.4.9 Erstellen einer Marktanalyse 1.4.12 Erstellen einer Risikoanalyse)

(Fortsetzung)

Tab. 3.2 (Fortsetzung)

(5) Finanzierung (der Realisierung), Zwischennutzung, Vermarktung, …	1.5 Projektfinanzierung (Teil Realisierung) 3.1.3 Umzugs- und Umsetzungsmanagement, Planung, Umsetzung und Begleitung von Interimsnutzungen 3.2 Vermietung 3.3. Verkauf (hier Grundstück)
(6) Wirtschaftlichkeitsberechnungen, Controlling, Risikomanagement	1.5.2 Durchführung Wirtschaftlichkeitsanalyse 4.2 Laufendes Projektcontrolling, insbesondere 4.2.6 Fortschreibung der Wirtschaftlichkeitsanalyse 1.4.12 Erstellen einer Risikoanalyse 4.2.4 Fortschreiben der Risikoanalyse
(7) Legal Due Diligence (insb. beim Ankauf), Grundverständigung mit Kommune (Letter of Intent, Rahmenvereinbarung), (Grundstücks-) Ankaufvertrag, Gründung einer Projektgesellschaft, …	1.3.8 Due Diligence 2.1.1 Abstimmung der Planungsziele mit Kommune und Behörden 2.1.7 Verhandlung von städtebaulichen Verträgen (als Vorvertrag) 1.3.12 Abschluss von Verträgen zur Grundstückssicherung
(8) städtebaulicher Vertrag, Grundstücksneuordnung, …	2.1.7 Verhandlung von städtebaulichen Verträgen (Teil Planung) 2.1.6 Grundstücksneuordnung
(9) Erschließungsvertrag, Bauverträge, (Grundstück-)Verkaufsverträge, …	2.1.7 Verhandlung von städtebaulichen Verträgen (Teil Erschließung)
(10) Vertragskonzeption und -management (11) Technical and Environmental Due Diligence (insb. beim Ankauf), städtebauliche Analyse, erste Ideen/Vision, städtebauliche Wettbewerbe, Rahmenplan, …	4.4 Laufendes Angebots- und Vertragsmanagement 1.3.8 Due Diligence 1.3.9 Städtebauliche Analyse 2.1.2 Vorbereitung, Durchführung und Auswertung von (informellen und formellen) Verfahren (Wettbewerbe, Gutachterverfahren, Test-Planungen, etc.) 2.1.3 Erarbeiten und Fortschreiben des städtebaulichen Entwurfs
(12) Bauleitplanverfahren, Fachgutachten, Fachplanungen, …	2.1.9 Durchführung des Bauleitplanverfahrens 2.1.10 Erarbeitung der erforderlichen Gutachten und Objektplanungen
(13) Rückbau bestehender Gebäude und Infrastruktur, Neubau Infrastruktur, Qualitätssicherung, …	2.2 Planung, Vergabe und Durchführung von Erschließung und Infrastruktur 2.3 Planung, Vergabe und Durchführung von Hochbauten (Teil Rückbau)
(14) Terminplanung und-management	4.2.7 Laufende Terminplanung und -überwachung
(15) Organisation und Koordination	4.1 Laufende Information, Organisation, Koordination und Dokumentation

Die Matrix ist aus der Perspektive privater Immobilienprojektentwickler zusammengestellt. Öffentliche Entwickler können sich aber ebenso an ihr orientieren, da die zu bewältigenden Teilprojekte, Module und Arbeitspakte vielfach dieselben sind. Darüber hinaus ist die Matrix bei der Aufzählung der Module und Arbeitstakte ohnehin nicht vollständig bzw. lässt Raum für eigene bzw. spezifische Module. Sie besteht aus sich überlagernden Phasen und Ebenen. Die Spalten geben die aufeinanderfolgenden Phasen an, die Zeilen die Ebenen, auf denen sich eine Projektentwickler bewegen und auskennen muss, die da sind:

- Die kommunikativ-politische Ebene
- Auf ihr findet das gesamte Stakeholdermanagement und die Kommunikation über das Projekt statt. Hierzu werden Kommunikationsexperten mit verschiedenen Hintergründen benötigt.
- Die wirtschaftliche Ebene
- Hier finden sich alle unmittelbar wirtschaftlichen Aktivitäten einschließlich der Fragen der Projektfinanzierung und der Verwertung (Vertrieb). Menschen mit kaufmännischer bzw. betriebswirtschaftlicher Ausbildung sind hier am wirksamsten.
- Die rechtliche Ebene
- Sie beinhaltet das Entwerfen, Verhandeln, Abschließen und Nachhalten sämtlicher Verträge, die im Laufe eines Projekts notwendig werden, seien es privatrechtliche oder öffentlich-rechtliche, sowie die Begleitung der förmlichen Verfahren und Risikobetrachtungen aus rechtlicher Sicht. Hier können nur ausgebildete Juristen sinnvoll wirksam sein.
- Die planerisch-technische Ebene
- Alles, was für die Planung und Umsetzung des jeweiligen Produkts in planerischer und technischer Hinsicht notwendig ist, wird auf dieser Ebene bewerkstelligt. Sie ist die Domäne von Stadtplanern, Architekten und Ingenieuren.

Bei den Phasen ist die Realisierung in zwei Teile unterteilt, nämlich die Realisierung der Erschließung und die Realisierung der Gebäude. Genau das macht den Unterschied zwischen den bereits erläuterten Geschäftsmodellen der Landentwicklung und der Quartiersentwicklung aus, man könnte auch sagen: Dies kennzeichnet den Übergang zu einer weiteren Wertschöpfungsstufe. Mit den Gebäuden wird also die Hochbauentwicklung in das Projekt eingeklinkt. Sie unterscheidet ihrerseits Vorbereitung, Planung und Realisierung, sodass mit ihr die Selbstähnlichkeit und mindestens die Zweiskaligkeit einer Quartiersentwicklung als weitere Kennzeichen von Komplexität auftritt. Der anschließende Betrieb findet sowohl im Quartier als auch in den einzelnen Gebäuden statt und muss dort funktionieren.

Jede Phase endet mit einem klaren Ergebnis, einem Meilenstein. Zum Ende der Vorbereitung steht der städtebauliche Rahmenplan. Er wird von der (politischen) Mehrheit einer Stadt getragen. Ob ein förmlicherer Beschluss in der Gemeindevertretung herbeigeführt werden muss, ist von Stadt zu Stadt unterschiedlich. Im Sinne der Verbindlichkeit und

Projektsicherheit empfiehlt sich ein solcher aus Sicht des Projektentwicklers. Die Planungsphase ist dann beendet, wenn der Bebauungsplan in Kraft getreten ist. Die eigentliche Realisierungssicherheit erhält der Projektentwickler schon mit dem unmittelbar vorausgegangen Satzungsbeschluss, also dem Beschluss des Bebauungsplans nach § 10 BauGB als Satzung,[7] da das Inkrafttreten durch Veröffentlichung meist nur Formsache ist.

Handelt es sich beim Projektentwickler um eine private Entität und gehören ihm in Gänze oder in Teilen die Grundstücke im Plangebiet, so kann er nach Abschluss eines städtebaulichen Vertrages gemäß § 11 BauGB als sogenannter Planungsbegünstigter zur Tragung der Folgekosten und Folgelasten des Bebauungsplans herangezogen werden. Im professionellen Miteinander von privatem Investor und Stadt als Baurechtsgeber ist ein solcher Vertrag unerlässlich, da er beiden Seiten Sicherheit für das Projekt gibt, häufig auch Aufgaben klar zuweist und Dinge regelt, die in einem Bebauungsplan nicht festgesetzt werden können, aber der Umsetzung des Bebauungsplans dienen. Das trifft besonders dann zu, wenn die Erschließungspflicht gemäß § 123 BauGB an den Entwickler übertragen wird. Dabei müssen die Gebote der Angemessenheit und Ursächlichkeit berücksichtigt werden.[8] Eine Stadt wird in der Regel darauf bestehen, dass dieser Vertrag allerspätestens vor Satzungsbeschluss unterschrieben vorliegt.[9] Umgekehrt enthält der städtebauliche Vertrag eine aufschiebende Bedingung gekoppelt an das Inkrafttreten des Bebauungsplans. Von daher ist der Abschluss des städtebaulichen Vertrags Bestandteil des genannten Meilensteins.

Mit dem Inkrafttreten des Bebauungsplans ist das Baurecht nicht nur für die Gebäude, sondern auch für die Erschließung gegeben, damit die Grundlage für das Erreichen der im Sinne der Wertschöpfung bedeutendsten Meilensteine gelegt, nämlich für den Bau der Er-

[7] Der Begriff Satzung als ausschließlicher Name für ein Ortsgesetz hat in dem Fall eine besondere Bedeutung; denn die Satzung unterliegt dem Recht auf Normenkontrolle gem. § 47 VwGO. Ein Betroffener kann demnach innerhalb eines Jahres nach Inkrafttreten des Bebauungsplan Klage gegen denselben beim Oberverwaltungsgericht des Landes erheben. Dieses Jahr stellt somit grundsätzlich ein Jahr der gewissen Unsicherheit dar. Die Unsicherheit ist erfahrungsgemäß umso kleiner, je besser die Anliegen von Stakeholdern bei der Planung berücksichtigt sind, zumindest kompensiert wurden, und je technisch und rechtlich sorgfältiger der Bebauungsplan ausgearbeitet ist. Dann sollte ein eventueller Bebauungsplangegner, jedenfalls dann, wenn er qualifiziert juristisch beraten wird, erkennen, wie wenig erfolgsversprechend seine Aussichten vor Gericht sind.

[8] Ursächlichkeit bedeutet, dass die Kosten und Lasten unmittelbar aus den städtebaulichen Planungen und Maßnahmen folgen müssen oder deren Voraussetzungen sind (§ 11 [1], Nr. 3 BauGB). Angemessenheit bedeutet, dass die Aufwendungen des Investors „den gesamten Umständen nach" (§ 11 [2], Satz 1 BauGB) vertretbar sein müssen. Für den Projektentwickler bedeutet das, dass die Aufwendungen seine Einnahme nicht nur nicht überschreiten dürfen, er muss auch einen angemessenen Gewinn erzielen können. Was angemessen ist, ist weder durch Gesetz noch durch die Rechtsprechung konkretisiert worden. Fest steht lediglich, dass es einer Einzelfallbetrachtung bedarf (Spieß 2017, S. 444). In der Praxis hat sich jedoch verfestigt, dass ein Drittel des Bodenwertzuwachses beim Planungsbegünstigten verbleiben soll (so z. B. im Baulandbeschluss der Stadt Frankfurt am Main 2020, S. 13).

[9] Manche Kommunen verlangen das schon zum Offenlagebeschluss.

schließung und für den Bau von Gebäuden. Mit dem Bebauungsplan haben Hochbauten Anspruch auf Baugenehmigung, soweit sie sich an die Festsetzungen des Bebauungsplans halten und im Übrigen den Vorgaben der jeweiligen Landesbauordnung entsprechen. Die Erschließung, dazu zählen Straßen, Wege und Plätze und die öffentlichen Grünanlagen, braucht nur in wenigen Ausnahmefällen eine Baugenehmigung, etwa wenn Gebäude deren Bestandteil sind oder Geländemodellierungen in einem Park als Erdbauwerk (Aufschüttungen) vorgesehen sind und eine bestimmte Dimension überschreiten. Im Übrigen sind Anlagen des öffentlichen Verkehrsaus dem Geltungsbereich aller Bauordnungen der Bundesländer gem. deren jeweiligen §§ 1 ausgenommen. Zu den Meilensteinen dieser Phase gehören aber genauso die Verwertung der jeweiligen Produkte also Land (Grundstücke) und fertig errichtete und in der Regel vermietete Gebäude.

Der Meilenstein „Fertigstellung der Erschließung und Verkauf der Grundstücke" kann in räumlichen Teilen, nämlich Erschließungsabschnitten, separat gesetzt werden. Gründe für eine Abschnittsbildung können in einer stadtplanerisch sinnvollen räumlichen Gliederung liegen, idealweise abgestimmt auf Jahresvolumen der Marktabsorption der dazugehörigen Vermarktungseinheiten und baulogistisch sinnvollen Einheiten. Der finale Meilenstein „Fertigstellung Gebäude und deren Verwertung" setzt für ein Quartier die Fertigstellung der wichtigsten bzw. das Quartierskonzept tragende Gebäude und die Aufnahme deren jeweiliger Nutzung voraus. In quantitativer Hinsicht ist diesbezüglich 75 % Fertigstellung ein guter Anhalt.[10]

Die Exit-Pfeile in Abb. 3.2 beschreiben, an welcher Stelle ein Verkauf der Immobile sinnvollerweise im Einklang mit dem Geschäftsmodell stattfinden soll. Es kann in einzelnen Fällen als Teil und in Abwandlung des Geschäftsmodells „Landentwicklung" opportun sein, alle oder einzelne Grundstücke des zukünftigen Quartiers schon früher zu verkaufen. Möglichkeiten ergeben sich dazu nach Abschluss jeder Phase, wenn der Rahmenplan steht, als sogenanntes „anentwickeltes" Quartier oder mit Inkrafttreten des Bebauungsplanes. Gründe dafür können sein: die Notwendigkeit, früh Cashflow zu generieren, Entwicklungspartner in das Projekt einzubinden oder Risko zu teilen bzw. auf andere zu übertragen.

In den Feldern der Abb. 3.2, in denen sich Ebene und Phasen kreuzen, sind – ohne Anspruch auf Vollständigkeit und wie gesagt wandel- und ergänzbar – wichtige Module zur Bewältigung der Aufgabe „Land- und Quartiersentwicklung" aufgeführt. Manche davon sind nur einmal in einer Phase (bzw. bei Iterationsschleifen mehrfach in der jeweiligen Phase) zu durchlaufen, andere phasenübergreifend à jour zu halten. Einige ausgewählte Module oder Gruppen von Modulen sollen im Folgenden noch kurz näher mit ihren inhaltlichen Herausforderungen beschrieben bzw. in den Kontext eingeordnet werden.

[10] Mit Fertigstellung von 75 % der Hochbauten kann z. B. von der DGNB ein „Zertifikat Quartier", das im Gegensatz zum „Vorzertifikat" oder „Zertifikat Planung/Erschließung" unbegrenzt gilt, erworben werden (DGNB [Website]).

3.2.1 Nähere Betrachtung ausgewählter Module

Es gibt zahlreiche Veröffentlichungen zum Thema *Stakeholderanalyse* und *Stakeholdermanagement*, etliche zu dem Thema in Immobilienprojekten,[11] aber kaum eine, die sich explizit auf die Land- und Quartiersentwicklung bezieht. Letztere sind fast ausnahmslos in Veröffentlichungen zum Themenkomplex Stadtentwicklung allgemein integriert und hier besonders mit der Fokussierung auf *(Bürger-)Beteiligungsprozesse*. Hervorzuheben in dem Zusammenhang ist die Arbeit von Rube und Beilharz (2021), die sich unter einem auf die Interaktionsforschung bezogenen Ansatz umfassend mit gelingender Beteiligung auseinandersetzt, aber eben nur im Sinne von Partizipation von Bürgern. Dennoch enthält die Arbeit eine Analyse der „Systemlandschaft" allgemein und in Bezug auf die Beispielprojekte, also dem Umfeld des Projekts, nämlich die „Subsysteme" Politik, Medien, Wirtschaft, Verbände, (organisierte) Zivilgesellschaft u. a. (Rube und Beilharz 2021, S. 29 u. 110 f.).

Gängig ist das Bild einer Zwiebel, um die Betroffenheit in drei oder mehr Schalen im Abstand vom Projekt (oder Unternehmen) als interne und externe, letztere als direkt (oder primär) oder indirekt (oder sekundär) Betroffene, wiederum letztere unterteilt in Betroffene der engeren und weiteren Umgebung darzustellen (s. z. B. Schulz 2017 [Website]).

Um Stakeholder eines Unternehmens oder eines Produkts ausfindig zu machen, wird in der Betriebswirtschaftslehre gerne auf eine strahlenförmige Darstellung zurückgegriffen, um funktionale Bereiche, aus denen Stakeholder kommen, abzubilden (z. B. Schroer o.D. [Website]). Strahlen- und Zwiebelmodell in Kombination helfen auch bei der Identifikation der Stakeholder in der Land- und Quartiersentwicklung. Nochmal zur Erinnerung: Bis zum Satzungsbeschluss des Bebauungsplans findet die Diskussion um das Für und Wider des Projekts mit erheblichem formal-rechtlichen und medialem Einfluss der Betroffenen in der Öffentlichkeit statt. Dazu kommen die sogenannten Träger öffentlicher Belange, deren Kreis von den Kommunen, um Verfahrensfehler zu vermeiden, weit gefasst wird. Aus inhaltlicher Sicht muss zumindest in Einzelfällen tatsächlich von einer weitreichenden Betroffenheit oder Involviertheit in Bezug auf einzelne Stakeholder ausgegangen werden. Als Beleg mag das Projekt Stuttgart 21, ein kombiniertes Infrastruktur- und Städtebauprojekt dienen (s. Abschn. 2.2.3), das nur durch eine Kooperation von Stadt, Land, Bund und Bahn zustande kam. Aktuell ist die Bezugslinie Stadt-Bund von besonderer Bedeutung. Die Wirkungen der Änderung des § 23 AEG, der in seiner Fassung vom 22.12.2023 eine Freistellung des Gleisfelds des heutigen Kopfbahnhofs und des Betriebsbahnhofs vom Bahnbetrieb faktisch verhindert und somit die noch ausstehenden Quartiersentwicklungen nach Inbetriebnahme des unterirdischen Durchgangsbahnhofs verunmöglicht, ist der Grund dafür.

Abb. 3.3 zeigt ein universelles Modell zur Stakeholderidentifikation in Immobilienprojekten, das den Grad der Betroffenheit durch die Entfernung vom Projekt integriert.

[11] Stellvertretend genannt und empfohlen sei Krips (2017) als Band 5 einer DVP-Reihe zu Spezialthemen des Projektmanagements.

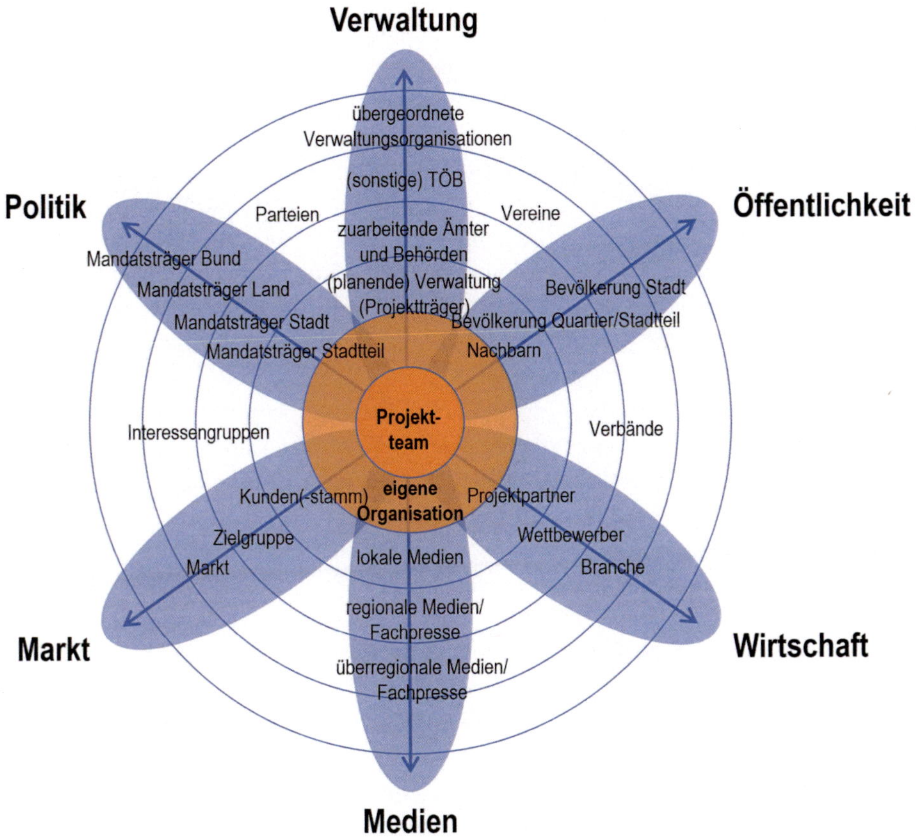

Abb. 3.3 „Stakeholderblume" in Weiterentwicklung von Feldmann (2009, S. 144); soziale Medien sind nicht Teil des Strahls "Medien", da sie als Plattform für jedermann keine eigene Stakeholder-Entität darstellen. Allerdings spielen gerade ihre Funktionsweise und ihre Wirkung im Stakeholdermanagement eine besondere Rolle

Neben dem Bild der Zwiebelringe taugt die Vorstellung des Projektleiters als jemand auf einem Hügel in der Mitte, der gezielt in verschiedene Richtungen schaut, um seine Stakeholder ausfindig zu machen. Sobald sich nach gründlicher Analyse mit verschiedenen Methoden ergibt (hilfreich dazu wiederum die Zusammenstellung von Krips [2017, S. 13]), dass der letzte auf einem Strahl gefunden wurde, der bei weiter Auslegung der Projektwirkungen nicht mehr betroffen ist, ist der Kreis der Stakeholder zumindest zum Zeitpunkt der Analyse feststehend.

Die Stakeholderanalyse ist Teil der *Umfeldanalyse*. Bei ihr kommen neben den personellen die sachlichen Faktoren hinzu, die das Projekt beeinflussen (können). Die Aufzählung aus Tab. 3.1 ist bei einer projektspezifischen Umfeldanalyse entsprechend auf den Ort des Projekts und seine Bezüge herunterzubrechen. Somit wird klar, welche nicht (unmittelbar) personellen Rahmenbedingungen das Projekt beeinflussen: die politischen Mehrheitsverhältnisse, die Haushaltslage der Stadt, städtische Satzungen, die regionale Wirtschaftsstruktur, soziale Netzwerke und Interaktionen, besondere kulturelle Eigenheiten und Praktiken, räumliche Strukturen und Nutzungen.[12]

Rube und Beilharz machen unter Adaption der Struktur der themenorientierten Intervention nach Cohn[13] klar, dass erst durch die Analyse des Zusammenspiels, der Abhängigkeiten und der Dynamiken (auch während es Projekts und insbesondere innerhalb von Beteiligungsprozessen) zwischen den personellen – seien es persönliche oder juristischen Einheiten – und den Umfeld-Gegebenheiten ein Gesamtbild entsteht, wobei Emotionen, soziokulturelle Rahmenbedingungen und Werturteile eine bedeutende Rolle spielen und zur Entwicklung eines Settings eines Beteiligungsprozesses herangezogen werden müssen (2021, S. 19 u. S. 179).

Markenbildung ist seit etlichen Jahren ein bewährtes Prinzip, um Identität und Image eines Quartiers aufzubauen und zu stärken. Die Marke wird aus dem Quartierskonzept abgeleitet oder mit ihm entwickelt. Im Zuge der Quartiersentwicklung soll sie nach und nach aufgeladen, das heißt mit positiven Assoziationen gefüllt werden. In der Regel liegen erst mit der Verabschiedung des städtebaulichen Rahmenplans ausreichend Sachinhalte vor, auf die die Markenbildung aufsetzen kann. Eine Herausforderung ist dabei, den Namen des (zukünftigen) Quartiers so zu wählen, dass er assoziativ ausreichend flexibel bleibt, um angesichts der langen Dauer von Land- und Quartiersentwicklungen notwendige Veränderungen am Quartierskonzept mitzugehen.

Findet die Land- und Quartiersentwicklung auf akquirierten, früheren Fremdgrundstücken statt, so ist der Akquisitionsprozess ein eigenes Teilprojekt, das in der Vorbereitungsphase nur in den *Due-Diligence*-Modulen auftaucht. Die Module sind dort jeweils der passenden Ebene zugeordnet. Heutzutage wird die Environmental (E) Due Diligence – so weit im Immobilienbereich möglich – durch Social (S)- und Government (G)-Aspekte ergänzt und wird so zur ESG-Due Diligence.

Die *Grundverständigung* zwischen privatem Projektentwickler und Kommune stellt einen ersten Schritt zur beiderseitigen Versicherung der Projektrealisierung dar, in dem der Nutzungsrahmen samt grobem Zahlengerüst und ggf. eine Zeitschiene als gemeinsame Entwicklungsziele festgehalten werden. Zusammen mit der Erklärung des Planungsbegünstigten, die Planungskosten, also die Kosten für externe stadtplanerische und fachgutachterliche Leistung zu übernehmen, stellt die Grundverständigung schon einen *städtebaulichen (Vor-)Vertrag* dar. Dem folgen in der Regel phasengerecht zwei weitere, zunächst ein städtebaulicher Vertrag 1, der Vorgaben zur Umsetzung des Bebauungsplans

---

[12] Die drei letztgenannten Aspekte sind solche, die man zur „Eigenlogik der Städte" zählen kann bzw. diese (teilweise) ausmachen. Der Begriff wurde von den Stadtsoziologen Martina Löw und Helmut Berking geprägt und erstmals 2006 verwendet (Frank 2012, S. 289).

[13] Cohn ordnet das ICH (einzelne Person einer Gruppe), das WIR (die Gruppe) und das ES (den Sachverhalt) im GLOBE (engere Umfeld und Außenwelt) zueinander ein (Rube und Beilharz 2021, S. 179).

regelt und dabei meist konkrete Angaben z. B. hinsichtlich Anteil und Platzierung von gefördertem Wohnungsbau, zu Naturschutzaspekten, den Energiestandards und/oder für ein Mobilitätskonzept enthält. Ein folgender städtebaulicher Vertrag 2, auch Erschließungsvertrag genannt, beschreibt konkret die vom Planungsbegünstigten (Erschließungsträger) umzusetzenden Baustandards und Fragen der Ab- und Übernahme sowie Eigentumsübertragung der zukünftig öffentlichen Flächen. Letztere kann wiederum in einen nochmals später abzuschließenden separaten Übertragungsvertrag münden. Sofern Aspekte der Eigentumsübertragung bereits im städtebaulichen Vertrag 2 Eingang gefunden haben, ist dieser notariell zu beurkunden.

Zwischennutzung subsumiert alle Nutzungen – in der Regel auf Mietvertragsbasis – die in Gebäuden und auf Freiflächen stattfinden und nicht ohne Transformation (Ortswechsel oder inhaltlicher Anpassung) im zukünftigen Quartier verbleiben. Sie sind somit ein zeitlich begrenztes Provisorium. Solche Nutzungen können vom Voreigentümer des Quartiersgebiets übernommen oder eigens angeworben oder initiiert werden. Dahingehende Initiativen werden bisweilen an den (neuen) Grundstückseigentümer herangetragen. Abgesehen von der Notwendigkeit der juristischen Absicherung der zeitlichen Begrenztheit, soll der inhaltliche Bezug zum zukünftigen Quartier gegeben sein, zumindest das positive Image der Zwischennutzung auf dasselbe bzw. die Marke des Quartiers einzahlen. In einer frühen Phase reicht es auch schon aus, z. B. durch Feste oder Straßenmärkte das zu entwickelnde Areal zu öffnen und so in der Öffentlichkeit bekannt zu machen. Die hohe Kunst ist, die Zwischennutzungen so zu kuratieren, dass sie lange Zeit bleiben können und sich – mit einem Upgrade – in die zukünftige Nutzungs- und bauliche Baustruktur wie selbstverständlich integrieren.[14]

Die *Erste Idee* oder auch *Vision* genannt kann bereits ein städtebaulicher Entwurf sein. Manchmal genügt eine Handskizze, oft eine gut gemachte Computergrafik (Visualisierung), oder auch nur ein Text, der die Quartiersidee beschreibt. In jedem Fall sollen positive Assoziationen geweckt und veranschaulicht werden, in welche Richtung in Sachen Nutzung, Gestalt und Atmosphäre sich das Quartier entwickeln soll. Von daher ist die Vision ein wichtiges Kommunikationsmittel von Anfang an. Aus ihr heraus entwickelt sich die Story, besser: das Narrativ, das der Entwickler während der Entstehung über das Wesen des Quartiers erzählt.

---

[14] Ein gelungene Zwischennutzung, die den Charakter des zukünftigen Quartiers gut vorwegnahm, ist die „Akupunktur für Basel", eine Zwischennutzungsinitiative für die Entwicklung der Erlenmatt auf dem Gelände des ehemaligen Güterbahnhofs der Deutschen Bahn im Kanton Basel-Stadt (s. Bürgin und Cabane 1999). U. a. hat die frühe Nachnutzung der ehemaligen Bahnkantine sich unter dem heutigen Namen „Gleis58" zu dem offiziellen Quartierstreffpunkt inkl. gastronomischem Angebot entwickelt (s. Verband Quartiertreffpunkte Basel 2019 [Website]).

Ein weiteres besonders Quartier in Sachen Zwischennutzung ist das Werksviertel in München. Durch die Integration vorhandener Bausubstanz, vor allem aber dem Element von „Container Collective" und „Knödelplatz" wurde nicht nur das Werksflair der ursprünglichen Pfanni-Werke in die Zukunft transformiert, sondern auch positiv an die langjährige Zwischennutzung als „Kunstpark Ost" und „Kulturfabrik" angeknüpft (s. OTEC GmbH o.D. [Website]).

Die Durchführung eines *Städtebaulichen Wettbewerbs* ist keine notwendige Erfolgsvoraussetzung für eine gelingende Quartiersentwicklung, in dem Sinne, dass nur so ein gutes Quartierskonzept gefunden werden kann. Dazu mag auch schon ein guter städtebaulicher Entwurf genügen, der auf einer ebenso guten städtebaulichen Analyse aufbaut, von wesentlichen Experten, etwa für Verkehr, Lärm und Stadtklima begleitet und in geeigneter Form mit Politik und Verwaltung abgestimmt wurde. Wenn aber eine breite fachliche Diskussion, politische Legitimation, Stakeholdermanagement und Verankerung in der Öffentlichkeit gleichzeitig gesucht werden, ist ein gut vorbereitetes Wettbewerbsverfahren das Mittel der Wahl. In ihn werden renommierte Fachleute, Projektverantwortliche, politische und weitere wichtige Stakeholdervertreter in Fach- und Sachpreisgericht, als Sachverständige und sonstige Verfahrensbeteiligte einbezogen. Zur guten Vorbereitung gehört die Mitarbeit der wesentlichen Stakeholder an der Auslobung und die vorhergehende Absicherung der Machbarkeit der Aufgabenstellung über eine *Testplanung*. Die Testplanung wird zur *Machbarkeitsstudie*, wenn dem städtebaulichen Entwurf eine erste Kalkulation der Landentwicklung hinzugefügt wird.

Der Wettbewerb sollte immer als Realisierungswettbewerb ausgelobt werden. Realisierung ist hier nicht baulich zu verstehen, sondern im Sinne der Schaffung der Grundlage des Bebauungsplans. Unterhalb des (ideellen) Aufwands eines Wettbewerbs[15] sind Mehrfachbeauftragungen mit weniger (zwei, drei ggf. mehr) Planungsbüros denkbar, die zur Stakeholderbeteiligung in sogenannten Werkstatt- oder Dialogverfahren mit Terminen zur Präsentation und Diskussion von Zwischenergebnissen durchgeführt werden. Um eine offene Diskussion zwischen den Beteiligten zu ermöglichen, sollten Wettbewerbe im nach in den RPW 2013[16] genannten kooperativen Verfahren stattfinden.

3.3 Geschäftsmodelle der Land- und Quartiersentwicklung

Die grundsätzliche Trennung zwischen Land- und Quartiersentwicklung erfährt in der Praxis verschiedene Ausprägungen. Die Geschäftsmodelle können nach der Tiefe der Wertschöpfung oder dem Produkt der Entwicklung wie folgt variieren und kombiniert werden:

- Spezialisierung auf die reine Landentwicklung; das baureife Grundstück ist das alleinige Produkt, der Erlös der Grundstückspreis.
- Spezialisierung auf die Quartiersentwicklung; entsprechende Unternehmen realisieren alle oder die meisten Gebäude des Quartiers selbst. Die Landentwicklung ist integriert. Die Quartiere werden als Ganzes oder die Immobilien daraus einzeln verkauft oder im eigenen

[15] Zu beachten ist, dass bei Mehrfachbeauftragungen jedem teilnehmenden Büro ein Honorar für das Äquivalent der geforderten Leistungen nach HOAI zusteht, meist Vorplanung oder große Teile davon.

[16] Das ist die Richtlinie für Planungswettbewerb, die seit März 2013 in Deutschland eingeführt ist. Sie ist für öffentliche Auslober verbindlich und wird für private empfohlen. Die privaten haben durch sie keine Nachteile. Vorteile sind die klaren Regelungen, auch für Streitigkeiten, und die so gewährleistete Konformität mit dem Standesrecht der Stadtplaner und Architekten.

Bestand gehalten und vermietet, während die öffentlichen Flächen kostenfrei auf die Kommune übertragen werden. Aus buchhalterischen Gründen und um kalkulatorische Transparenz zu schaffen, sollten die baureifen Grundstücke zu Marktpreisen zwischenzeitlich intern übertragen werden. Um die bei einer Hochbauentwicklung auftretenden (zusätzlichen) Projektrisiken vom Projektentwicklungsunternehmen fernzuhalten, empfiehlt sich gleichzeitig die Gründung einer Projektgesellschaft, in die das Grundstück übertragen wird.
- Landentwicklung „zum Füllen der Pipeline“; in dem Fall folgt der Landentwicklung unmittelbar eine Hochbauprojektentwicklung. Allerdings ziehen entsprechende Unternehmen ihren Gewinn allein aus der Vermarktung der fertiggestellten Gebäude – etwa die Bauträger aus dem Verkauf von Eigentumswohnungen. Die Landentwicklung ist also hier integriert, es findet aber nur eine gesamthafte Hochbaukalkulation mit entsprechen hohen Anteilen an öffentlicher Erschließung (Kostengruppe 220 nach DIN 276) statt. Die fertiggestellten und vermieteten Immobilien werden (ausgenommen Eigentumswohnungen) anschließend an einen sogenannten Endinvestor verkauft oder in das Bestandsportfolio des entwickelnden Immobilienunternehmens übernommen.

In der Praxis sind die Grenzen vielfach fließend. Land- und Quartiersentwicklung treten oft parallel auf, etwa in dem Sinne, dass Landentwickler einzelne Hochbauten in einem Quartier selbst entwickeln, im Übrigen Grundstücke an andere Developer zur Entwicklung verkaufen. Gerade dann, aber nicht nur dann, müssen die Landentwickler wie ein Quartiersentwickler denken. Denn jedes verkaufte Grundstück oder Gebäude, trägt den ideellen Wertanteil des Quartiers in sich, der dadurch entsteht, dass Freiräume, Gebäude und Nutzungen sich im Quartier komplementär zueinander verhalten und gemeinsam etwas Neues und Wertigeres hervorbringen, eben das Quartier.

3.4 Besondere strategische und konzeptionelle Aspekte der Land- und Quartiersentwicklung

3.4.1 Zielgruppen und Stakeholder-Dilemma

Bei Immobilienprodukten sind die Zielgruppen im Bereich der zukünftige Nutzer (Mieter) und im Bereich die zukünftigen Investoren zu definieren. Bei Quartieren gibt es diesbezüglich ein paar Besonderheiten.

Im Bereich der Nutzer:

- Die Anzahl der Zielgruppen steigt mit dem Grad der Nutzungsmischung. Letztlich muss für jedes Nutzungssegment über Zielgruppen nachgedacht werden.
- Zu den Nutzern der Gebäude kommen die Nutzer des öffentlichen Raumes.
- Einzelhandelbetriebe, Gastronomie, Bildungs-, Sport- und Freizeiteinrichtungen im Quartier haben ihrerseits Zielgruppen, nämlich ihre (potenziellen) Kunden. Hinzu kommen Beschäftigte und Gäste von Unternehmen.

- So wie Gebäude und Nutzungen komplementär zueinanderstehen, sich also zu einem Quartier ergänzen und damit gemeinsam etwas Größeres oder Wertvolleres darstellen (Emergenz), verhalten sich auch die Nutzer zueinander. Grundsätzlich ist hier eine Vielfalt erwünscht; diese hat jedoch gewisse Grenzen, die sich aus dem Konfliktpotenzial in Folge von unterschiedlichen Verhaltensweisen, Lebensstilen, Werten usw. ergeben.[17]
- Angesichts der Entwicklungsdauer von Quartieren kommen sukzessive neue Akteure dazu, besonders im Geschäftsmodell der Landentwicklung bzw. in den Fällen, in denen der Entwickler nicht selbst alle Hochbauten errichtet, sondern Grundstücke an andere Entwickler und Bauträger verkauft. Bei allen Akteuren bzw. Zielgruppen wandeln sich Präferenzen über die Zeit.

Einer Zielgruppendefinition sind also gewisse Grenzen gesetzt, bzw. macht es wenig Sinn, sich zu Anfang einer Land- und Quartiersentwicklung allzu detailliert Gedanken über deren Zusammensetzung und Bedürfnisse zu machen.[18] Es reicht aus, ein grobes und damit flexibles Zielgruppenraster zu entwickeln. Dabei kann man zwischen Haupt- und ergänzenden Zielgruppen bzw. direkten und indirekten Zielgruppen unterscheiden. *Hauptzielgruppen* sind in der Regel Bewohner und Unternehmen. Sie treffen individuelle Standortentscheidungen für oder gegen das Quartier bzw. eine Immobilie innerhalb des Quartiers. Sie stellen das quantitative Hauptpotenzial eines Quartiers im Sinne von Einwohner- und Beschäftigtendichte, Frequenz, Kaufkraft, Verkehrserzeugung usw. dar. *Ergänzende Zielgruppen* sind Unternehmen oder Betreiber von Einzelhandel, Kultur-, Bildungs- sowie Sport- und Freizeiteinrichtungen. Sie sind ein wesentlicher Erzeuger von Vielfalt und Lebendigkeit im Quartier. Als ergänzende Zielgruppen folgen sie den Hauptzielgruppen und benötigen aus diesen eine ausreichende kritische Masse. Haupt- und ergänzende Zielgruppen können auch als direkte Zielgruppen bezeichnet werden. Sie kön-

---

[17] Eine mit der Quartiersentwicklung etabliertes soziales Quartiersmanagement hat von Anfang an die Aufgabe, das Konfliktpotenzial zu verringern und die soziale Mischung in Wohnquartieren zu verbessern. Das bedeutet Aufwand, der vom Quartiersentwickler erbracht werden muss. Es geht aber hier nicht nur um Bewohner, sondern auch um Beschäftigte und Besucher in gemischt genutzten Quartieren.

[18] Dies trifft vor allem für Neubauquartiere zu. Haben wir es mit einem Bestandsquartier zu tun, deren Nutzer,- insbesondere Bewohnerschaft erhalten werden soll, braucht es eine intensive Auseinandersetzung mit deren Verhältnissen und Bedürfnissen von Anfang an. Der Vorteil ist dann aber, dass die Zielgruppe bekannt ist und Betroffene und Betreffende (s. u.) identisch sind.

Einen indirekten Beleg für die Sinnhaftigkeit des eher rasterartigen Bildens von Zielgruppen liefern Förster et al., die verschiedene „Quartiersfamilien" (Quartierstypen) nach ihrer Eigenheit etwa in Bezug auf den Stand im Lebenszyklus, ihr Entwicklungsjahr und/oder ihre Lage im städtebaulichen Kontext unterscheiden. Sogenannte Starter-Quartiere (Neubauquartiere) bedürfen demnach einer Flexibilität und Unfertigkeit, um auf die sich entwickelnden Bedürfnisse vor Ort reagieren zu können und den Bewohnern ein Mitwirken oder gar Mitgestalten zu ermöglichen (2023, S. 365 f.). Da sich die Zielgruppen ohnehin mit dem Quartier entwickeln werden, reicht also eine grobe Zielgruppendefinition am Anfang aus.

nen vom Entwickler unmittelbar angesprochen werden und im Erfolgsfall geht der Entwickler mit ihnen ein vertragliches Verhältnis ein. *Indirekte Zielgruppen* sind Beschäftigte von Unternehmen, deren Gäste oder Kunden und Besucher des Quartiers. Sie treffen in der Regel keine Standortentscheidungen, sondern nutzen mal spontan, mal wohl überlegt die unterschiedlichen Möglichkeiten des Quartiers. Als indirekte Zielgruppe der Zielgruppen und Quartiersbesucher können sie nur mittelbar angesprochen werden. Ein direktes vertragliches Verhältnis ist im Zuge der Vermarktung des Quartiers nicht ergeben. Sie fungieren aber als Multiplikator des Images des Quartiers.

Eine Orientierung über die Bedürfnisse der Zielgruppen, sofern es um Menschen geht, geben die *Sinus-Milieus®*, ergänzt durch demografische Daten wir Alter, Geschlecht, Herkunft und Lebenssituation in Bezug auf Beruf und Partnerschaften bzw. Familie. Aus diesen heraus können typische Vertreter der Zielgruppen abgeleitet werden, sogenannte Personas.[19] Auf der anderen Seite kommt hinzu, dass der öffentliche Raum im Besonderen und das Quartier im Allgemeinen viele Eigenschaften und Bestandteile aufzeigen soll, die ohne Zielgruppendefinition feststehen bzw. auf der Hand liegen: Inklusivität (Barrierefreiheit), Förderung von Sicherheit und Sauberkeit, Anpassung an den Klimawandel – um die wichtigsten zu nennen.

Die erste Idee, oder überhaupt die Produktidee eines Quartiers kann nicht nur aus den Bedürfnissen der (potenziellen) Nutzer abgeleitet werden, wie Abb. 3.4 zeigt. Interessant dabei ist, dass die meisten Parameter (Trends, Markt und Wirtschaftlichkeit) relativ volatil sind, während der Standort in vielerlei Hinsicht stabil bzw. unveränderlich scheint. Tatsächlich können aber einige Standortfaktoren (im Mikrobereich) sehr gut beeinflusst werden, wie z. B. die Verkehrsanbindung, infrastrukturelle Angebote und Ausstattung mit Grünflächen. Es ist daher klüger, sich in der Quartiersentwicklung auf die Standortfaktoren zu konzentrieren und den volatilen Parameter durch Flexibilität, gestuftes Vorgehen und andere Vorkehrungen für Eventualitäten und Unvorhergesehenes Rechnung zu tragen.

Die Bedürfnisse der Stakeholder (Betroffene) werden durch sie in der Regel selbst artikuliert bzw. können aus ihren Interessen abgeleitet werden. Bei den potenziellen Nutzern muss das der Entwickler stellvertretend tun, indem er sich in die Zielgruppen (bzw. deren Personas) hineinversetzt und dadurch ihre Bedürfnisse erkennt.

---

[19] Die Sinus-Milieus® wurden vom SINUS-Institut bzw. der SINUS Markt- und Sozialforschung GmbH vor mehr als 40 Jahren entwickelt und seither verfeinert bzw. fortgeschrieben. Menschen lassen sich demnach in ein Koordinatensystem einordnen und clustern, das auf der X-Achse die Grundorientierung (Tradition, Modernisierung/Individualisierung, Neuorientierung) und auf der Y-Achse die soziale Lage (Oberschicht, obere Mittelschicht/Mittelschicht, untere Mittelschicht/Unterschicht) abbildet. In der Clusterung ergeben sich Gruppen mehr oder weniger gleicher Werte, Lebensziele und -stile, z. B. das neo-ökologische Milieus (SINUS [Website]).

Personas sind fiktive, aber realistische Charaktere, deren Eigenschaften auf realen Daten und Forschungsergebnissen basieren und dazu dienen, die Zielgruppen besser zu verstehen und anzusprechen. Sie helfen, Produkteigenschaften und die Kommunikation gezielt auf die Bedürfnisse und Verhaltensweisen der Zielgruppen auszurichten. Da Personas in Narrative eingebettet sind, können sie auch beim Narrativ über das Quartier eine Rolle spielen.

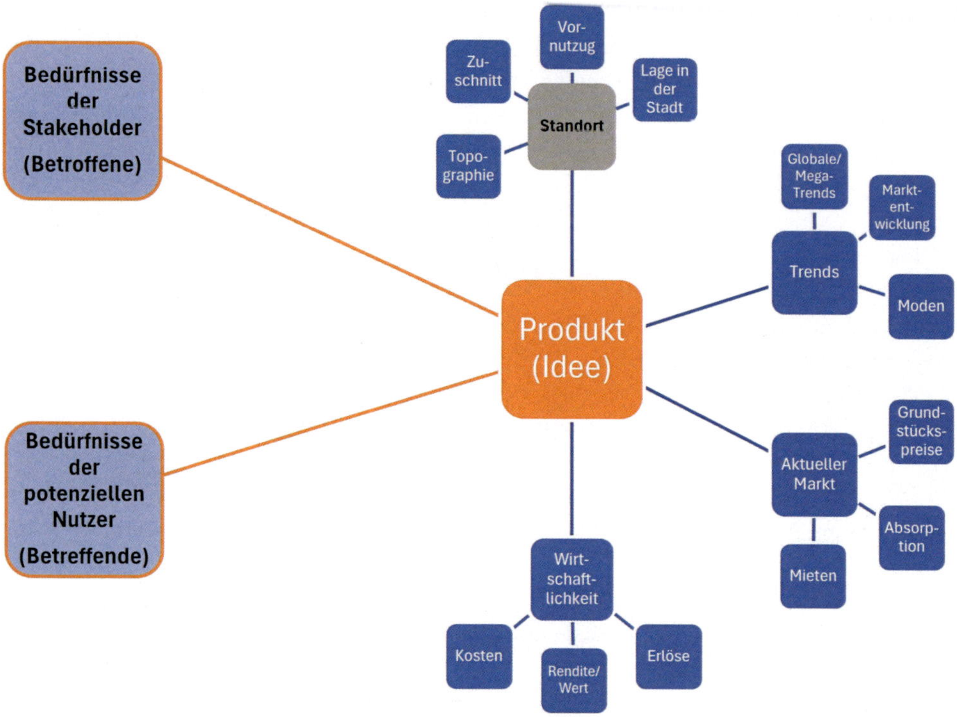

Abb. 3.4 Aspekte der Produktentwicklung bei einem Quartier

Neben dem bekannten Dilemma, dass die Stakeholder oft erst in der Realisierungsphase eines Quartiers auf den Plan treten, nämlich dann, wenn die Wirkungen der Quartiersentwicklung sichtbar werden (also „wenn die Bagger rollen") und es aus Stakeholdersicht eigentlich zu spät ist, besteht das Problem darin, dass es – von sich in Transformation befindenden Bestandsquartieren abgesehen – noch keine Nutzer (Betreffende) gibt, genauer gesagt: diese als Personen unbekannt sind und nicht unmittelbar angesprochen werden können (Förster et al. 2023, S. 56).[20]

Die Besonderheit im Bereich der Investoren besteht zielgruppenspezifisch u. a. darin, dass

- neue Investitionsformen wie Crowdinvesting (mit Rendite) oder Crowdfunding (ohne Rendite) mittels digitaler Tools und Plattformen hinzugekommen sind; das kann z. B. eine anonyme Masse an Beteiligungen bedeuten;

[20] Das ist der Grund, warum ein Entwickler den zielgruppenbezogenen Umweg über Milieus und Personas geht. Er muss ihre Perspektive einnehmen, versuchen nachzuvollziehen, wie sie das Quartier nutzen werden, und die Rückschlüsse daraus für die Quartierseigenschaften ziehen.

- neben klassischen Investoren wie Versicherungen und Pensionskassen, verstärkt Family Offices[21] eine Rolle spielen,
- zu den ebenfalls zu den klassischen Investoren zählenden Fonds immer mehr ESG-Fonds nach Artikel 8 und 9 der SFRD hinzukommen,[22]
- bei der Mitwirkung anderer Bauträger und Developer an der Quartiersentwicklung genauso die Zielgruppen-der-Zielgruppen-Thematik auftritt und
- dass die öffentliche Hand dabei verschiedene Rollen einnehmen kann, und zwar als
  - Übernehmer nicht rentierlicher Kosten im Sinne der Ursächlichkeit bei städtebaulichen Verträgen,
  - Zuschussgeber aus Förderprogrammen und
  - kostenfreier Übernehmer von Grundstücken, die (zukünftig) den öffentlichen Raum bilden.

Zielgruppenorientierung heißt hier, dem jeweils geltenden regulatorischen Rahmen, den Risiko-/Renditeanforderungen und den inhaltlichen, bisweilen politischen Investitionszielen Rechnung zu tragen. Bei den sogenannten institutionellen Investoren, also den Investoren bestimmter Rechtsformen und Regulatorik, als auch bei den Unternehmen auf der Nutzerseite haben wir es bei den Entscheidern wiederum mit Menschen zu tun, die in der frühen Entwicklungsphase durch Personas ersetzt werden können.

Die Unternehmen in beiden Kategorien werden auf Basis ihrer Unternehmensphilosophie, ihrer Wirtschaftskraft und ihres tatsächlichen Agierens nicht in Milieus, sondern in Anspruchsminimalisten, selektive Anspruchsvolle und Anspruchsvolle eingeteilt werden.[23] Auch hieraus lassen sich ebenso Ableitungen für die Produktgestaltung treffen. Eine frühe Beschäftigung mit der Investorenseite ist vor allem dann notwendig, wenn in der Quartiersentwicklung von Anfang an Fremdkapital gebraucht wird.

---

[21] Family Offices sind private Vermögensverwaltungsunternehmen, die sich um die finanziellen Angelegenheiten wohlhabender Familien kümmern, darunter auch Geldanlagen in Immobilien. Man unterscheidet Single Family Office (Diese betreuen nur eine Familie und sind vollständig auf deren Bedürfnisse zugeschnitten.) und Multi-Family Office (Diese betreuen mehrere Familien und bieten ähnliche Dienstleistungen für mehrere Klienten an.).

[22] Artikel 8- und Artikel 9-Fonds beziehen sich auf die EU-Offenlegungsverordnung (Sustainable Finance Disclosure Regulation, SFDR), die darauf abzielt, Transparenz und Vergleichbarkeit von nachhaltigen Finanzprodukten – dazu zählen auch Anlagen in Immobilien – zu erhöhen.

[23] Das ist das Ergebnis einer unveröffentlichten Studie, die die damalige DTZ Consulting & Research GmbH für die Vivico Real Estate GmbH 2003 durchgeführt hatte (S. 48 f.). Allerdings ging es damals nur um die Präferenzen der Zielgruppen in Bezug auf Lage, Erscheinungsbild, Ausstattung und Serviceleistungen von Bürogebäuden.

3.4.2 Zeitliche Dimension und Flexibilitätsdilemma

Land- und Quartiersentwicklungen dauern lange. Grob kann man von den Zeiten ausgehen, wie sie in der Tab. 3.3 zusammengestellt sind.

Allein bis zum Abschluss der Baurechtschaffung vergehen somit Jahre. Je nach Größe und Marktabsorption in Stadt und Region stehen dann nochmals das Doppelte oder Dreifache an Zeit bis zur endgültigen Aufsiedlung des neuen Quartiers zu Buche. Wenn dann zusätzlich aufgrund von Abhängigkeiten etwa von der übergeordneten Ebene, beispielsweise die Änderung eines regionalen Flächennutzungsplans wie in der Region FrankfurtRheinMain oder der Neukalibrierung eines städtischen Verkehrsmodells zur Klärung der Belastungsfragen des übergeordneten Netzes, die wiederum, da das Modell landesweit eingesetzt wird, Abstimmungen bis hin zur Ministerebene erfordert, so können schon in der Vorbereitungs- bzw. Planungsphase ein, zwei oder gar drei Jahre hinzukommen. Weiterhin verzögernd wirken Marktschwankungen, um nicht zu sagen Einbrüche, etwa hervorgerufen durch externe Ereignisse wie kriegerische Auseinandersetzungen mit ihren möglichen Folgen in Sachen Energiepreise, Lieferengpässen und Inflation.

Es ist sofort klar, dass in diesen Zeiträumen – und kritisch ist hier vor allem die Vorbereitungs- und Planungsphase – allerhand Parameter ins Wanken geraten können, am Anfang gar nicht klar sind, oder als neue Aspekte auftreten, mit denen bis dahin nicht zu rechnen war. Dazu zählen außerdem politische Veränderungen (nach Wahlen), neue Gesetze und Normen, neue technische Standards, die Marktreife neuer Technologien, neue soziale Praktiken oder auch nur (gesellschaftliche) Trends und Moden. Es braucht also Flexibilität über die Phasen hinweg, um auf Eventualitäten reagieren zu können (s. a. Abschn. 2.2.2.3 zur strategischen und strukturellen Offenheit des Quartiers).

Tab. 3.3 Dauer einer Land- und Quartiersentwicklung

Phase/zeitbestimmendes Modul	Dauer (in Jahren)	Erläuterungen
Vorbereitung	**1–3**	
Ankaufsprozess (optional)	(1)	
Rahmenplan	1	
Städtebaulicher Wettbewerb (optional)	(1)	
Planung	**2–4**	je nach Stadt und Schwierigkeit der Quartiersentwicklung
Bebauungsplan	2–4	
Realisierung	**5–10**	
Erschließung	1–3	je nach Größe des Quartiers, Abschnittsbildung beachten
Hochbauten	5–10	je nach Größe des Quartiers, Abschnittsbildung beachten
Summe	**8–17**	

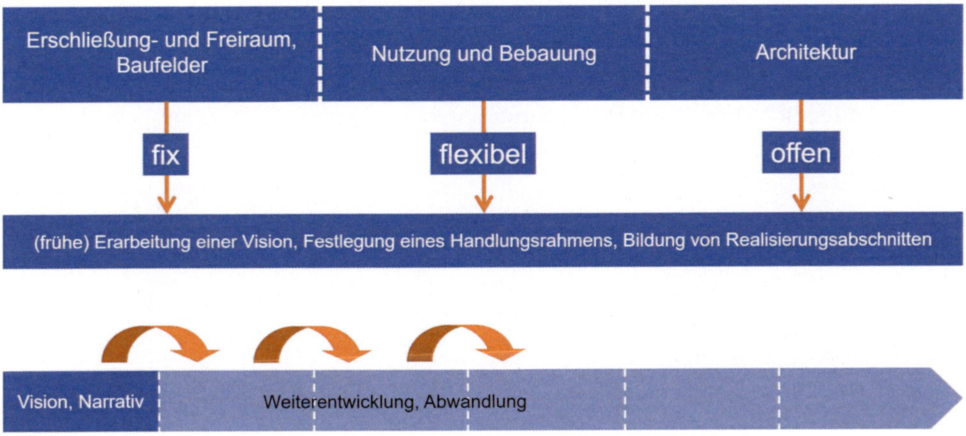

Abb. 3.5 Umgang mit dem „Flexibilitätsdilemma"

Umgekehrt wollen zahlreiche Stakeholder, allen voran politischen Mandatsträger früh wissen, für welchen Inhalte oder welcher Gestalt des Quartiers sie ihre Stimme geben sollen. Mit anderen Worten: Es braucht früh Bilder und Worte, um das Quartierskonzept zu erläutern. Diesen ist aber immanent, dass sie Dinge behaupten bzw. vorwegnehmen, die vielleicht gar nicht, jedenfalls anders kommen.

Auf dieses *Flexibilitätsdilemma* gilt es, in der Quartierskonzeption zu reagieren, wie in Abb. 3.5 dargestellt.

Erschließung, Baufelder und Freiraum müssen früh festgelegt werden. Das geht kaum anders, ist aber auch insofern unkritisch, als dass sie am wenigsten Flexibilität brauchen. Wenn sie auf Standard-Stadtbausteinen[24] aufbauen und sich an einem orthogonalen Raster orientieren, ist man ausreichend vorbereitet. Die Nutzungen sollten – im baurechtlichen Sinn – so flexibel wie möglich gehalten werden. Das Urbane Gebiet nach § 6a BauNVO trägt dieser Flexibilität im Sinne einer Mischung aus Wohnen und Gewerbe sowie einer Beimischung von Betrieben und Anlagen für soziale, kulturelle, sportliche und andere Zwecke am meisten Rechnung. Die Architektur sollte innerhalb des durch das Baurecht transportierten städtebaulichen Rahmens offen sein, also erst mit der Planung des eigentlichen Baufelds (Grundstücks) geklärt werden. Handlungsrahmen bedeutet in dem Zusammenhang das Festlegen von Grenzen des Machbaren, die aus der Wirtschaftlichkeit oder anderen wichtigen Zielen abgeleitet sind. Freilich können auch die bei Änderung der Rahmenbedingungen leicht verschoben werden. Über die Zeit und mit der Bildung von

[24] Das sind Elemente für Bebauungen in einer Stadt aber auch für Freiräume, die in ihrer Gesamtheit in Kombination mit den eher linearen Elementen der Erschließung aber auch der (mehr oder weniger naturnahen) bandartigen Freiräume, Quartier, Stadtteil oder Stadt ausmachen. Ein Grundstück von 60 mal 80 (4800 m^2) oder 80 mal 100 m (8000 m^2) eignet sich z. B. gut für ein Blockrandbebauungen im Bereich von Wohnen und Gewerbe, genauso aber für abweichen Typologien wiederum des Gewerbes oder der sozialen Infrastruktur.

Realisierungsabschnitten können Vision und Narrativ weiterentwickelt werden, ohne sich komplett von ihrem Ursprung zu entfernen.

Es mag etliche gute Gründe geben, von diesem Prinzip abzuweichen, etwa die Nutzungsspezialisierung in einem Quartier, Sonderanforderungen spezieller Nutzungen und einzelner Betriebe und Anlagen, die Teil des Quartierskonzepts sind, ein besonderer gestalterischer Anspruch usw. Der Quartiersentwickler sollte sich der dann eingeschränkten Flexibilität aber bewusst sein und ggf. an anderer Stelle Vorkehrungen treffen, etwa zusätzliche Renditereserven in seiner Kalkulation vorsehen.

3.4.3 Besondere wirtschaftliche Aspekte

3.4.3.1 Renditereserven

Die lange Dauer gebietsbezogener Projektentwicklungen bringt im Zusammenhang des bereits beschriebenen Flexibilitätsdilemmas die besondere Notwendigkeit mit sich, ausreichende wirtschaftliche Vorsorgen für Unvorhergesehenes zu treffen. Einen solchen Posten in die Kalkulation einzubauen, ist zwar möglich, aber dessen Höhe kaum seriös bestimmbar. Mehr noch, dessen Grund kann zu jeder Zeit bestritten werden. Denn in der gebietsbezogenen Projektentwicklung ist – zumindest in frühen Projektphasen – oft gar nicht klar, welche Teilprojekte oder Module zu bearbeiten sein werden. Für solche Unbekannten kann kein Posten aufgerufen werden. Hinzukommen die üblichen, aber auf Grund der Projektdauer wahrscheinlich häufiger auftretenden Marktschwankungen, Kostensteigerungen und sonstigen kostenbeeinflussende Ereignisse.

Besser ist es daher, die Renditekennzahl oder -zahlen besonders hochzusetzen bzw. mit einem gebietsbezogenen Aufschlag zu versehen, sodass deren Abschmelzen bis zu einem unternehmensverträglichen Mindestmaß über die Dauer erfolgen kann. Ein häufig in solchen Projekten verwendete Kennzahl ist der interne Zinsfuß (Internal Rate off Return, kurz: IRR).[25] Der sollte zu Beginn bei mindestens 15 %, besser (je nach Größe des zu entwickelnden Gebiets und geschätzter Dauer) 30 % liegen.

3.4.3.2 Kalkulationsarten in Abhängigkeit vom Geschäftsmodell

In der Land- und Quartiersentwicklung sind im Wesentlichen zwei Kalkulationsarten relevant: die *Ermittlung des Werts von werdendem Bauland* und die sogenannte *Developerrechnung*, hier genauer: die *Residualwertberechnung*. Beide ergänzen sich gut. Die Developerrechnung kann, wenn man das Quartier als einzige große Hochbaumaßnahmen

[25] Der Interne Zinsfuß ist ein Maß für die Rentabilität eines Investitionsprojekts. Er stellt den Abzinsungsfaktor dar, bei dem der Nettogegenwartswert (Net Present Value, NPV) aller zukünftigen Geldflüsse (Cashflows) eines Projekts gleich null ist. Mit anderen Worten: Der IRR ist der Zinssatz, bei dem der Barwert der Einzahlungen gleich dem Barwert der Auszahlungen ist. Ein Projekt wird typischerweise dann als vorteilhaft angesehen, wenn der IRR höher ist als die geforderte Mindestverzinsung oder die Kapitalkosten des Unternehmens.

Tab. 3.4 Schematische Darstellung der Kalkulationsarten

(Bau-)Landentwicklung	Hochbauentwicklung
Produkt: baureifes Grundstück	Produkt: bebautes Grundstück
Grunderwerbskosten + (Berücksichtigung von) Flächenabgaben + Kosten des Herrichtens und Freimachens + Kosten der Erschließung + Kosten des naturschutzfachlichen Ausgleichs + Kosten für Altlastensanierung und Abfallbeseitigung (Entsorgung) + (sonstige) Kosten aus städtebaulichen Verträgen + (Berücksichtigung der) Wartezeit und (des) Entwicklergewinn(s) = Wert (Verkaufserlös) des baureifen Landes (mit Baurecht versehenes, erschlossenes und damit erschließungsbeitragsfreies Land)	Wert (Verkaufserlös) der Projektentwicklung (fertiggestelltes und vermietetes Gebäude) – Grunderwerbskosten – Baukosten – Baunebenkosten – Vermarktungskosten – Finanzierungskosten – Entwicklergewinn
= Marktwert des Grundstücks	= Residualwert des Grundstücks

betrachtet, allein angewendet oder zur Überprüfung der Landkalkulation genutzt werden. In jedem Fall müssen in der Realität der Residualwert, also der Wert, den sich ein Developer nach Berücksichtigung aller anderen Kosten der Hochbauentwicklung einschließlich seiner geplanten Gewinnmarge zum Kauf des zu entwickelnden Grundstücks leisten kann, gleich oder größer dem kalkulierten Bodenwert sein. Tab. 3.4 zeigt die wesentlichen kalkulationsbestimmenden Parameter.

3.4.3.3 Angepasste Projektstrukturelemente

In Deutschland ist die DIN 276 „Kosten im Bauwesen" für die Kalkulation von Hochbauprojekten eingeführt und allseits akzeptiert. Auf ihr bauen zahlreiche am Markt verfügbare oder selbst auf Basis einer Microsoft Excel-Tabelle erstellte Kalkulationstools auf. Nichts Vergleichbares gibt es für die Land- und Quartiersentwicklung.

Der Quartiersentwickler kann sich damit begnügen, die DIN 276 anzuwenden. Damit nimmt er allerdings gewisse Nachteile in Kauf: Die Erschließungskosten sind dort zwar in öffentliche und private aufgeteilt, nicht aber die Kosten des Freiraums, was z. B. für die Kalkulation von öffentlichen Grünflächen wichtig ist. Sämtliche Kosten der Baurechtschaffung (Bauplanungsrecht) müssen unter der Kostengruppe 723 „Städtebauliche Leistungen" subsumiert werden, was schon vom Wortsinn ihrer Zuordnung in die Kostengruppe 700 „Baunebenkosten" angesichts ihrer Bedeutung in der Land- und Quartiersentwicklung unangemessen ist. Die Nachteile treten spätestens dann zu Tage, wenn der Entwickler über abgeschlossene Projekte verschiedener Typen, darunter Land- und Quartiersentwicklungen Auswertungen vornehmen möchte, um Kenngrößen für zukünftige Projekte zu erhalten.

Er kann sich damit helfen, dass er in seinem Kalkulationstool, das auf der DIN 276 aufbaut, spezielle Kostenpositionen der Land- und Quartiersentwicklung hinzufügt. Besser ist es aber, eine eigene und unabhängige Kostenstruktur mit passenden Elementen und Kostenpositionen – in dem Fall objektbezogene[26] – zu bilden. Diese können z. B. sein:

- Grundstück und Rechte
  - Grundstück
  - Kataster
  - Grundbuch und eingetragene Belastungen
  - Baulastenverzeichnis
  - Miet- und Pachtverträge, Gestattungsverträge
  - Notar
  - Steuern
  - Bewirtschaftung
  - …
- Boden und Bestand
  - Altlasten
  - Abfall
  - Kampfmittel
  - Bodenmanagement
  - Baugrund
  - Rodung
  - Rückbau
  - Bestandssanierung
  - Sicherung des Projektgebiets
  - …
- Städtebau und Produkt
  - Master und Rahmenpläne
  - Bauleitplanung
  - Grünordnungsplanung
  - begleitende Gutachten
  - ökologischer Ausgleich
  - städtebauliche Verträge
  - Bauvoranfragen
  - Produktdefinition und Vertrieb
  - Marketing und Kommunikation
  - …

[26] Eine Alternative zur objektbezogenen Gliederung stellt die prozessbezogene dar. Ein solche könnte aus der Matrix in Abb. 3.2 abgeleitet werden. Ginge es nach der reinen Lehre des Projektmanagements, müsste sich der Entwickler für eine Gliederung entschieden, mit der sein Projekt sowohl auf der Zeitachse, als auch in der Kostenstruktur abgebildet werden kann, also die prozessbezogene. Da jedoch die Elemente auf der Zeitachse in der Land- und Quartiersentwicklung volatil sind, empfiehlt sich bei der Kostengliederung eine objektbezogene zu verwenden.

- Erschließung und Grün
  - Straßen, Wege und Plätze
  - Parkflächen und Grünanlagen
  - Anlagen zum Schutz vor schädlichen Umwelteinwirkungen
  - sonstige Erschließung
  - Anpassungen im Bestand
  - Unterhaltungs- und Instandsetzungskosten
  - Erschließungsverträge und Grundstücksübertragungsverträge
  - Sicherheitsleistungen
  - …

Die einzelnen Elemente sind so zu verstehen, dass jeweils alle Kosten zur Beschaffung oder Klärung des Sachverhalts, Änderung des Zustands und zur Durchführung (vorrübergehend) laufender Maßnahmen des Projekts in einer Position subsumiert werden. Weitere Untergliederungen (analog der DIN 276 auf Einer-Ebene) sind möglich. Dabei findet keine Unterscheidung zwischen Haupt- und Nebenkosten statt. Die Kosten der juristischen Beratung werden also unter der Position „städtebaulicher Vertrag" genauso geplant, wie Folgekosten- und Lasten des Vertrages selber, soweit sie nicht zu anderen Elementen gehören.[27] Steigt man in der Realisierungsphase tiefer ein, so kann dies natürlich stattfinden und in der Hochbauentwicklung ist wiederum die die Anwendung der DIN 276 geboten.

3.4.3.4 Wert der Grundstücke

Ein Grundstück ist das wert, was es an Bebauungsmöglichkeiten hergibt. In einer idealen Welt entspricht das Baurecht der Nachfrage. Ist das aktuelle Baurecht für die Nachfrage zu gering, genauer: nicht hochwertig genug, so ist das meist der Anlass für eine (weitere) Projektentwicklung. Schwieriger ist der umgekehrte Fall: Die Projektentwicklung ist auf die Situation einer guten Nachfrage z. B. nach Büro aufgesetzt und hat mit diesen (steigenden) Werten kalkuliert, aber nach der Baurechtschaffung oder gar nach Baufertigstellung ist die Büronachfrage – so nach der Covid-19-Pandemie und der inflationsbedingten Zinswende – eingebrochen.

Insbesondere bei gebietsbezogenen Projektentwicklungen muss weit in die Zukunft geschaut werden, um potenzielle Entwicklungen zu fassen und daraus ein gutes Quartierskonzept abzuleiten. Selbst wenn die gebietsbezogene Projektentwicklung mit dem Wissen und Bewusstsein gestartet ist, dass das Baurecht sich besser nach den längerfristig wirkenden und besser beeinflussbaren Standorteigenschaften als an den sich potenziell kurzfristig ändernden und schwankenden Marktgeschehnissen ausrichtet, so wird in der Praxis doch die Wertermittlung nach dem aktuellen Markt erfolgen.

---

[27] So gehören Einmalzahlungen an die Gemeinde zum Ausgleich ihrer fachlichen Unterstützung im Projekt, die sogenannten umlegbaren Planungskosten, zu den Kosten des Vertrags, während die Planungs- und Gutachterkosten im Bauleitplanverfahren angesiedelt und dort zu planen sind. Gleiches gilt für Erschließungskosten und Kosten des ökologischen Ausgleichs – beides Folgekosten des Vertrages.

Hat man innerhalb der Quartiersentwicklung in weiser Voraussicht das Baurecht möglichst flexibel gehalten, sodass es z. B. unterschiedliche Gewerbetypen abbildet, wird die Wertermittlung in einer Phase mit hoher Büronachfrage die damit verbundenen Marktchancen abbilden, anstatt z. B. die Vermietung von einfachen Gewerbehallen mit untergeordnetem Büroanteil den Berechnungen zu Grunde zu legen. In der Phase mit geringer Büronachfrage ist es umgekehrt. Der (externe) Wertermittler muss dem Rechnung tragen, wenn er vorschriftsgemäß bewertet, und den Wert geringer ansetzen; der Projektentwickler, insbesondere der Investor Developer, muss in solchen Situationen abwerten. Er kann aber versuchen, sofern es die Situation hergibt, sich durch die Vermietung von einfach sanierten Bestandshallen Zeit zu erkaufen und auf eine bessere Situation im Büromarkt in fünf, 10 oder 15 Jahren zu hoffen. Die so organisierte Zwischennutzung sorgt für Geldzuflüsse (Cashflow) bei geringem Kapitaleinsatz (Capital Expenditure, kurz: Capex) in der aktuellen Situation, ggf. auch für einen längeren Zeitraum. Können in dieser Zeit Investitionen der Land- und Quartiersentwicklung auf später verschoben werden, so kann die Bewertung sogar besser ausfallen als eine von der heutigen Marktsituation ausgehende Bewertung des höheren Baurechts. In jedem Fall besteht so eine Chance, den Abwertungsbedarf zu verringern.[28]

Eine solche reale Flexibilität, also die Wahl zwischen Abriss und Neubau bzw. der einfachen Sanierung von Bestandsgebäuden – existiert natürlich nur in Transformationsprojekten (s. Abschn. 3.6).

3.5 Quartiersmanagement

Das Quartiersmanagement ist keine Aufgabe der Immobilienprojektentwicklung, aber ähnlich wie beim Gebäude- bzw. Facility Management ist es wichtig, dieses bei Vorbereitung, Planung und Bau des Quartiers zu berücksichtigen. Managen lassen sich bei Quartieren der öffentliche Raum unter den Aspekten Sauberkeit und Sicherheit, aber auch unter dem Aspekt der (Sonder-)Nutzungen, das Image, die Sozialstruktur, der Nutzungsmix und wirtschaftliche Aspekte, etwa die Werterhaltung und Wertentwicklung über die Nutzungszeit.

So hilft die Vermeidung von „Angsträumen" schon in der Planung der späteren Sicherheit. Ebenso sollen im öffentlichen Raum ausreichend und gut platzierte und ausgestattetet Freiräume für Sondernutzungen wie Wochenmarkt, Freisitze der Gastronomie und Straßenfeste vorgesehen werden.

[28] Die hier angedeutete Möglichkeit hat auch etwas mit der Wahl des Bewertungsverfahrens zu tun. In der Praxis werden Projektentwicklungen eher mit dem sogenannten Residualwertverfahren bewertet, während für vermietete Immobilien das Discounted Cashflow-Verfahren opportun ist. Erstes führt tendenziell zu geringeren Werten, letzteres zu etwas höheren.

Dieser kurze Einblick zeigt, dass langlaufende Land- und Quartiersentwicklungen ein weiteres immobilienwirtschaftliches Problem inhärent haben: Ein auf nicht eintretende Marktentwicklung ausgerichtetes Baurecht ist wirtschaftlich fatal. Auch mit flexiblem Baurecht ist man nicht gegen Abwertungen gefeit, kann aber Ausgleichsmaßnahmen ergreifen.

In Deutschland ist es Standard, dass die Stadtverwaltung im Zusammenspiel mit städtischen Unternehmen (Eigenbetrieben) oder von ihr beauftragten Unternehmen das Quartiersmanagement übernimmt. Dies beschränkt sich aber zunächst auf bauliche Unterhaltung, Verkehrssicherung und Sauberkeit des öffentlichen Raumes. Und natürlich betreibt sie – in wesentlichen Teilen unabhängig von einem konkreten Quartier – soziale und technische Infrastrukturen, sorgt für Jugendhilfe und Wohlfahrt, Gemeinschaftsbildung und öffentliche Sicherheit usw. Insoweit ist das Quartiersmanagement zunächst einmal eine normale Aufgabe der öffentlichen Hand.

Eine Sonderform stellt das *soziale Quartiersmanagement* dar. Es ist in seiner Reinform 1999 mit dem Bund-Länder-Gemeinschaftsprogramm „Soziale Stadt“ ins Leben gerufen worden und wird seither in zahlreichen Fällen angewendet. Es zielt darauf ab, die Lebensqualität in benachteiligten Stadtteilen zu verbessern und soziale Ungleichheiten zu verringern.[29]

Umfassendes privates Quartiersmanagement ist, wenn man einmal vom Engagement der Wohnungsbaugesellschaften in etlichen ihrer Wohnquartieren absieht, insbesondere in gemischt genutzten Quartieren hingegen immer noch die Ausnahme. Ein Beispiel hierfür ist das Management des Überseequartiers in der Hafencity in Hamburg, das durch die Unternehmen Unibail-Rodamco ÜSQ Süd Quartiersmanagement GmbH für den Südteil und von der Quartiersmanagementgemeinschaft Überseequartier GbR für den Nordteil vorgenommen wird. Zumindest das für den Südteil wurde von vorneherein auf Basis des Kaufvertrags an das Unternehmen übertragen (Bürgerschaft der Freien und Hansestadt Hamburg 2014, S. 16).

Weitere Sonderfälle sind die Business Improvement Districts[30] und Interessengemeinschaften (als Vereine organsiert), die wie das soziale Quartiersmanagement auf Missstände regieren und versuchen, in dem Fall meist Einkaufsstraßen und Gewerbegebiete, die sich in einer Abwärtsspirale befinden, in eine bessere Entwicklung zu bringen.

Mittlerweile wird auch für Neubauquartiere, gerade um den Erstbesatz zu kuratieren oder Erstnutzer zu unterstützen, bisweilen um fehlende soziale Einrichtungen auszugleichen, Quartiersmanagement eingesetzt. Denn es gilt, das Quartierskonzept in Bestand und Betrieb zu überführen, es in gewisser Weise also Wirklichkeit werden zu lassen (Austrup et al. 2023, S. 17). Einen Schritt davor werden besondere Aspekte des Kuratierens im städtebaulichen Vertrag festgehalten, etwa die Vermarktung an bestimmte Akteure wie Baugruppen oder Genossenschaften oder die Vergabe bestimmter Grundstücke nach einem Konzeptverfahren.[31]

---

[29] Eine umfassende Darstellung des Konzepts findet sich z. B. in BMUB 2016.

[30] Ein Business Improvement District (BID) ist ein Gebiet, in dem Immobilieneigentümer und Gewerbetreibende sich organisieren und gemeinsame Maßnahmen ergreifen, um die Standortqualität zu verbessern. Die Finanzierung erfolgt durch eine gebietsbezogene kommunal erhobene Umlage. Die meisten Bundesländer haben dafür „BID-Gesetze“ geschaffen, die tatsächlich je andere Namen tragen, wie z. B. das „Gesetz zur Stärkung der Einzelhandels- und Dienstleitungszentren“, mit dessen Verabschiedung Hamburg 2004 Vorreiter war (Freie und Hansestadt Hamburg [Website]).

[31] Dabei vermarktet der Landentwickler die Grundstücke zu einem Fixpreis. Vergabekriterien sind dann die Qualität der Architektur und/oder das Nutzungskonzept der zu entwickelnden Gebäude.

Austrup et al. zeigen auch eine Konstellation auf, wie das Quartiersmanagement privatwirtschaftlich organisiert werden kann. Sie sprechen von einem Quartiersmanagementorgan, an dem die Projektentwickler und Investoren beteiligt sind (ebenda, S. 19). Eine Herausforderung ist das besonders dann, wenn mehrere Entwickler am Quartier beteiligt sind und daher die Entwicklungsergebnisse bei verschiedenen Endinvestoren ins Eigentum gelangen. Im Sinne des Rechtskonstrukts kann man sich dabei an dem Wohnungseigentumsgesetz orientieren oder (besser) eine Quartiersmanagement GmbH & Co. KG gründen, deren Kommanditisten die jeweiligen Grundstückseigentümer sind und deren Komplementär-GmbH das Quartiersmanagement beauftragt.

3.6 Transformationsprojekte im Bestand

Entwicklungen „auf der grünen Wiese" (auf Greenfields) oder auf abgeräumten Bahnflächen müssen wenig Rücksicht auf Bestand nehmen oder diesen – abgesehen von topgrafischen und naturräumlichen Gegebenheiten – in ihr Konzept integrieren. Das bringt große Freiheitsgrade mit sich und erleichtert die Aufgabe der Planer, lässt ein lehrbuchartiges Projekt in Bezug auf konsekutive Teilprojekte und Module erwarten, hat aber für den Quartiersentwickler auch Nachteile, die zum Teil schon besprochen wurden: Entwicklungszeiten ohne Cashflow, Zwischennutzungen allenfalls auf Freiflächen oder in eigens errichteten temporären Gebäuden, kaum Ansatzpunkte für das Quartierskonzept aus dem Bestand heraus und damit keine Chance, bei Narrativ und Marke des Quartiers an in der Stadtgesellschaft positiv erlebte Vergangenheit anzuknüpfen.

Nicht so bei Quartiersentwicklungen im und aus dem Bestand heraus (auf Brownfields, z. B. ehemaligen Fabrikgeländen): Im Idealfall, etwa bei einem Sale und Lease Back-Geschäft befinden sind noch Mieter aus der Vornutzung auf dem Gelände. Ist das nicht der Fall, können intakte Bestandsgebäude sofort zwischengenutzt werden. Haben diese technische Eignung und architektonischen Charme, können sie der Kristallisationspunkt für die neue Entwicklung sein. Möglicherweise sind auch vorhandene Straßen, Wege und Plätze sowie die darin befindlichen Infrastrukturen brauchbar. Letzteres ist allerdings eher selten der Fall, denn gerade hier hat sich in den vergangenen Jahren viel geändert. So ist z. B. das Mischen von Schmutz- und Niederschlagswasser beim Kanal nicht mehr zeitgemäß. Regenwasser soll im Zuge der Anpassung an Starkregenereignisse so weit als möglich vor Ort zurückgehalten und versickert werden, anstatt das System zu überlasten. Hinzu kommen die Anforderungen der „Energiewende" (Wärmenetzausbau, Ertüchtigung des Stromnetzes) und der Digitalisierung (Glasfaserausbau).

Ein wirtschaftlicher Vorteil ist, dass je nach Nachfrage Bestandsgebäude oder – nach deren Abriss – Neubauten vermarkten werden können. Das geht aber nur, wenn das bauliche Konzept sowie die Festsetzungen des Bebauungsplans das zulassen. Die Festsetzungen zur Art und vor allem zum Maß der baulichen Nutzung, allen voran Straßenbegrenzungslinie und Baufenster, müssen, will man diese Flexibilitätsgrad erhalten, Bestand und Neubau zulassen. Wäre das nicht gegeben, hätten bestehende Gebäude nur den sogenannten baurechtlichen Bestandsschutz, könnten also kaum aus- und umgebaut werden.

Weiterhin müssen die Ver- und Entsorgungssysteme so ausgelegt sein, dass beide Varianten bedient werden können. Insbesondere bei der Wärmeversorgung mag das ein Thema sein. Denn will man den Bestand, sei es aufgrund seiner baukulturellen Bedeutung möglichst unveränderte lassen oder, weil einer energetischen Sanierung sonstige Grenzen gesetzt sind, muss die (externe) Wärmversorgung mit Gebäuden unterschiedlicher energetischer Performanz klarkommen. Das kann z. B. bedeuten, dass die Vorlauftemperatur eines Wärmenetzes für den Bestand nicht zu niedrig sein darf.

Die größte Herausforderung besteht aber darin, dass das Managen des alten und neuen sowie, mindestens parallel zum alten, das Planen und Bauen des neuen Quartiers geleichzeitig stattfinden. Bestandsmieter müssen betreut werden. Möglichweise braucht es ein Umzugsmanagement, um Raum und Zeitfenster für die Sanierung des Bestandes zu schaffen. Gleichzeitig wird an Konzept und Bebauungsplan des neuen Quartiers gearbeitet, vielleicht werden schon neue Erschließung oder gar neue Hochbauten errichtet und neue Nutzer akquiriert. Was das konkret bedeutet, zeigt das Projektbeispiel Turbinenwerk Mannheim (s. Abschn. 6.6).

Der professionelle Projektentwickler und Bestandhalter wird zudem in einem solchen Fall das Problem haben, die Komplexität der Geldströme und Wirtschaftlichkeitskennzahlen in einem Tool zu intergieren und zu berechnen. Auf dem Markt sind passende Tools bisher nur getrennt nach Assetmanagement- und Projektentwicklungsaufgaben zu haben, sodass gute Schnittstellen gefragt sind oder intensive Eigenentwicklungsarbeit geleistet werden muss.

3.7 Ausblick

Der hier und an vielen Stellen im Buch herausgearbeiteten Notwendigkeit nach Schaffung eines flexiblen Gerüsts und nach Einbau von Spielräumen und Redundanzen für zukünftige noch unbekannte Entwicklungen vor allem in der Land- und Quartiersentwicklung stehen der Hang nach klientelorientierter Politik, Sicherheit bei der Verwaltung,[32] die Be-

[32] Politik und Verwaltung sind nicht scharf zu trennen. Das trifft besonders für Leitungs-, also die Dezernentenebene in einer Stadtregierung zu, die mit Wahlbeamten besetzt ist, die einer Partei angehören oder ihr zumindest nahestehen und von der Mehrheit im Stadtparlament gewählt werden. Eine ausgebildete Fachexpertise muss dafür nicht gegeben sein. Sie wollen aber alle ihre (politischen) Ziele mittels der Verwaltung umsetzen.

Eine Vermischung besteht nicht nur in der Person des Dezernenten selbst, sondern ergibt sich auch insofern, als beide Akteure im Wechselspiel zwischen Steuerung (Politik) und Beratung (Verwaltung) agieren. Innerhalb der Verwaltung sind zudem bisweilen politisch engagierte, zumindest politisch denkende Menschen tätig. Es wäre nahezu unmenschlich, würden diese in ihr gewissenhaftes Verwaltungshandeln nicht bewusst oder unbewusst ihre politische Agenda, zumindest ihre Haltung integrieren.

wahrung des Status quo als Extrem bei den einen und die Berücksichtigung des Non-Plus-Ultra bei allen sozialen und ökologischen Belangen als Extrem bei den anderen Stakeholdern gegenüber. In einer Phase verstärkter Transformation gesellschaftspolitischer, sozioökonomischer und technologischer Rahmenbedingungen dürften die daraus entstehenden und zu bewältigenden Zielkonflikte das „Neue Normal" sein.

Wann die Transformation an Dynamik verliert, ist noch nicht abzusehen. Mindestens aber so lange ist die gebiets- aber auch die objektbezogene Projektentwicklung mit besonderen intellektuellen Anforderungen konfrontiert: Nicht nur die Produkteigenschaften, also die Qualitäten und Quantitäten des Objekts müssen den Spagat zwischen Offenheit und Konkretheit schaffen, sondern der Weg dahin (über die Projektentwicklung) und das gewünschte Ergebnis müssen einerseits stets stakeholdergerecht, anderseits im Sinne der Zielerreichung kommuniziert werden. Die Digitalisierung im Allgemeinen und die Künstliche Intelligenz im Besonderen[33] mögen heute schon und in Zukunft noch mehr vieles dabei erleichtern. Sicher bringen sie aber auch neue Themen und Probleme mit – denn technische Innovation ist in ihren Wirkungen immer ambivalent.

Aktuell gilt die *Neue Leipzig-Charta*[34] als Leitlinie der Stadtentwicklung und damit auch für die gebietsbezogenen Projektentwicklung in Europa. Sie hatte in die angeschobene, aufgrund des vorzeitigen Endes der „Ampel-Regierung" im November 2024 aber nicht zu Ende geführte, gleichwohl in Fachkreisen stark umstrittene Novelle des Baugesetzbuches als „gerechte, grüne und produktive Stadt" im neuen § 1b über die Grundsätze der Abwägung Eingang gefunden ebenso wie die wassersensible Stadtentwicklung als Reaktion auf den Klimawandel (BMWSB 2024, S. 7 f.). Es wird sich zeigen, ob und wie diese Bemühungen von der neuen Bundesregierung weitergeführt werden.

Gerade private Quartiersentwickler werden sich immer stärker dem Kuratieren und Managen eines Quartiers annehmen müssen. Bisher zu wenig beachtet wurden dabei Fragen des Werdens und Vergehens, des Kommens und Gehens, des Mitwachsen und Ent-

---

[33] Ansatzweisen Vorhersagen über deren Wirkung kann man sich nur spekulativ nähern und mit Analogieschlüssen arbeiten. Vorweggeschickt sei, dass zwischen der Transformation des Objekts als Gegenstand der Projektentwicklung und dem Projekt bzw. Methoden und Konzepten der Projektentwicklung zu unterscheiden ist. Letzteres wird zunächst vereinfacht, etwa durch automatisches Ausloten der Bebaubarkeit eines Grundstücks und – kombiniert mit (Echtzeit-)Markt- und soziodemografischen Daten – der Ermittlung von wirtschaftlichem Potenzial und der Wirtschaftlichkeit selbst. Maschinengenerierte Ergebnisse müssen aber sicher noch lange Zeit von Menschen eingeordnet und bewertet werden. Gleichwohl entstehen freie Kapazitäten. Diese können (und müssen) entweder in mehr Projekten gleichzeitig oder dem Umgang mit der dann durch Computereinsatz erhöhten Komplexität investiert werden. Vermutlich geschieht beides.

[34] Die neue Leipzig-Charta wurde im November 2020 bei einem informellen Treffen der europäischen Minister für Stadtentwicklung in Leipzig verabschiedet, als Deutschland den EU-Ratsvorsitz innehatte. Sie ist damit ein zentrales Dokument der europäischen Stadtentwicklungspolitik, das die Bedeutung der integrierten Stadtentwicklung und die Stärkung benachteiligter Stadtquartiere hervorhebt. Die Neue Leipzig-Charta baut auf ihrer Vorgängerin, der Leipzig-Charta von 2007, auf und betont noch stärker die Themen gemeinwohlorientierte Stadtentwicklung, Resilienz, Digitalisierung und Klimaschutz (BMWSB 2025 [Website]).

wickelns der Nutzer (Personen und Unternehmen), nicht nur in der ersten, sondern auch in folgenden Generationen, des Zulassens und vielleicht sogar Provozierens von Veränderungen. Das ist planerisch-technisch, sozial und vom Baurecht her eine Herausforderung, aber eine Notwendigkeit.

Der Projektentwickler wird immer alle transformationsbedingten Veränderungen des Umfelds seines Projekts beobachten, verstehen und in der Projektarbeit berücksichtigen müssen. Die intellektuelle Herausforderung besteht also darin, durch agiles Denken und Handeln das Projekt auf Kurs zu halten – kurz: Agilität im Kopf heißt Stabilität im Projekt.

Literatur

Austrup et al: Manage to Success. Quartiersmanagement als Schlüssel für ein erfolgreiches Quartierskonzept, in: Gesellschaft für Immobilienwirtschaftliche Forschung e.V. (Hrsg.): gif im Fokus, Heft 2/2023, S. 16–21

Bosch-Rekveldt, Marian et al: Comparing Project Complexity across Different Industry Sectors, in: Complexity, Volume 2018, Issue 1, Internetfundstelle: https://onlinelibrary.wiley.com/doi/epdf/10.1155/2018/3246508, abgerufen am 02.01.2025

Brockmann, Dirk: Im Wald vor lauter Bäumen. Unsere komplexe Welt besser verstehen, München 2021

Bundesministerium für Umwelt, Naturschutz, Bau und Reaktorsicherheit (BMUB): Quartiersmanagement Soziale Stadt. Eine Arbeitshilfe für die Umsetzung vor Ort, Internetfundstelle: https://www.bmwsb.bund.de/SharedDocs/downloads/Webs/BMWSB/DE/publikationen/wohnen/soziale-stadt-quartiersmanagement.pdf?__blob=publicationFile&v=2, abgerufen am 23.02.2025

Bundesministeriums für Wohnen, Stadtentwicklung und Bauwesen (BMWSB): Die Neue Leipzig-Charta, 2025 (Website), https://www.bmwsb.bund.de/Webs/BMWSB/DE/themen/stadt-wohnen/stadtentwicklung/neue-leipzig-charta/neue-leipzig-charta-node.html, abgerufen am 26.04.2025

Bundesministeriums für Wohnen, Stadtentwicklung und Bauwesen (BMWSB): Referentenentwurf eines Gesetzes zur Stärkung der integrierten Stadtentwicklung, Bearbeitungsstand: 03.09.2024, Internetfundstelle: https://www.bmwsb.bund.de/SharedDocs/gesetzgebungsverfahren/Webs/BMWSB/DE/Downloads/kabinettsfassung/novelle-baugb-kab.pdf?__blob=publicationFile&v=1, abgerufen am 23.02.2025

Bürgerschaft der Freien und Hansestadt Hamburg: Mitteilung des Senats an die Bürgerschaft: HafenCity. Weitere Entwicklung des südlichen Überseequartiers. Projektneuordnung, Drucksache 20/14966 vom 16.12.2014, Internetfundstelle: https://www.buergerschaft-hh.de/parldok/dokument/47492/20_14066_hafencity_weitere_entwicklung_des_suedlichen_ueberseequartiers_projektneuordnung#navpanes=0, abgerufen am 23.02.2025

Bürgin, Matthias und Cabane, Philippe: Akupunktur für Basel. Zwischennutzung als Standortentwicklung auf dem Areal des DB-Güterbahnhofs in Basel, Basel 1999

Deutsche Gesellschaft für Nachhaltiges Bauen e. V (DNGB): Das DGNB System für Quartiere, o.D. (Website): https://www.dgnb.de/de/zertifizierung/quartiere, abgerufen am 23.02.2025

DTZ Consulting & Research GmbH: „Zielgruppenorientierte Produktdifferenzierung bei Büroimmobilien", erstellt für die Vivico Real Estate GmbH (unveröffentlicht), Frankfurt am Main 2003

Eber, Wolfgang: Explicit Evaluation of Complexity in Construction and Real Estate Management, in: Proceedings of the Creative Construction e-Conference (2020) 025/Műegyetemi Digitalís Archivum, Internetfundstelle: https://repozitorium.omikk.bme.hu/items/b6ecccd0-b489-403a-88eb-d3217206aadf, abgerufen am 02.01.2025

Feldmann, Philipp: Die strategische Entwicklung neuer Stadtquartiere unter besondere Berücksichtigung innenstadtnaher oder innerstädtischer, brachgefallener Industrieareale, in: Schulte, Karl-Werner u. Bone-Winkel, Stephan: Schriften zur Immobilienökonomie, Band 53, Köln 2009

Frank, Sybille: Eigenlogik der Städte, in: Eckardt, Frank (Hrsg.): Handbuch Stadtsoziologie, Wiesbaden 2012, S. 289–309

Freie und Hansestadt Hamburg: Business Improvement Districts. Private Initiativen zur Stadtteilentwicklung, 2025 (Website): https://www.hamburg.de/politik-und-verwaltung/behoerden/behoerde-fuer-stadtentwicklung-und-wohnen/themen/stadtentwicklung/konzepte-und-strategien/business-improvement-districts/business-improvement-districts-184380, abgerufen am 23.02.2025

Förster, Agnes et al: Quartier[4]. Impulse für eine bedürfnisgerechte Quartiersgestaltung, Bielfeld 2023, Internetfundstelle: https://www.transcript-verlag.de/978-3-8376-6851-3/quartier-4/, abgerufen am 26.04.2025

Krips, David: Stakeholdermanagement, Berlin 2017

OTEC GmbH: Projektpräsentation Werksviertel München, o.D. (Website): https://www.otec-muenchen.de/, abgerufen am 10.01.2025

Rube, Sonja und Beilharz, Ruth: Organisation von Partizipationsprozessen als Ort kollektiver Zukunftsgestaltung unter besonderer Beachtung dieses Potenzials für gesellschaftliche Transformation und Stadtentwicklung, Klagenfurt 2021

Schoer, Kevin: BWL-Lexikon o.D. (Website): https://www.bwl-lexikon.de/wiki/stakeholder-ansatz/, abgerufen am 22.02.2025

Scholl, Bernd: Aktionsplanung. Zur Behandlung komplexer Schwerpunktaufgaben in der Raumplanung, Zürich 1994

Schulte, Karl-Werner und Bone-Winkel, Stephan: Grundlagen der Projektentwicklung aus immobilienwirtschaftlicher Sicht, in: Schulte, Karl-Werner und Bone-Winkel, Stephan: Handbuch Immobilienprojektentwicklung, Köln 2008, S. 23–89

Schulz, Christopher: Das Onion Model – die Akteure eines Systems darstellen, 2017 (Website): https://www.consulting-life.de/onion-model/, abgerufen am 22.02,.2025

Scobel, Gert: „Komplex" oder „kompliziert"? Das ist hier die Frage!, YouTube-Video vom 15.06.2023, Internetfundstelle: https://www.youtube.com/watch?v=VTSFzUozJvY&t=313s, abgerufen am 29.11.2024

Scobel, Gert: Zwischen Chaos und Ordnung: So funktioniert Komplexität, YouTube-Video vom 20.07.2023, Internetfundstelle: https://www.youtube.com/watch?v=02iPL_tuJtU&t=1024s, abgerufen am 29.11.2024

Sinus Markt- und Sozialforschung GmbH: Sinus-Milieus® Deutschland, 2025 (Website): https://www.sinus-institut.de/sinus-milieus/sinus-milieus-deutschland, abgerufen am 23.02.2025

Spieß, Gerald: Sozialgerechte Bodennutzung. Rechtliche Anforderungen an Baulandmodelle für bezahlbaren Wohnraum, in: Kommunaljurist 2017, Heft 12, S. 441–447

Stadt Frankfurt am Main: Baulandbeschluss für die Frankfurter Stadtentwicklung, Frankfurt am Main 2020; Internetfundstelle: https://www.stadtplanungsamt-frankfurt.de/baulandbeschluss_f_r_die_frankfurter_stadtentwicklung_19650.html, abgerufen am 22.02.2025

Verband Quartiertreffpunkte Basel: Quartierstreffpunkt Rosental Erlenmatt in Basel, 2019 (Website), Internetfundstelle: https://www.qtp-basel.ch/gleis58/, abgerufen am 10.01.2025

Vidal, Ludovic-Alexandre et al: Using a Delphi process and the Analytic Hierarchy Process (AHP) to evaluate the complexity of projects, in: Expert System with Application 38/2011, Internetfundstelle: https://www.sciencedirect.com/science/article/abs/pii/S0957417410011607?via%3Dihub, abgerufen am 02.01.2025

Wehr, Marco: Komplexe neue Welt und wie wir lernen, damit klarzukommen, Köln 2024

Weßeling, Bernhard: Was für ein Zufall! Über Unvorhersehbarkeit, Komplexität und das Wesen der Zeit, Wiesbaden 2022

Objektbezogene Projektentwicklung im Hochbau

4

Max Meixner

Tendenziell und mehrheitlich findet sich bei öffentlichen Bauvorhaben wie Schulen, Krankenhäusern und Forschungseinrichtungen, aber beispielsweise auch bei kommunalen Wohnungsbauunternehmen unter dem Begriff Projektentwicklung die Hochbau-Entwicklung Variante 1 nach der Definition dieses Buchs. Es sind diese umfassenden Leistungen in der Vorbereitung eines Bauprojektes vor der Beauftragung der eigentlichen Planungs- und Bauleistungen und damit vor dem eigentlichen Projektstart.

Dass gerade auch öffentliche Auftraggeber Projektentwicklung betreiben und benötigen, ist in der bisherigen Projektentwicklungs-Literatur kaum oder selten behandelt und wird daher nachfolgend im Detail betrachtet.

Vertieft werden nachfolgend insbesondere die Themen Bedarfsplanung und Machbarkeitsstudie, und zwar anhand einiger Beispiele aus realen Projekten.

4.1 Projektentwicklung bei öffentlichen Auftraggebern

Bemerkenswert und kennzeichnend für die zunehmende Bedeutung der Projektentwicklung ist, dass in den letzten Jahren regelmäßig Fördermittelbescheide auch auf der Basis der Ergebnisse von Projektentwicklungen und Machbarkeitsstudien (MBS) erteilt wurden. Im Regelfall ist dazu eine abgeschlossene Entwurfsplanung mit Kostenberechnung erforderlich.

Dies gilt insbesondere für den kommunalen Hochbau . Denn anders als dort regelt der Bundes- und Landesbau die Prozesse der Projektentwicklung und die darauf aufbauenden Prozesse der Entscheidungsbildung sehr detailliert (siehe z. B. RB Bau, RL Bau). Dort wiederum ist festzustellen, dass mit den jeweiligen Novellierungen der Regelwerke die Bedeutung und Präzisierung der Projektentwicklung sukzessive stieg.

E. Krön et al., *Projektentwicklung – vom Quartier zum Gebäude*, https://doi.org/10.1007/978-3-658-49172-7_4

Kommunale Bauherren, gerade in mittleren und kleineren Städten und Gemeinden, sind – zumindest außerhalb eventueller Vorgaben seitens des Fördermittelgebers – frei in ihren Vorgehensweisen und können die Beschlussfassungen für den Start und die Umsetzung von Bauprojekten selbst definieren. Gerade hier ist häufig eine externe Beratung und Unterstützung sinnvoll.

Projektentwicklungen von öffentlichen Projekten werden entweder von Bundesbehörden, Landesbehörden und Kommunen selbst durchgeführt oder an Dritte wie Architekturbüros und Projektsteuerungsbüros beauftragt.

Für die Vergabe an Dritte ist der Umstand, dass oft vor Beginn eines Projektes die finanziellen und/oder zeitlichen Ressourcen fehlen hinderlich, sodass im Ergebnis Elemente der Projektentwicklung nach dem Projektstart und somit in die Leistungsphasen der Grundlagenermittlung oder Vorplanung verschoben werden. Die Auswirkungen sind in der Weise gravierend, dass umfangreiche Planerverträge auf unzureichender Grundlage geschlossen werden und vorgesehene Zeitabläufe vollständig korrigiert werden müssen.

Es ist – gerade auch in Kommunen – allerdings ein positiver Trend zur Durchführung von Projektentwicklungen feststellbar. Diese stellen für Projektentscheidungen eine qualifizierte Grundlage dar und helfen dabei, öffentliche Haushaltsmittel sinnvoll, wirtschaftlich und bedarfsgerecht einzusetzen.

4.2 Beteiligte

Grundsätzlich ist auch bei derartigen Projektentwicklungen Art und Anzahl der Beteiligten von der Projektgröße, der Projekttypologie, den konkreten Anforderungen des Projektes und den Randbedingungen abhängig.

Auftraggeber und Nutzer
Auftraggeber und Nutzer sind nach der Beauftragung einer PE die wesentlichen Informationsträger des Projektes, welche zu diesem Zeitpunkt die Aufgabe haben, die vorhandenen Basis-Informationen und auch die Basis-Anforderungen bereitzustellen. Häufig sind diese zu Beginn noch unvollständig oder sogar widersprüchlich, sodass zunächst die Aufgabe darin besteht, die vorliegenden Informationen zu sortieren, zu gliedern und zu vervollständigen. Ein Pflichtenheft liegt nur selten schon vor. Es bietet sich die Möglichkeit einer Sortierung nach der oder in Anlehnung an die DIN 18205 Bedarfsplanung.

Der laufende Prozess der Projektentwicklung ist gekennzeichnet durch regelmäßige Besprechungen, in die Auftraggeber und Nutzer eingebunden sind. Der Problematik einer defizitären Weitergabe von wichtigen Informationen auf der Auftraggeberseite sollte auf Seiten des Projektentwicklers eine hohe Fachkompetenz in der Weise gegenüberstehen, dass alle denkbaren Optionen zu behandeln und durchzusprechen sind. Über Protokolle, aber auch Vorabzüge und Zwischenstände der endgültigen Ausarbeitung sind die Festlegungen und Ausarbeitungen gegenüber dem Auftraggeber und dem Nutzer verbindlich festzulegen und zu dokumentieren. Üblich ist am Ende der PE eine Abschlusspräsentation in einem Gremium des Auftraggebers.

Ideal ist eine Besetzung des Projektteams mit Architekten und Ingenieuren, zumindest ab entsprechenden Projektgrößen. Der Projektentwickler ist der Fachmann und „Motor" des Projektes, und ist mit seiner Kompetenz in der Lage, sowohl alle wesentlichen Randbedingungen des Projektes zu erfassen als auch das Projekt bereits in einer frühen Phase zu Ende zu denken.

In der frühen Phase der PE sind die Architekten eher planerisch tätig („planerische PE") und die Projektsteuerer eher technisch und organisatorisch („technische-organisatorische PE"). Der letztere Teil beinhaltet insbesondere die Besprechungsorganisation, die Kostenermittlungen und die Ablaufplanung und enthält damit Elemente der PE-Phase 4 der laufenden phasenübergreifenden Leistungen.

Fachingenieure

Je nach Aufgabenstellung sind auch bereits zum Zeitpunkt der PE Fachingenieure für die verschiedenen Disziplinen zu beauftragen, so zum Beispiel bei der PE für ein Theater ein Fachingenieur für Bühnentechnik. Üblich ist die Einschaltung von Fachingenieuren für die Tragwerksplanung, Heizungs-, Lüftungs-, Sanitäranlagen und elektrische Anlagen, meist auch für Außenanlagen. Es handelt sich dabei im Wesentlichen nicht um HOAI-Leistungen.

Sonderfachleute

Entsprechend der Aufgabenstellung werden zu diesem frühen Zeitpunkt auch gegebenenfalls bereits Sonderfachleute, wie z. B. Bauphysiker oder Brandschutzplaner, benötigt. Auch Baugrundgutachter und Schallschutzgutachter im Städtebau sind in der Regel heranzuziehen.

Stakeholder

Direkt betroffene Abteilungen oder Aufsichtsgremien des Nutzers sind zum Beispiel interne Stakeholder. Genehmigungsbehörden, Grundstücksnachbarn oder zum Beispiel Bürgervereine sind externe Stakeholder, letztere eher indirekt Betroffene. Im Zuge der PE sind die Auswirkungen des Projektes auf diese Personenkreise zu bewerten, und gegebenenfalls bereits in der PE Kontakte herzustellen und Vorgespräche zu führen.

4.3 Herangehensweise, Klärung der Anforderungen und Prognosen

Bei öffentlichen Projekten kann die PE schematisch in den in Abb. 4.1 aufgeführten folgenden sechs Stufen dargestellt werden:

Varianten zu diesen sind möglich. Mit der Stufe 6 ist im Sinne der Hochbau-Projektentwicklung PE-Phase 1 die Projektentwicklung abgeschlossen und die Entscheidungen zum Kauf eines Grundstücks oder zum Projektstart können durch den Auftraggeber getroffen werden.

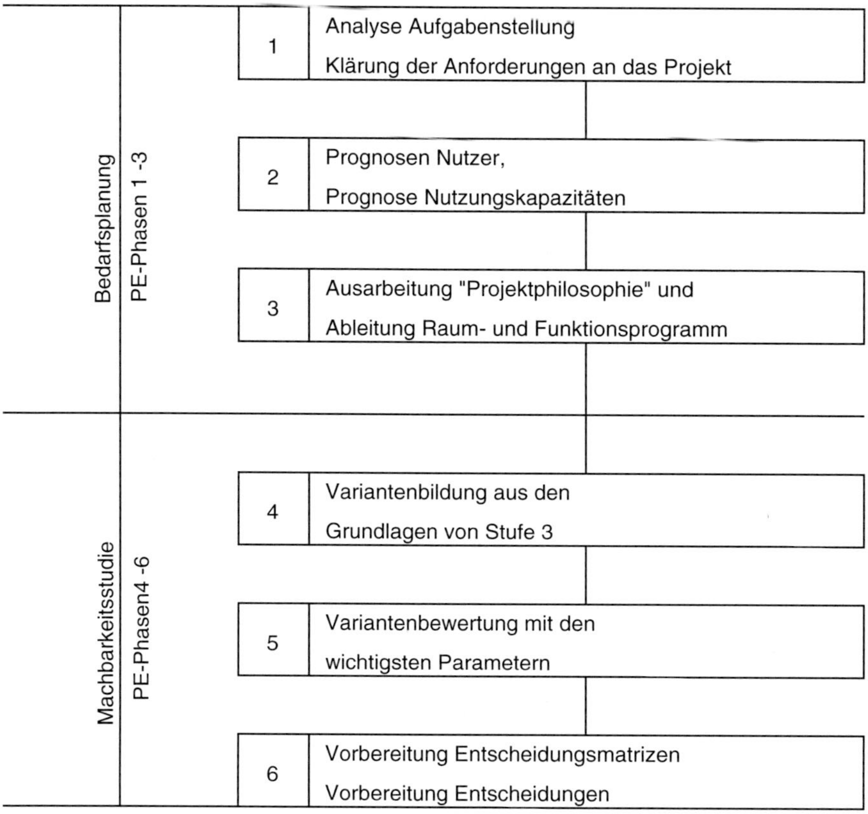

Abb. 4.1 Matrix PE-Phasen 1 bis 6. (Meixner + Partner)

Daran anschließend, dann schon als Bestandteil der PE-Phase 2 Vorbereitung, erfolgen beim öffentlichen Auftraggeber die Vorbereitung und Durchführung der erforderlichen Vergabeverfahren nach VgV und/oder die Durchführung eines Architektenwettbewerbs.

Stufen 1 – 3: Bedarfsplanung

Stufe 1: Analyse Aufgabenstellung und Klärung der Anforderungen

In der Stufe 1 entsprechend Abb. 4.1 erfolgt die allgemeine Analyse der Aufgabenstellung. Begleitend sind hier Workshops mit Auftraggeber und den Nutzern (Abb. 4.2) üblich, um alle Anforderungen systematisch in Erfahrung zu bringen. Die DIN 18205 Bedarfsplanung ist dabei eher als Mindeststandard anzusehen. Neben den Anforderungen von Auftraggeber und Nutzer sind auch die physischen und rechtlichen Randbedingungen des Grundstückes oder des Quartiers in Erfahrung zu bringen, wie sie in einer bereits vorhandenen Bauleitplanung beschrieben sind, oder sich sonst aus der Analyse vor Ort ergeben.

Abb. 4.2 Bedarfsanalyse – Nutzerworkshop. (Meixner + Partner)

Physische Randbedingungen sind zum Beispiel der Baugrund oder die schalltechnische Exposition des späteren Projektes.

Bei der Klärung der Anforderungen ist auf eine gewisse Allgemeingültigkeit und Zukunftsfähigkeit der Ergebnisse zu achten, um zu vermeiden, dass bei personellen Veränderungen der Auftraggeber- oder Nutzerstrukturen die gesamte PE zu überarbeiten ist.

Stufe 2: Prognosen und Prognosezeitraum

Die Beauftragung und Durchführung von Prognosen in der Stufe 2 gemäß Abb. 4.1 ist unverzichtbar, um zu vermeiden, dass die PE einer Klinik oder einer Schule auf falschen Nutzerzahlen aufgebaut ist. Andernfalls bestünde die Gefahr, dass direkt nach Fertigstellung des Projektes schon ein weiterer Bauabschnitt gestartet werden müsste. Derartige Bedarfsprognosen sind seitens einiger Fördergeber gefordert und damit ein wesentlicher Baustein einer PE.

Es ist gar nicht so einfach, geeignete Dienstleister zu finden, die in der Lage sind, Prognosen zuverlässig zu erstellen. Darüber hinaus ist anzuraten, auf statistisch ermittelte Nutzerzahlen zusätzliche Reserven einzustellen oder alternativ die PE flexibel und modular aufzusetzen.

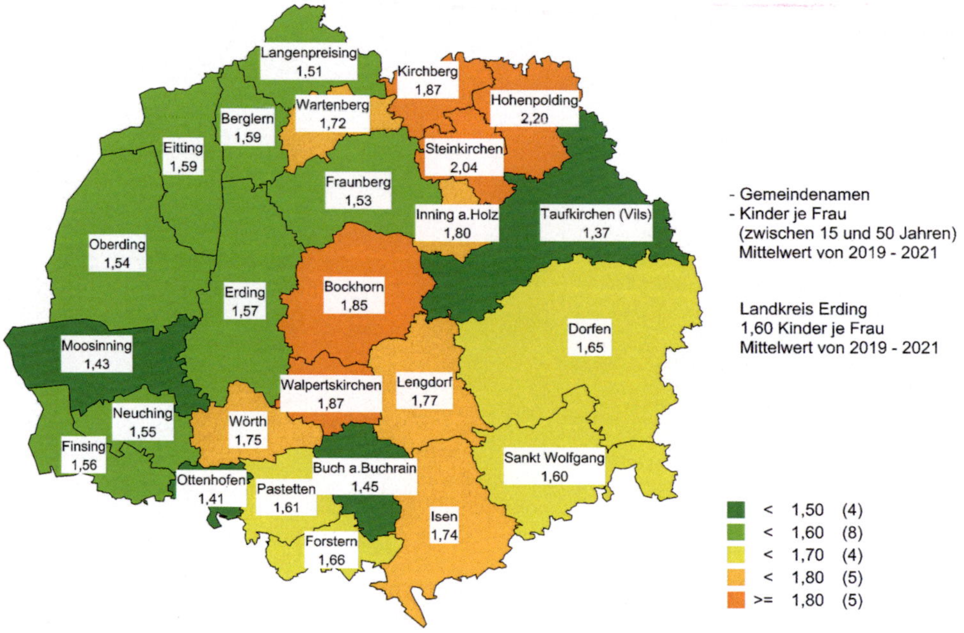

Abb. 4.3 Bevölkerungsprognose Landkreis Erding. (SAGS Institut Augsburg)

Grundsätzlich gilt: Prognosen führen nicht zu absoluten Gewissheiten und sind deshalb in der Perspektive eines Raumprogrammes angemessen aufzurunden (Siehe Beispiel Abb. 4.3).

4.4 Raum- und Funktionsprogramm und Kernprozess der PE

Stufe 3: Raum- und Funktionsprogramm als Kernergebnis

Die Bedarfsplanung mündet in die Ableitung eines Raum- und Funktionsprogramms, das nachfolgend anhand eines Praxisbeispiels dargestellt wird. Die Definition der Leitgedanken ist dabei das „Herz" des zu entwickelnden Projektes, zum Beispiel bei einer Schule das pädagogische Konzept, oder bei einem Forschungsgebäude das von den Forschern definierte Ziel der technischen Anlagen inklusive der dazugehörigen Gebäude. Sollte die Projektphilosophie nicht bereits gesetzt sein, so ist diese zu Beginn der PE mit Auftraggeber und Nutzer gemeinsam zu entwickeln und festzuschreiben. Letztlich handelt es sich hierbei um eine Zieldefinition.

Der nächste Schritt der PE ist die Umwandlung der Anforderungen und Wünsche in Funktionen und Funktionsbereiche und die Zusammenfassung dieser Funktionsbereiche in sogenannte Nutzungscluster. In dieser Phase spielen genaue Raumgrößen noch keine Rolle. Vielmehr geht es um die Zuordnung inhaltlich zusammenhängender Funktionen und die geschickte Anordnung der gewählten Funktionsbereiche im Gesamtprojekt.

Es handelt sich dabei um eine abstrakte, aber maßstäbliche Darstellung der notwendigen Funktionen ohne direkten Bezug zum Grundstück oder zum späteren Bauprojekt. Die übliche Darstellung in dieser PE-Phase sind Strukturskizzen mit Clustern (vgl. Abb. 4.4).

Man könnte diesen Prozess als Planung auf einer hohen Abstraktionsebene bezeichnen. Tatsächlich werden in dieser PE-Phase entscheidende Planungsinhalte behandelt und auch bereits vor der eigentlichen Planung entschieden.

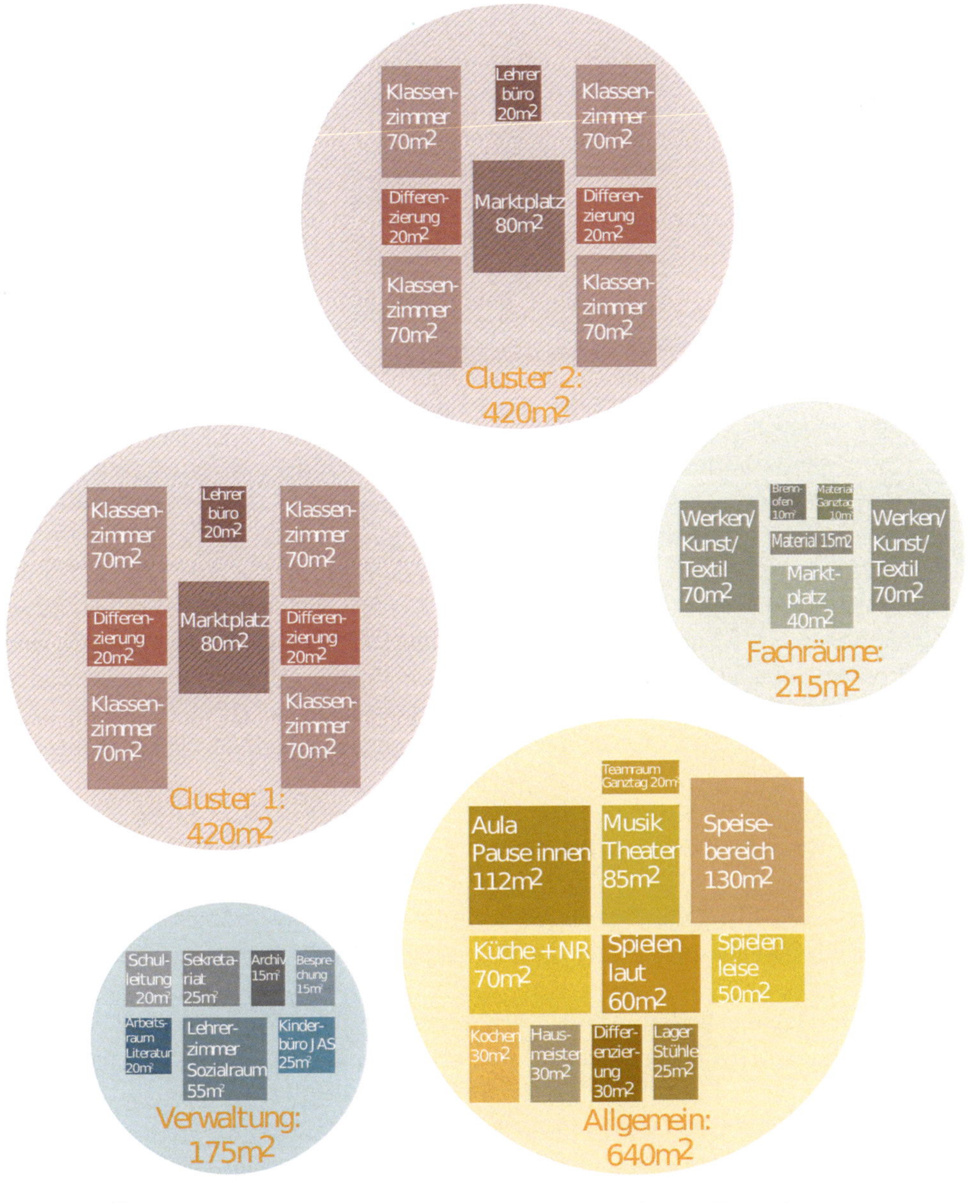

Abb. 4.4 Übersetzung der Strukturskizzen in Raumpakete. (Meixner + Partner)

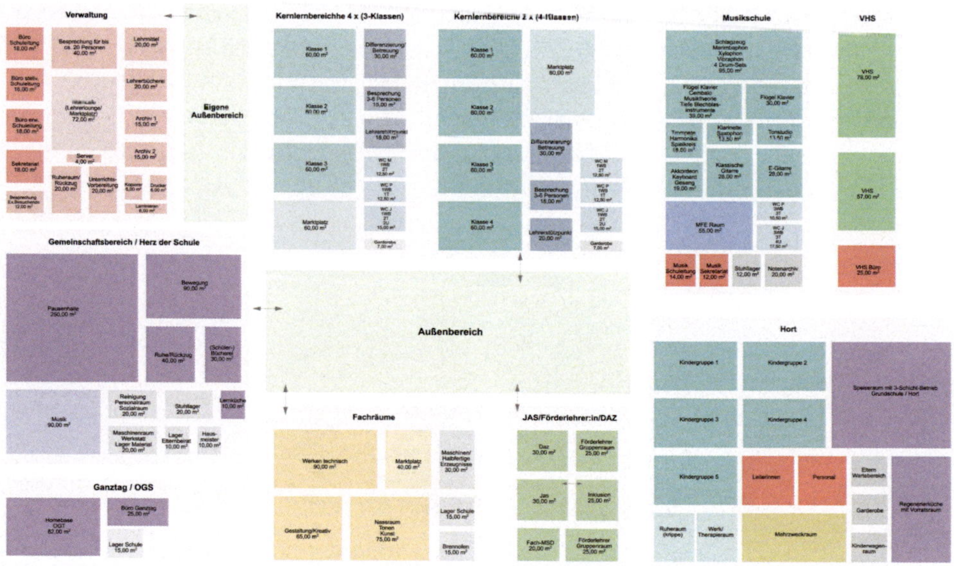

Abb. 4.5 Sollflächen Raumprogramm. (Krug Grossmann Architekten München)

Im Anschluss an die Strukturskizzen (Abb. 4.5) kann das Raumprogramm (Abb. 4.6) in Verbindung mit dazugehörigen Textbausteinen und Beschreibungen entwickelt werden. Beide Elemente zusammen können als Raum- und Funktionsprogramm bezeichnet werden.

Das üblicherweise tabellarisch angelegte Raumprogramm kann neben der Basisfunktion Nutzungsfläche mit beliebig vielen weiteren Angaben, wie zum Beispiel der erforderlichen Anordnung im Gebäude, ergänzt werden. Das Raumprogramm ist in strukturierter Form, nach den Funktionsbereichen, darzustellen. Bei öffentlichen Projekten sind dabei wesentlich auch Vorgaben oder Flächenbandbreiten aus fördertechnischen Gründen einzuhalten. Für die Hochrechnung einer Brutto-Grundfläche nach DIN 276 werden meist prozentuale Zuschläge für Verkehrs-, Technik-, Konstruktions- und Nebennutzungsflächen vorgenommen.

Die Definition der Projektphilosophie, die Strukturskizzen mit der Clusterung und das tabellarische Raumprogramm mit den Textbausteinen bilden zusammen das Raum- und Funktionsprogramm.

Erst mit diesen wichtigen Grundlagen der PE ist es zielsicher und effizient möglich, eine Machbarkeitsstudie zu beginnen und Entwurfsvarianten planerisch zu entwickeln.

Stufen 4 – 6: Machbarkeitsstudie als Kernelement

Entsprechend dem PE-Leistungskatalog, wie er in Kapitel 5 beschrieben ist, handelt es sich um Leistungen von ersten Ideen zu einem Projekt bis zur Fertigstellung oder bei der privaten PE bis zum Verkauf eines Projektes.

Grundsätzlich ist es schwierig, aus dem Gesamtkontext Kernelemente herauszufiltern. Es ist aber offensichtlich, dass diese letztlich wichtigsten Leistungen der PE unverzichtbar

	Raumbezeichnung	Stck	m²	∑ m²
	Kernlernbereiche			
I	Klassenraum	10	60,00	600,00
II	Lehrerstützpunkt (Team 1/2 und 3/4)	2	18,00	36,00
I	Marktplatz	2	80,00	160,00
I	Differenzierung	2	30,00	60,00
	Reinigung	2	0,00	0,00
	WC	2	0,00	0,00
	Garderobe	2	0,00	0,00
	Zwischensumme Kernlernbereiche			**856,00**
	Raumbezeichnung	**Stck**	**m²**	**∑ m²**
	Fachräume			
I	Werken technisch	1	90,00	90,00
I	Werken textil	1	65,00	65,00
I	Marktplatz Kreativ und Forschen mit Funktion	1	65,00	65,00
I	Lager halbfertige Erzeugnisse	1	15,00	15,00
VI	Lager OGTS	1	15,00	15,00
I	Lager Schule	1	15,00	15,00
I	Brennofen	1	10,00	10,00
	Zwischensumme Fachräume			**275,00**
	Raumbezeichnung	**Stck**	**m²**	**∑ m²**
	Verwaltung			
III	Wartebereich aus Verkehrsflächen generiert	1	0,00	0,00
III	Sekretariat	1	20,00	20,00
III	Schulleitung, Besprechung 3-4 Pers.	1	18,00	20,00
III	Schulleitung stellvrtr., Bespr. 3-4 Pers.	1	18,00	18,00
II	Team-Café	1	65,00	65,00
III	Archiv	1	20,00	20,00
II	Kopierer/Server	2	8,00	16,00
I	Material/Lehrmittel	1	20,00	20,00
II	Besprechung bis 10 Personen / Sanitätsraum	1	20,00	20,00
	Reinigung	1	0,00	0,00
	WC Personal	1	0,00	0,00
	Zwischensumme Verwaltung			**199,00**
	Raumbezeichnung	**Stck**	**m²**	**∑ m²**
	Gemeinschaftsbereich/Herz der Schule			
IV	Pausenhalle	1	125,00	125,00
V	Regenerier Küche	1	60,00	60,00
V	Esszimmer	1	150,00	150,00
VI	Lernküche, angegliedert an oder integriert im Esszimmer	1	10,00	10,00
	Bibliothek / Mediathek / Leseförderung	0	60,00	0,00
VI	Theater, Seminar	1	80,00	80,00
I	Musikraum inkl. Instrumentenlager	1	75,00	75,00
III	JAS (Vollzeit), Besprechung 3-4P	1	18,00	18,00
IV	Hausmeister	1	10,00	10,00
IV	Stuhllager	1	27,00	20,00
IV	Reinigungspersonal, Sozialraum	1	10,00	10,00
	Reinigung	1	0,00	0,00
	WC	1	0,00	0,00
	Zwischensumme Gemeinschaftsbereiche			**558,00**
	Raumbezeichnung	**Stck**	**m²**	**∑ m²**
	Ganztag / OGS			
VI	Bauen	1	40,00	40,00
VI	Rückzug / Ruheraum	1	40,00	40,00
VI	Toben	1	65,00	65,00
VI	Marktplatz	1	65,00	65,00
VI	Büro Ganztag mit Team	1	18,00	18,00
	Garderobe / Umkleide	1	0,00	0,00
	Sanitär Händewaschen / Zähne putzen / WC	1	0,00	0,00
	Zwischensumme Gemeinschaftsbereiche			**228,00**
	SUMME Grundschule, 2,5-zügig (exkl. Turnhalle)			**2.116,00**

Abb. 4.6 Raumprogramm für eine Grundschule. (Meixner + Partner)

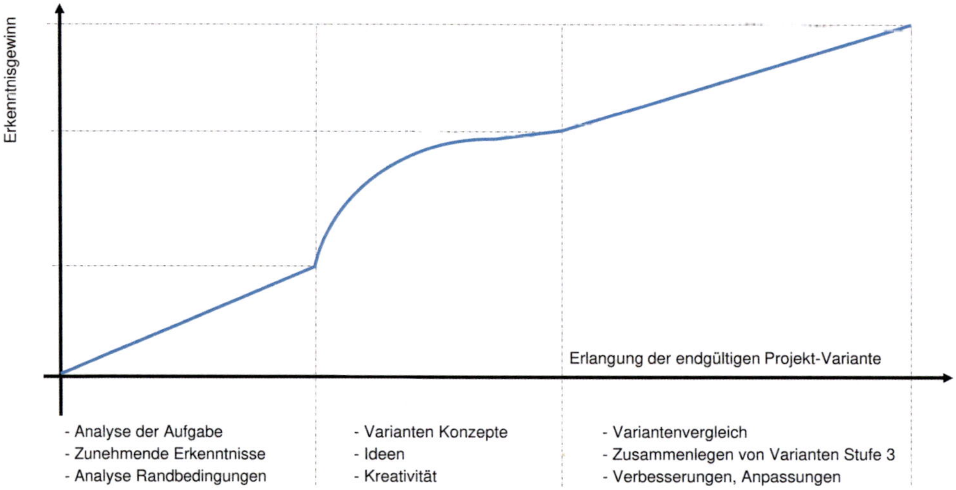

Abb. 4.7 Machbarkeitsstudie als Kernelement der PE. (Meixner + Partner)

sind. Dies gilt grundsätzlich und unabhängig von der Art des Auftraggebers. Entsprechend der Grafik in Abb. 4.7 liegen diese Leistungen damit eindeutig vor dem Beschluss, ein Projekt planerisch mit den HOAI-Leistungen zu starten.

Das Kernelement einer Projektentwicklung ist letztlich die alles entscheidende Projektidee, welche von einem Projektbeteiligten spontan kommen kann, oder aber im Team im PE -Prozess entwickelt und optimiert werden kann. Eine systematische Herangehensweise in drei Schritten empfiehlt sich und führt zu sprunghaften oder auch kontinuierlichen Erkenntnisgewinnen:

Schritt 1: Analyse der Aufgabenstellung
Schritt 2: Entwicklung von Lösungsvarianten
Schritt 3: Variantenvergleich, Verbesserungen, Anpassungen

Der eigentliche Kern der PE kann dabei noch nicht in der Analyse der Aufgabenstellung liegen, sondern als wesentliche Projektidee entweder bei der grundsätzlichen Generierung der Varianten oder als stufenweiser Verbesserungsprozess beim Variantenvergleich und den dazugehörigen Optimierungen. Meistens sind damit die Hauptanforderungen an die Bauaufgabe und auch die wesentlichen Fragen gelöst. Alle weiteren Fragestellungen, wie Terminplanung, Marketingkonzept, Energie- und Nachhaltigkeit können von dem nun vorliegenden Lösungsansatz abgeleitet werden.

Es stellt sich die Frage, ob mit der in der PE bereits entwickelten Projektidee die eigentliche HOAI-Vorplanung und HOAI-Entwurfsplanung bereits vorweggenommen wird und dadurch der Spielraum des zu einem späteren Zeitpunkt zu beauftragenden Architekten eingeengt wird. Als Sonderfall ist dies durchaus denkbar. Im Regelfall gelingt es aber, dem später mit den HOAI-Leistungen beauftragten Architekten regelmäßig, mit der Hilfestellung der Ausarbeitung der PE ein weiteres, verbessertes Konzept zu generieren.

4.5 Variantenbildung und Auswertungen

Stufen 4 – 5: Variantenbildung und Auswertungen
Im Kernprozess der PE von Objekten kommt der Variantenbildung auf der Basis einer Bedarfsplanung mit Raumprogramm die größte Bedeutung zu. Oft ergeben sich im Zuge der Ausarbeitung der Varianten und der Kombination von verschiedenen Varianten die besten Lösungen einer anspruchsvollen Bauaufgabe.

Entsprechend den zur Verfügung stehenden Grundstücken, deren Zuschnitt, den möglichen Varianten, und der gewünschten Anzahl der Gebäude kann sich auch eine hohe Zahl von Varianten als sinnvoll erweisen (s. Abb. 4.8).

Die Bewertung und Diskussion und die damit verbundene Optimierung der Varianten sind geradezu das Erfolgsmodell der PE.

Für die Beschreibung und Kennzeichnung der Varianten gibt es keine verbindlichen Regeln. Je nach Aufgabenstellung und Größe der Projekte sind Maßstäbe 1:1000, 1:500, bis 1:200 (Analogie Architektenwettbewerb) üblich. Die Ausarbeitung von allen Grundrissebenen und Schnitten ist unverzichtbar. Ansichten, Detailschnitte, Fassaden und sonstige planerische Ausarbeitungen sind hilfreich, aber aus zeitlichen und finanziellen Gründen meistens nicht möglich. Darüber hinaus sind erläuternde Textbausteine oder allgemeine Beschreibungen notwendig.

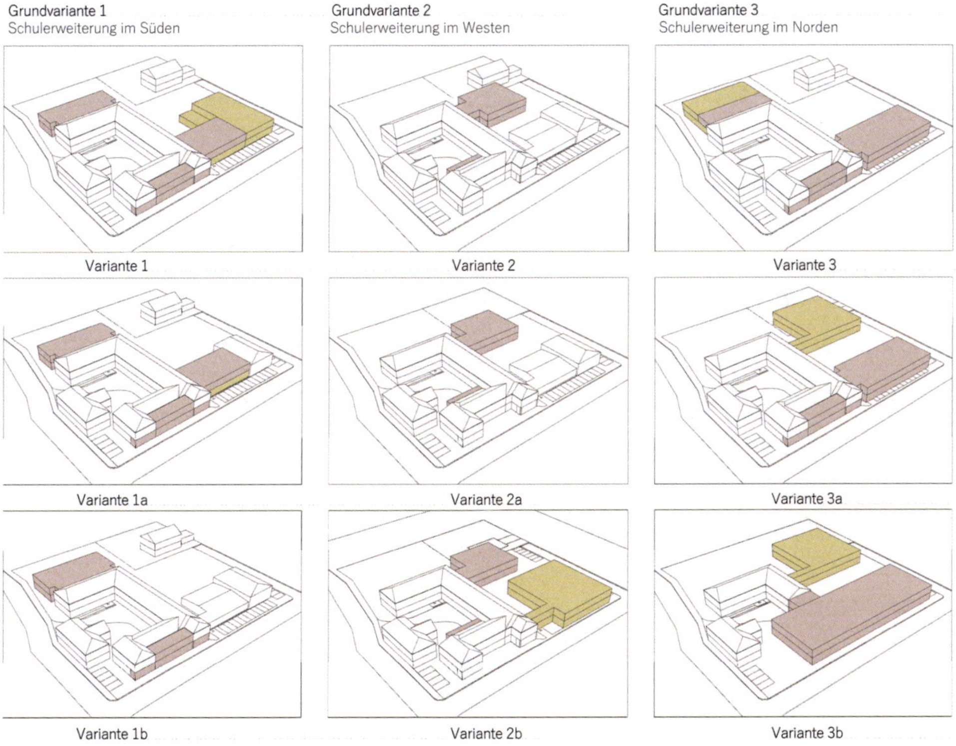

Abb. 4.8 Neun Varianten Projektentwicklung Grundschule Bockhorn. (Meixner + Partner)

Die erforderliche Ausarbeitungstiefe und auch die Vollständigkeit der Unterlagen ist bisher bei der PE von Hochbauten noch nicht definiert, sondern wird entsprechend dem Qualitätsstandard des Projektentwicklers, und den Anforderungen des Auftraggebers festgelegt. Nachdem im Zuge der Variantenbildung und des Variantenvergleichs auch Kosten zu ermitteln sind, wird als Mindeststandard eine eindeutig definierte Geometrie benötigt. Damit ist es möglich, genauere Kosten mit den beiden Parametern Kostenkennwert und geometrische Größe zu ermitteln. Wichtigster Punkt bei der Ausarbeitung der Varianten ist, dass keine Variante vorschnell ausgeschieden und dann auch nicht mehr ausgearbeitet wird. Vielmehr sind gerade auch zunächst weniger sinnvoll erscheinende Varianten vollständig durchzuarbeiten und zu bewerten. Die Erfahrung zeigt, dass Erkenntnisse aus verworfenen Varianten durchaus auch einen Beitrag zu den Varianten der engeren Wahl leisten können.

Analog zum Architektenwettbewerb, bei dem manchmal zunächst abgelehnte Arbeiten „zurückgeholt“ werden, kommt dieses Phänomen auch bei der PE vor.

Im Regelfall stellt die aus der PE verabschiedete Bebauungsvariante noch nicht die letztendlich zu realisierende Variante dar. Vielmehr ergeben sich in dem auf die PE folgenden Architektenwettbewerb oder Standard-Planungsprozess Weiterentwicklungen und Verbesserungen der Variante aus der PE. Allerdings ist mit dem Ergebnis der PE in der Regel die Zahl der Bebauungsvarianten gesetzt und begrenzt (s. Abb. 4.9)

Abb. 4.9 Gegenüberstellung von neun Varianten, Berufsschulzentrum Lindau. (Krug Grossmann Architekten München)

Stufe 6: Auswertungen, Entscheidungsmatrizen und Kennwerte
Eine wesentliche Rolle kommt bei der Entscheidungsfindung in der objektbezogenen PE auf Seiten des Auftraggebers oder Nutzers der Aufbereitung und Darstellung sowie dem Vergleich der Varianten zu. Auch hier gibt es derzeit für die verbindliche Darstellung noch keine verbindlichen Standards oder Vorgaben.

Die Entscheidungsmatrizen (Abb. 4.10) bestehen üblicherweise aus den folgenden Komponenten:

- Lageplan der Varianten (oft mit Text)
- Vergleichs-Parameter
- Wertungssystem
- Ergebnis/Auswertung

Die übliche Darstellung der Varianten wurde bereits bei Punkt 4.5 oben beschrieben.

Die Vergleichsparameter sind in der Regel frei wählbar. Sie entsprechen zunächst den Wertungskriterien von Architektenwettbewerben und münden in einer Konkretisierung durch die üblichen Parameter Flächenverbrauch, Flächenkennwerte, Investitionskosten, Nutzungskosten und Ausführungszeiten.

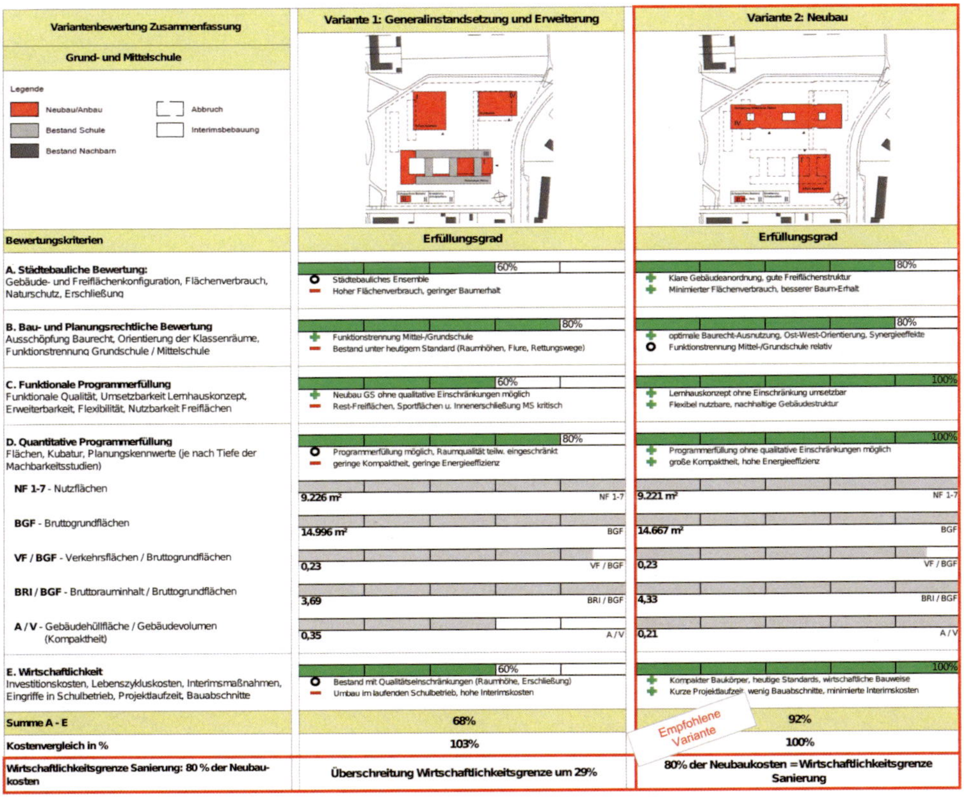

Abb. 4.10 Bewertungsmatrix. (Meixner + Partner)

Präferenzdreieck:														
Kennbuchstabe	Kriterien	a Modernes päd. Konzept	b Investitionskosten	c Förderung	d Folgekosten	e Zeitdauer der Realisierung	f Beeinträchtigung Schulbetrieb	g Solide Gründung	h Neue Sporthalle	i	j	Nennungen	Prozent	Rang
a	Modernes päd. Konzept	X	b	c	d	e	a	g	a			2	7%	6
b	Investitionskosten	X	X	c	b	b	b	g	b			5	18%	3
c	Förderung	X	X	X	c	c	c	g	c			6	21%	2
d	Folgekosten	X	X	X	X	d	d	g	d			4	14%	4
e	Zeitdauer der Realisierung	X	X	X	X	X	e	g	e			3	11%	5
f	Beeinträchtigung Schulbetrieb	X	X	X	X	X	X	g	f			1	4%	7
g	Solide Gründung	X	X	X	X	X	X	X	g			7	25%	1
h	Neue Sporthalle	X	X	X	X	X	X	X	X			0	0%	8
i		X	X	X	X	X	X	X	X	X		0	0%	8
j		X	X	X	X	X	X	X	X	X	X	0	0%	8
											Summe:	28	100%	

Abb. 4.11 Präferenzdreieck mit acht Kriterien. (Eigene Darstellung) (Meixner + Partner)

Auch die Konzeption der Wertungs-Tools ist frei wählbar. Üblich sind folgende Wertungssysteme:

- vergleichende Beschreibungen
- +/– Bewertungen
- Punktesysteme

Die Abgrenzung der Wichtigkeit der Parameter in den Entscheidungsmatrizen ist über ein Präferenzdreieck (vgl. Abb. 4.11) möglich.

Trotzdem ist die Wertigkeit der Parameter grundsätzlich problematisch und auch von der Unparteilichkeit des Bearbeiters abhängig.

Die gewählten Parameter werden in Form von kurzen Textbausteinen (Abb. 4.12) bewertet, und in der Auswertungsspalte (Abb. 4.13) in den wesentlichen Punkten zusammengefasst.

Die festgelegten Parameter werden bei den verschiedenen Varianten (Modellen) in dem Spektrum ++, +, 0 –. – – bewertet. Die formale Auswertung ergibt sich über die Gesamtzahl der positiven (+) oder negativen (–) Bewertungen. Zusätzlich ist eine Wichtung der Parameter über Faktoren oder Punkte (siehe Abb. 4.14) möglich.

Variante	Kriterien						
	Architektur & Städtebau					Wirtschaftlichkeit	
	Erschließung und Zufahrt	Anordnung des Baukörpers auf dem Baufeld	Innere Struktur und interne Erschließung	Qualität der Außenbereiche und Freiflächen	Belichtung und Außenraumbezug der Schutzbereiche	A / V –Verhältnis	BGF/ NUF – Verhältnis
Variante 1 Kamm	**Großzügiger Vorplatz, Querparker stirnseitig am Gebäude**	**Umlaufende Grünflächen als Außenbereiche der Cluster nutzbar, öffnet sich nach Süden**	**Längsgerichtete Magistrale, Aufweitungen im Bereich der Treppenhäuser und den Wohnungen**	**Freiflächen im Süden als zusammen-hängendes Band wahrnehmbar**	**Guter Außenraumbezug durch Verzahnung mitder Umgebung**	**0,39**	**1,47**
Variante 2 Winkel	**Angemessene Vorzone / Vorplatz, Querparker stirnseitig am Gebäude**	**Öffnet sich nach Süd-Westen, differenziert den Außenraum dadurch in 2 Bereiche**	**L-förmige Erschließung verringertdie Laufweiten und ermöglicht mittigen Kreuzungspunkt**	**GroßerSchulgarten im Süd-Westen, Allwetterplatz und Werkhof ostseitig abgewandt**	**Belichtung generell gut, etwas schlechtere Außenraumbezie-hungals bei verzahnter Variante**	**0,34**	**1,66**
Variante 3 Atrium	**Solitär rutscht etwas nach Westen und schafft großzügige Parkbereiche und ermöglicht großen AWP**	**Bei kompakter Form desBaukörpers kann auf dem Grundstück der große AWP realisiert werden, kein Zukauf nötig**	**Ringförmig um einen grünen Patio orientiert**	**GroßerAWP kann auch der Gemeinde viel Freiraum-qualität bieten, restliche Flächen umlaufend**	**Sowohlvom Innenhof,als auch von der Außen-fassade kann gute Belichtung erfolgen**	**0,37**	**1,65**

Abb. 4.12 Bewertungsmatrix mit Textbausteinen. (Meixner + Partner)

	Kriterien	Modell 1	Modell 2	Modell 3	Modell 4	
01	Zeitlicher Ablauf	+	+ +	+ +	+	Faktor 2 doppelt
02	Wirtschaftlichkeit	+ +	+	+	+	
03	Förder-/Vergaberecht	+ +	- -	+	- -	
04	Techn. Vorteile/Nachteile	+	+	+	+	
	Summe 1	6 +	2 +	5 +	1 +	
05	Qualitätssicherung	+	0	0	0	Faktor 1 einfach
06	Flexibilität bei Planungsänderungen	+	-	-	-	
07	Vorgaben Kosten/Termine	0	+	+	+	
08	Bonus-/Malus-System					
	Summe 2	2 +	0	0	0	
	Summen 1 + 2	**8 +**	**2 +**	**8 +**	**1 +**	
09	Qualität Planer	+	0	0	+	Faktor 1
10	Komfort Auftraggeber	-	+	+ +	+	Faktor 2
	Summe 3	0	1 +	2 +	2 +	
	Summen 1 + 2 + 3	**8 +**	**3 +**	**10 +**	**3 +**	

Abb. 4.13 Bewertungsmatrix mit +/– Bewertungen am Beispiel Erweiterung Gymnasium Kirchseeon. (Meixner + Partner)

	Arbeit 1001	Arbeit 1008	Arbeit 1016
Betriebskosten	24 P	22 P	22 P
	4 P	9 P	9 P
	9 P	12 P	3 P
Instandsetzungskosten	20 P	22 P	14 P
	5 P	5 P	2 P
Bewertung Unterpunkte	62 P	70 P	50 P
in Gesamtmatrix (Faktor 20)	**3,1 P**	**3,5 P**	**2,5 P**

Abb. 4.14 Bewertungsmatrix mit Punkten in einem Architektenwettbewerb. (Meixner + Partner)

4.6 Nachhaltigkeit in der Machbarkeitsstudie

Die aktuelle Situation der objektbezogenen Projektentwicklung in Deutschland ist dadurch gekennzeichnet, dass zwar die Aspekte der Nachhaltigkeit eine immer größere Bedeutung bekommen, aber es noch wenige Standards gibt, um die Nachhaltigkeit bereits in der Projektentwicklung zu messen oder sicherzustellen. Vielmehr ist es so, dass – falls überhaupt – bei jeder Projektentwicklung individuelle Nachhaltigkeitskriterien festgelegt werden. Aufgrund der zunehmenden Bedeutung der Nachhaltigkeitskriterien sind allgemeine Standards für die Sicherstellung von Nachhaltigkeitszielen bereits in der Projektentwicklung zu definieren, entweder um insgesamt eine Qualitätssteigerung im Projekt zu erreichen oder eine spätere DGNB (DGNB = Deutsche Gesellschaft für Nachhaltiges Bauen) oder BNB (BNB = Bewertungssystem Nachhaltiges Bauen) Zertifizierung zu ermöglichen.

Seit dem Jahr 2022 gibt es vom BBSR (BBSR = Bundesamt für Bauwesen und Raumordnung) das SNAP -System (SNAP = Systematik für Nachhaltigkeitsanforderungen in Planungswettbewerben). Die Systematik wurde vom Bundesministerium des Inneren für Bau und Heimat und vom Bundesinstitut für Bau-, Stadt- und Raumforschung vorangetrieben und ist dort durch verschiedene Schriften dokumentiert. Nachdem durchaus Parallelen zwischen einer objektbezogenen PE und einem Architektenwettbewerb gesehen werden können, besteht die Möglichkeit, auch bei objektbezogenen Projektentwicklungen auf diese Systematik zurückzugreifen. Nachdem das SNAP-Wettbewerbsverfahren bereits eine Reduktion der Kriterien/Steckbriefe auf 15 wesentliche und nachprüfbare Nachhaltigkeitskriterien reduziert hat, kann sich gegebenenfalls für Projektentwicklungen entsprechend der Aufgabenstellung eine weitere Reduktion dieser Nachhaltigkeitskriterien als sinnvoll erweisen. Aktuell gibt es hierzu noch keine verbindlichen Vorgaben. Die SNAP-Methodik des BBSR lehnt sich an das BNB-System als Ausgangsbasis an, wobei es auch zwischen dem BNB-System und der DGNB-Systematik zahlreiche Verbindungen gibt.

Einige Auftraggeber haben ergänzend individuelle Tools entwickelt, um mithilfe eines Quick-Checks Nachhaltigkeitsindikatoren bereits in der Projektentwicklung zu bewerten, wie beispielsweise der Quick-Check Nachhaltigkeit des Bau- und Liegenschaftsbetriebs NRW, welcher als vereinfachtes System neben der SNAP-Systematik sehr gut für die Verwendung in objektbezogenen Projektentwicklungen geeignet ist. Leider ist diese Systematik vom Bau- und Liegenschaftsbetrieb NRW bisher noch nicht zur allgemeinen Verwendung freigegeben. Der Quick-Check Nachhaltigkeit des BLB NRW beinhaltet die folgenden übergeordneten Nachhaltigkeitskriterien:

- Standortqualität
- Ökonomische Qualität
- Soziokulturelle Qualität
- Technische Qualität
- Prozessqualität

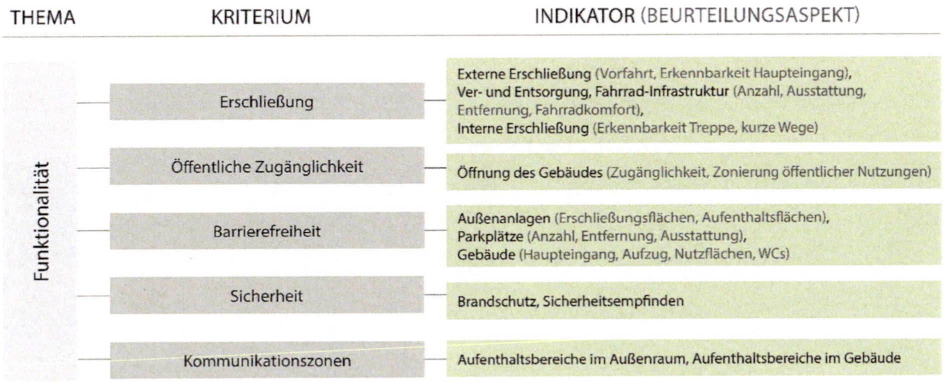

Abb. 4.15 Auszug aus der Broschüre, BBSR „Zukunft Bau" SNAP in Wettbewerbsverfahren, Seite 15 (ee concept)

Die SNAP-Methodik beinhaltet im Vergleich dazu folgende vier übergeordnete Nachhaltigkeitskriterien:

- Funktionalität
- Nutzerkomfort
- Wirtschaftlichkeit
- Ressourcen und Energie

Aus den vier übergeordneten Nachhaltigkeitskriterien werden in der SNAP-Systematik (Abb. 4.15) 15 Nachhaltigkeitskriterien abgeleitet, welche bereits im Rahmen der Vorprüfung eines Architektenwettbewerbes und damit auch bei einer objektbezogenen Projektentwicklung bearbeitet und bewertet werden können.

Nicht alle DGNB- oder BNB-Nachhaltigkeitskriterien sind zu dem frühen Zeitpunkt der Projektentwicklung bereits bewertbar. In der unteren Skizze ist beispielhaft dargestellt, dass nur 49 % der gesamten BNB Kriterien in der frühen Phase vollständig bewertbar sind (Abb. 4.16, Auszug aus der Broschüre, BBSR „Zukunft Bau" SNAP Wettbewerbsverfahren). Analog zum Architektenwettbewerb können vom Auftraggeber auch bereits zum Zeitpunkt der Beauftragung von Projektentwicklungsleistungen die Behandlung der 15 Kriterien aus der SNAP-Systematik vereinbart werden. Damit ist es möglich, zu Beginn der objektbezogenen Projektentwicklung diese Kriterien bei der Ausarbeitung von Varianten anzuwenden bzw. nach der Erstellung von Planungsvarianten diese mit der SNAP-Systematik systematisch zu bewerten und zu vergleichen, und beispielsweise über ein Punktesystem auch in eine Reihenfolge im Hinblick auf die Nachhaltigkeit zu bringen.

Der Aufwand, sowohl in Architektenwettbewerben als auch in objektbezogenen Projektentwicklungen für verschiedene Entwürfe/Varianten die SNAP-Nachhaltigkeitskriterien zu ermitteln und zu vergleichen, ist erheblich und nicht zu unterschätzen. Nachfolgend ist als Analogie beispielhaft eine Auswertung für eine Arbeit eines Architektenwettbewerbes dargestellt.

Abb. 4.16 BBSR „Zukunft Bau“ (ee concept)

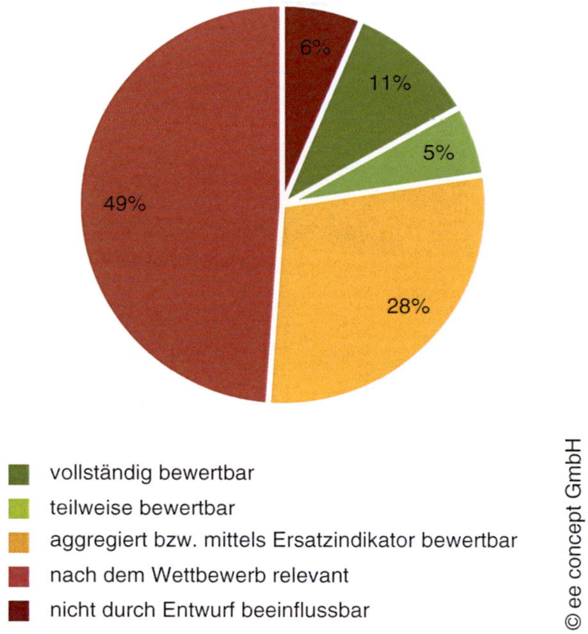

Wie bereits angedeutet, wäre es sehr zweckmäßig und zielführend für die PE einer Machbarkeitsstudie bei der SNAP-Systematik in einer Weiterentwicklung die Zahl der Nachhaltigkeitskriterien weiter abzusenken und diese in reduzierter aber substanziell bedeutsamer Form für Projektentwicklungen zu verwenden. Die Bewertung könnte somit einfach und schnell im Rahmen der Vorprüfungen vorgenommen werden und hätte einen allgemeingültigen Charakter (siehe Abb. 4.17).

Vertiefende Elemente einer Machbarkeitsstudie

Es stellt sich in der Praxis immer wieder die Frage, ob neben den im Leistungskatalog dargestellten Aufgaben auch weitere Themen zu berücksichtigen sind. Aus Sicht des Autors handelt es sich zum Beispiel um die folgenden zusätzlichen Themen (Bezeichnungen frei gewählt):

- Nachhaltigkeit (hier insbesondere Funktionalität, Nutzerkomfort, Wirtschaftlichkeit, Ressourcen und Energie)
- Energie/Energieeinsparung (hier insbesondere übergeordnete, fremde Energieversorgung, Möglichkeiten eigener Energieerzeugung, Energieerzeugung aus nachwachsenden Rohstoffen oder durch Wind und PV-Anlagen, Energiespeicherung, Systemvergleiche)
- Raumklima
- Denkmalschutz (hier insbesondere Typologie des Denkmalschutzes, Urheberrecht, Abgrenzung Eingriffsmöglichkeiten, Fördermöglichkeiten)

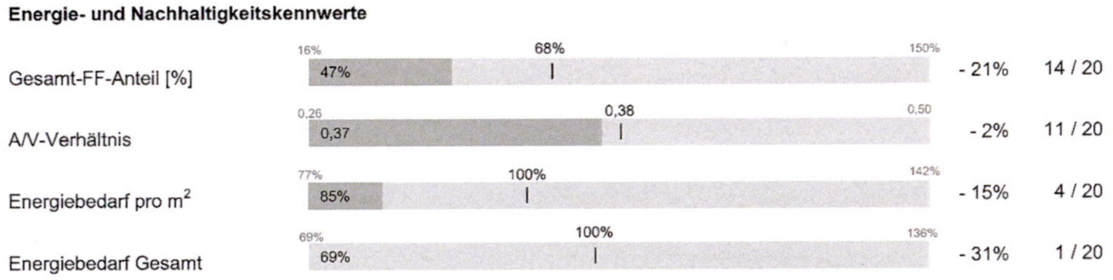

Energie- und Nachhaltigkeitskriterien

Funktionalität	Erschließung	Externe Erschließung funktional (Vorfahrt berücksichtigt; Haupteingang erkennbar); Ver- und Entsorgung berücksichtigt; Fahrrad-Infrastruktur nicht funktional (Anzahl nicht erfüllt [75 Stk.]; Ausstattung ungünstig (nicht überdacht); Entfernung ungünstig [47m]; Komfort günstig (Umkleiden, Duschen)); interne Erschließung günstig (Treppe [+]; kurze interne Wege [20m])
	Öffentliche Zugänglichkeit	Öffnung des Gebäudes berücksichtigt (Zugänglichkeit günstig; Zonierung öffentlicher Nutzungen günstig)
	Barrierefreiheit	Außenanlagen barrierefrei (Erschließung günstig; Aufenthaltsflächen günstig); Parkplätze nicht barrierefrei (Anzahl nicht erfüllt [0 Stk.] (nicht dargestellt); Entfernung ungünstig [0m] (nicht dargestellt); Ausstattung ungünstig (nicht dargestellt)); Gebäude barrierefrei (Haupteingang barrierefrei; Aufzug barrierefrei; Nutzflächen barrierefrei; barrierefreie WCs vorhanden)
	Sicherheit	Brandschutz berücksichtigt; Sicherheitsempfinden berücksichtigt
	Kommunikationszonen	Angebot im Außenraum vorhanden; Angebot im Gebäude vorhanden
Nutzerkomfort	Schallschutz	Freiräume funktional; baul. Schallschutz teilw. vorhanden (Orientierung günstig; Fassadenausbildung mäßig); Nutzungskonflikte nicht zu erwarten

Abb. 4.17 Auswertung eines Architektenwettbewerbs nach SNAP-Methodik. (Meixner + Partner)

Die Beispiele zeigen, dass in Abhängigkeit von der Bauaufgabe und der Typologie des Projektes Bearbeitungsmodule frei entwickelt und auch honorartechnisch vereinbart werden können.

4.7 Ausblick

Sorgfältige Projektentwicklungen bei privaten Projekten sind üblich – zum Teil können sich diese Leistungen in der Vorbereitungsphase über einige Jahre erstrecken.

Wie in Abschn. 4.1 dargestellt, ist dies bisher bei öffentlichen Projekten im kommunalen Bereich noch nicht immer der Fall. Es hat sich aus Sicht der Autoren aber gezeigt, dass Projekte mit vorgeschalteter sorgfältiger und ausführlicher PE in der Vorbereitungsphase, was wir als Kernelement der PE betrachten, deutlich mutiger, zielsicherer und erfolgsversprechender laufen als Projekte ohne vorgeschaltete PE. Auch die Belastbarkeit des Kosten- und Terminrahmens profitiert davon.

Es ist deshalb davon auszugehen, dass es mittelfristig auch im öffentlichen kommunalen Bereich kaum noch Projekte ohne vorgeschaltete Projektentwicklung geben wird. Die

Voraussetzungen für diese auch gesellschaftlich sehr positiv zu sehende Entwicklung ist die Bereitstellung ausreichender Mittel bereits vor dem eigentlichen Projektstart und die Schaffung belastbarer, solider und angemessener Zeiträume für deren Durchführung.

Literatur

Bau- und Liegenschaftsbetrieb NRW: Vortrag, Quick-Check Nachhaltigkeit, 2021

Bundesforschungsinstitut für Bau-, Stadt- und Raumforschung: SNAP. Planungs- und Arbeitshilfen. Systematik für Nachhaltigkeitsanforderungen in Planungswettbewerben, Bonn 2021

Bundesforschungsinstitut für Bau-, Stadt- und Raumforschung: SNAP. Wettbewerbsverfahren. Systematik für Nachhaltigkeitsanforderungen in Planungswettbewerben, Bonn 2021

DIN 18205:2016-11, Bedarfsplanung im Bauwesen

Graber, Julia: Wesentliche Bausteine bei der Projektentwicklung von öffentlichen Bauvorhaben, Masterarbeit, Würzburg 2019

Krug Grossmann Architekten und Meixner + Partner: Projektentwicklung BSZ Lindau (unveröffentlicht), 2020

SAGS Institut für Sozialplanung, Jugend- und Altenhilfe, Gesundheitsforschung und Statistik: Bevölkerungsprognose für den Landkreis Erding, Augsburg 2022

Leistungskatalog

5

Henry Alsbach, Elisabeth Krön, Guido Prummer

Dieses Kapitel führt die vorangegangenen Überlegungen zu Anforderungen und Typologie in einem Leistungskatalog zusammen, der die notwendigen Tätigkeiten im Rahmen einer Projektentwicklung geordnet abbildet und kurz kommentiert.

Er berücksichtigt verschiedene Akteurs- und Auftraggebertypen, kann im Rahmen verschiedener Geschäftsmodelle zum Einsatz kommen und bildet die im Buch vorgestellten Arten von Projektentwicklungen ab. Die Beschreibung von vier typischen Anwendungsfällen ist dem tabellarischen Katalog vorangestellt.

5.1 Einführung

5.1.1 Akteure/Auftraggeber und Geschäftsmodelle in der Projektentwicklung

Akteure/ Auftraggeber in der Projektentwicklung

Projektentwicklung ist in der Privatwirtschaft und bei der öffentlichen Hand gleichermaßen erforderlich und üblich. Beide führen Entwicklungen entweder mit eigenen oder fremden Mitteln für eigenen oder den Bedarf Dritter (zum Verkauf bzw. zur Vermietung) durch.

Wegen der großen Begriffsvielfalt, die im deutschsprachigen Raum für die Akteure, deren Geschäftsmodelle bzw. -bereiche Anwendung findet, werden nachfolgend aufgrund der größeren begrifflichen Eindeutigkeit die englischsprachigen Bezeichnungen erklärt.

E. Krön et al., *Projektentwicklung – vom Quartier zum Gebäude*,
https://doi.org/10.1007/978-3-658-49172-7_5

Privatwirtschaft

Property Company ist die englische Bezeichnung für ein Immobilienunternehmen, dessen Kerngeschäft das Halten und Managen von eigenen Immobilien ist; es ist entweder selbst Investor Developer oder kauft sich Leistungen bei einem Service Developer ein. Bei An- und Verkauf von Immobilien kann es mit einem Trader Developer kooperieren.

Non Property Company ist die englische Bezeichnung für ein Unternehmen, dessen Kerngeschäft nicht im Halten und Managen von Immobilien besteht, sondern das in einer oder mehreren anderen Branchen tätig ist; es bedient sich in der Regel eines internen Immobilienmanagements, zumeist (englisch) Corporate Real Estate Management (CREM) genannt; das CREM kann wie ein Investor oder Trader Developer agieren sowie mit letzterem oder einem Service Developer kooperieren.

Öffentliche Hand

Die öffentliche Hand agiert für ihren Immobilienbestand ähnlich wie ein Investor Developer oder das CREM einer Non Property Company, unterliegt dabei aber einem anderen (öffentlichen) Rechtsregime, was den An- und Verkauf von Immobilien und die Vergabe von Aufträgen angeht. (Private Unternehmen, die öffentliche Aufträge ausführen und dabei öffentliche Finanzmittel verwenden, unterliegen ebenfalls diesem Rechtsregime.)

Geschäftsmodelle in der Projektentwicklung (englisch: Developer)

Der **Investor Developer** plant, baut und betreibt Immobilien auf eigene Kosten und auf eigene Rechnung für den eigenen Bestand; er kauft sich ggf. Projektentwicklungsleistungen vom Service Developer ein.

Der **Trader Developer** plant und baut Immobilien auf eigene Kosten und auf eigene Rechnung für den Verkauf an strategische Investoren (Versicherungen, Fonds, Familiy Offices und dergleichen) oder andere Endinvestoren; ein Betrieb kommt – wenn überhaupt – nur in einer Optimierungsphase nach Fertigstellung und Übergabe der Immobilien an den Nutzer vor; er kauft sich ggf. Projektentwicklungsleistungen vom Service Developer ein.

Der **Service Developer** plant und baut Immobilien auf fremde Kosten und auf fremde Rechnung; letzteres kommt dann nicht vor, wenn er als Treuhänder handelt; er bietet Projektentwicklungsleistungen als Dienstleistung (wie ein Projektsteuerer) an.

Es sind Mischformen sowohl nach der Art des Geschäftsmodells als auch nach der des Auftraggebers möglich (Z. B. Unternehmen ganz oder überwiegend im Eigentum der öffentlichen Hand, oder Property Companies, die unterschiedliche Arten von Entwicklungen durchführen oder anbieten). Hinzu kommen andere Gesellschaftsformen (z. B. Genossenschaften) mit zum Teil spezifischen Rollen und Projektverständnis. Die Akteure führen die im Rahmen einer Projektentwicklung notwendigen Aufgaben teilweise selbst aus, bedienen sich jedoch darüber hinaus regelmäßig der Unterstützung externer Dienstleister und Werkauftragnehmer.

Alle genannten Akteure können Projektmanagement- bzw. Projektsteuerungsleistungen beanspruchen.

5.1.2 Vorstellung und Herleitung

Folgende Vorüberlegungen liegen der Entwicklung des Katalogs zugrunde:

- Der Leistungskatalog soll für **möglichst alle Ausprägungen der Projektentwicklung** anwendbar sein. Er versteht sich als eine Weiterentwicklung des derzeit einzig öffentlich zugänglich vorliegenden Leistungsbilds Projektentwicklung im Heft 19 (Kap. 1) der Publikationen der Fachkommissionen des Ausschlusses der Verbände und Kammern der Ingenieure und Architekten für die Honorarordnung e.V. (AHO) und tritt in den nachfolgenden Überlegungen an dessen Stelle.
- Weitere im Rahmen von Projektentwicklungen regelmäßig nachgefragte bzw. zu erbringende Leistungen, die in einer der AHO-Fachkommissionen bearbeitet und veröffentlicht wurden, finden sich in Form von Verweisen im Katalog.
- Über die Wahl **unterschiedlicher Ein- und Ausstiegspunkte** lassen sich sowohl Hochbau- als auch (Bau)-Land- und Quartiersentwicklungen und unterschiedliche Projektsituationen abbilden.

Der Leistungskatalog in Abb. 5.1 enthält Aufgabenpakete (nachfolgend PE-Phasen genannt), die in ihrer Reihenfolge die Realisierung des physischen Objekts vorwegnehmen (PE-Phase 1 und 2) und damit – zumindest typischerweise – derart aufeinanderfolgen:

Im Rahmen der **PE-Phase 1 Vorbereitung** erfolgt die Bedarfsermittlung, die Auswahl von Liegenschaften bei Entwicklungen im eigenen Bestand, die Akquisitionsvorprüfung

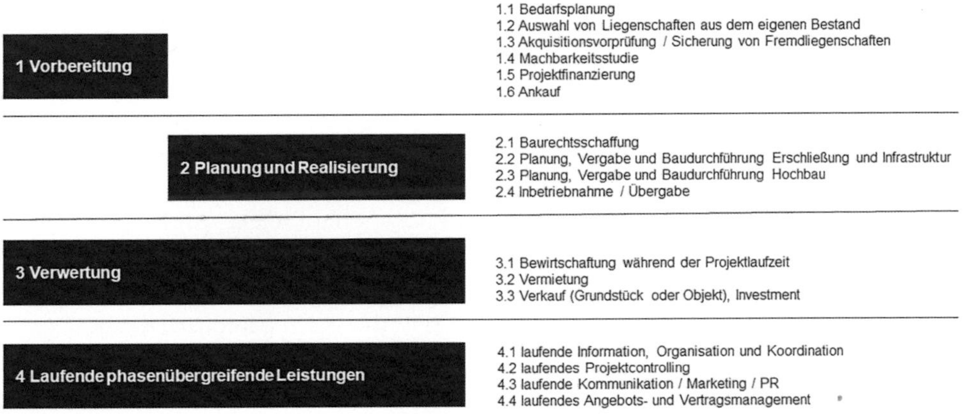

Abb. 5.1 Leistungskatalog Projektentwicklung

bzw. Sicherung von Fremdliegenschaften, die Erstellung von Machbarkeitsstudien, die Definition einer möglichen Projektfinanzierung sowie ein möglicher Ankauf eines Grundstücks, Portfolios oder Objektes.

Hieran schließt sich die **PE-Phase 2 Planung und Realisierung** mit der Baurechtschaffung, der Planung, Vergabe und Baudurchführung von Erschließungs- und Infrastrukturprojekten bzw. Hochbauprojekten sowie der Inbetriebnahme und ggf. Übergabe des erstellten Projektes an.

Daneben sind die PE-Phasen 3 und 4 nicht im direkten zeitlichen Zusammenhang mit der physischen Realisierung und mehrheitlich als Daueraufgaben, ggf. mit Unterbrechungen, zu erbringen:

Die Aufgaben, die im Rahmen der **Verwertung (PE-Phase 3)** des Projektes durchgeführt werden, schließen die Bewirtschaftung der Liegenschaft während der Projektlaufzeit, eine mögliche bzw. vorhandene Vermietung sowie ggf. den Verkauf eines Grundstücks oder Objektes ein. Sie können sich in der zeitlichen Erbringung auf den gesamten Betrachtungszeitraum erstrecken, da Verwertungsprozesse häufig lange Anbahnungsphasen benötigen und in Iterationsschleifen ablaufen. Auch können sie – auch zu fortgeschrittenen Projektzeitpunkten, im ungünstigen Fall auch während der Ausführung – Eingriffe in die Planungs- und Bauprozesse mit Änderungen zur Folge haben.

PE-Phase 4 laufende phasenübergreifende Leistungen enthält Daueraufgaben der laufenden Information, Organisation und Koordination; das kontinuierliche Projektcontrolling; Kommunikation, Marketing und Public Relations; sowie das laufende Angebots- und Vertragsmanagement.

Einzelne Module schließen jeweils mit einem Ergebnis bzw. einem Output ab. Dies stellt den Erfolg einer Leistung dar.

5.1.3 Projektentwicklung im Zusammenspiel mit etablierten Leistungsbildern der Planung und Projektsteuerung

Projektentwicklung und Projektsteuerung arbeiten erfolgreich zusammen und profitieren voneinander. Die gegenseitige Kenntnis der Ziele aller Akteure, deren Ausgangspunkt und Leistungsinhalt sind dabei hilfreich. Projektsteuerungsunternehmen erbringen aktuell zahlreiche (Teil-) Leistungen im Bereich der Projektentwicklung, insbesondere in PE-Phase 1 (Vorbereitung) und/oder 4 (Laufende phasenübergreifende Leistungen). Die PE-Phase 2 (Planung und Realisierung) beinhaltet im Kern die Projektsteuerungsleistungen aus den AHO-Heften 9 und 19, während in PE-Phase (Verwertung) die Unterstützung durch die Projektsteuerung typischerweise in geringerem Umfang stattfindet. Die entsprechenden Planungsleistungen nach HOAI sind in Abb. 5.2 zugeordnet.

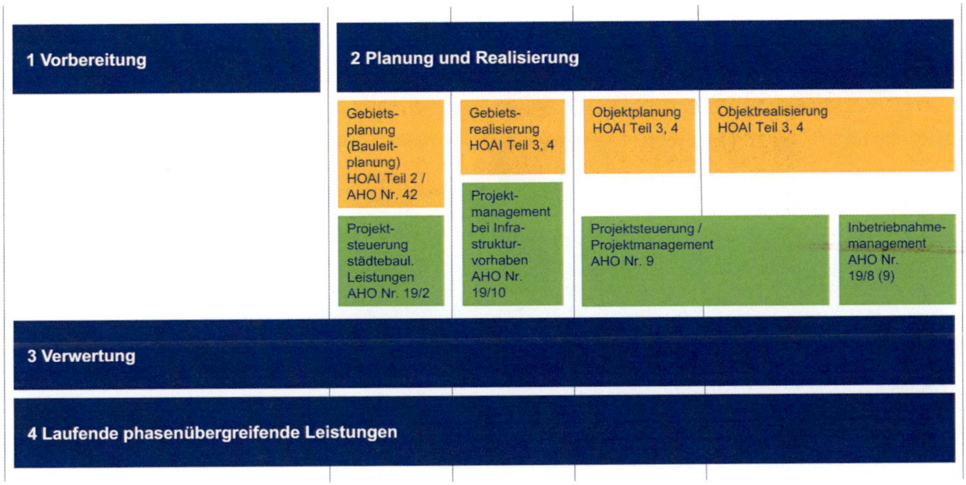

Abb. 5.2 Leistungsbilder im Zusammenspiel

5.2 Typische Anwendungsfälle

Nachfolgend werden typische Anwendungsfälle dargestellt. Dabei können je nach Entwicklungsart alle definierten Aufgabenpakete sowie die dazugehörigen Aufgaben oder eine Auswahl der für die jeweilige Entwicklung relevanten Aufgaben durchgeführt werden.

5.2.1 Hochbau-Projektentwicklung (Variante 1)

Die Hochbau-Projektentwicklung in der Variante 1, siehe Abb. 5.3, beschreibt das Verständnis, das unter anderem im Bereich der öffentlichen Hand gepflegt wird. Es sind dies die Aufgabenpakete und dazugehörige Aufgaben, die bis zur Entscheidung über die Durchführung eines Projektes erforderlich sind. Dies bezieht insbesondere die Aufgaben aus der PE-Phase 1 Vorbereitung ein, sowie die bis zur Entscheidungsfindung und ggf. erforderlichen Ankauf zu erbringenden laufenden phasenübergreifenden Leistungen des PE-Phase 4. Diese Aufgaben können von eigenen Organisationseinheiten eines Investors oder einer Institution erbracht wie z. B. Bestandhalter und öffentliche Hand, oder an externe Dienstleister vergeben werden.

5.2.2 Hochbau-Projektentwicklung (Variante 2)

Auch in dieser Variante (siehe Abb. 5.4) werden die relevanten Aufgaben der vier Aufgabenpakete durchgeführt, basierend auf vorhandenem Baurecht. Das Ergebnis einer derartigen Hochbau-Projektentwicklung ist ein zu übergebendes Objekt. Dabei kann es sich um bestehende oder neu errichtete Immobilien handeln.

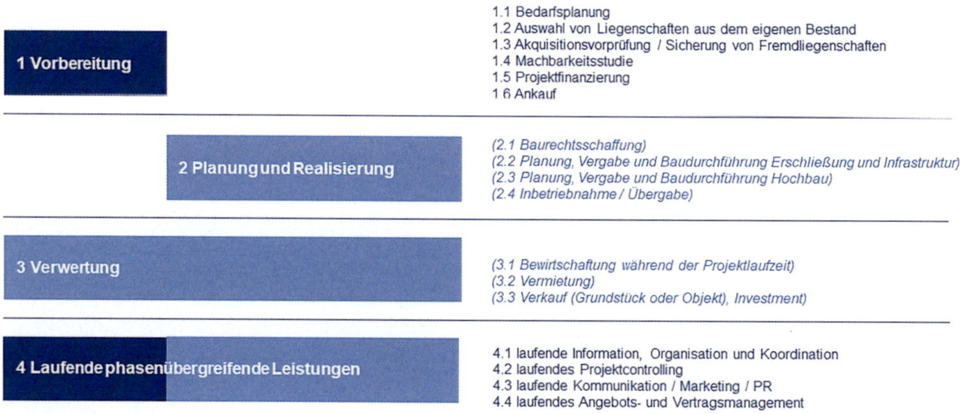

Abb. 5.3 Hochbau-Projektentwicklung Variante 1

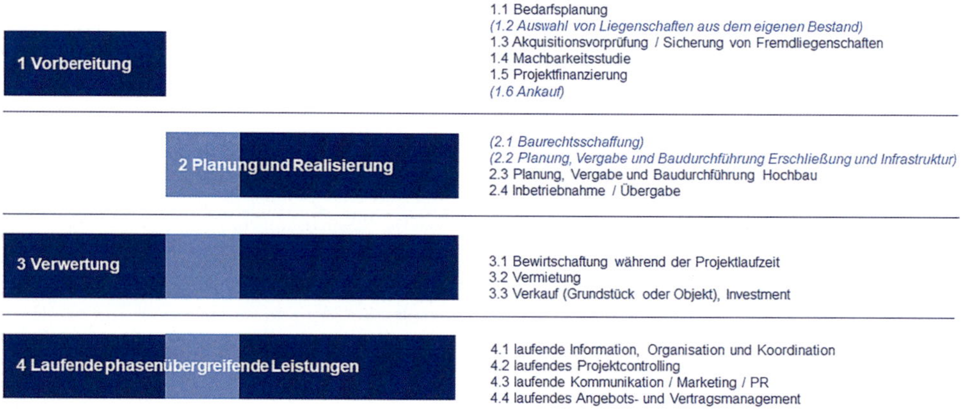

Abb. 5.4 Hochbau-Projektentwicklung Variante 2

5.2.3 Landentwicklung

Eine Landentwicklungsmaßnahme erfordert die Durchführung definierter Aufgaben, die für die Landentwicklung relevant sind. Insbesondere im Bereich der PE-Phase 2 werden Teile der Aufgaben vollzogen. Als Ergebnis entsteht zum einen ein Baurecht nach Erfüllung der Aufgabe 2.1 Baurechtschaffung oder ein erschlossenes Grundstück gemäß Aufgabe 2.2 Planung, Vergabe und Baudurchführung der Erschließung (technische Infrastruktur), wie in Abb. 5.5 dargestellt.

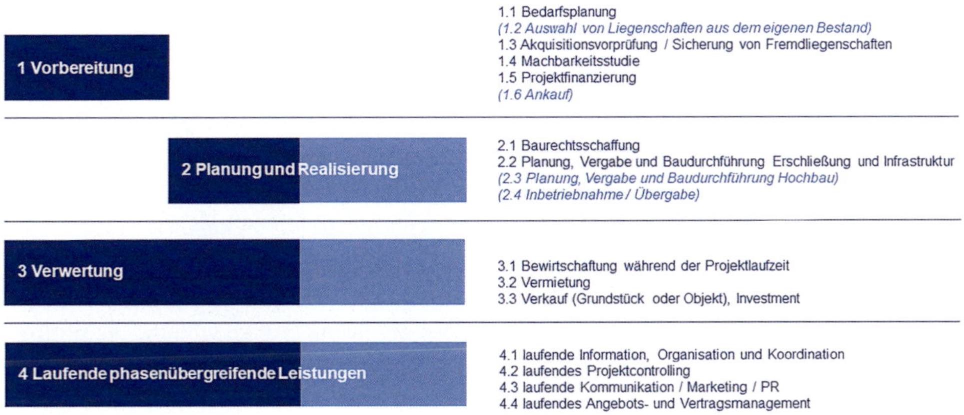

Abb. 5.5 Landentwicklung

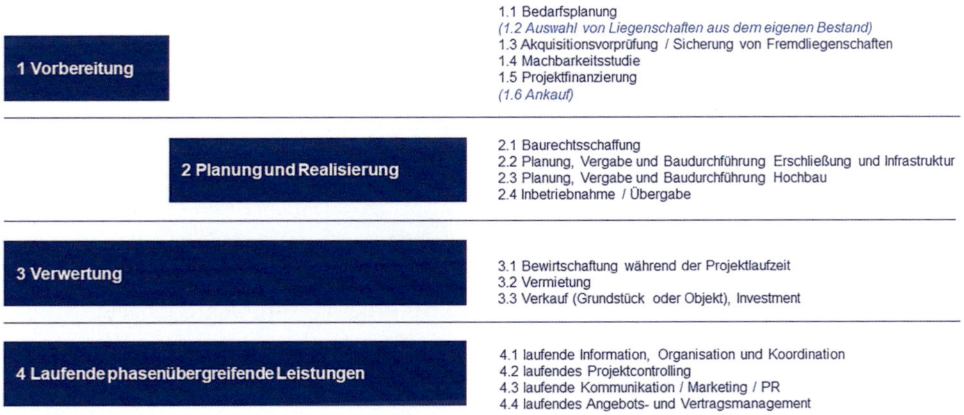

Abb. 5.6 Quartiersentwicklung

5.2.4 Quartiersentwicklung

Als Ergebnis einer Quartiersentwicklung (Abb. 5.6) entstehen ebenfalls zu übergebende Objekte, die aus Bestandsliegenschaften bzw. Neubauten bestehen. In der Regel werden öffentliche Räume (Straßen, Wege, Plätze und Grünanlagen) nach der Inbetriebnahme an die Kommune übergeben, realisierte Gebäude einzeln oder in Paketen an verschiedene Endinvestoren. In manchen Fällen kommt es vor, dass ein Gebiet komplett aus einer Hand inkl. Erschließung geplant und gebaut wird sowie an einen Endinvestor veräußert wird.

5.3 Leistungskatalog mit Beschreibung der Teilleistungen

Der nun folgende Leistungskatalog stellt, basierend auf der Analyse und Auswertung von realen Leistungsvereinbarungen und Verträgen, ein möglichst vollständiges Kompendium der Leistungen im Rahmen von Projektentwicklungen dar. Diese fallen je nach Projekttyp vollständig oder in Teilen an und sind daher projektspezifisch auszuwählen. Zusätzlich ist es im Rahmen häufig arbeitsteiliger Prozesse notwendig, Zuständigkeiten einvernehmlich zu klären und die Gesamtverantwortung, die Durchführungsverantwortung, sowie darüber hinaus auch Mitwirkungs- und Unterstützungspflichten und Informationsbedarfe festzulegen. Dies umso mehr, weil einige der Teilleistungen weniger baufachliche denn juristische, kaufmännische oder ausgeprägte Marketingkompetenz benötigen und damit andere Berufsgruppen ansprechen.

Der Leistungskatalog bietet die Möglichkeit, Zuständigkeiten festzulegen und Schnittstellen zu klären. Dies geschieht nach einer im Projektmanagement eingeführten Zuständigkeitsmatrix (Tab. 5.1):

5.3.1 PE-Phase 1: Vorbereitung

Von der Identifikation eines Bedarfs über deren Analyse und Konkretisierung in Form der Bedarfsplanung gehen alle weiteren Schritte aus. Der Bedarfsplan nimmt die Funktion des Lastenhefts im Projektmanagement ein. Je nachdem, ob aufgrund des Bedarfs dann Grundstücke, Gebäude oder deren Ausstattungen auf dem Markt gesucht werden sollen, schließen sich spezifische Aufbereitungen von Anforderungsprofilen (Gebäude, Grundstück, Ausstattung) an.

Die Bedarfsplanung schließt mit der Entscheidung über den Bedarf.

Für Entwickler, die aus einem eigenen Bestand heraus Projekte starten wollen, ist der nächste Schritt eine detaillierte Auseinandersetzung mit dem Portfolio-, Asset- und Bestandsmanagement im Hinblick auf den festgestellten Bedarf (siehe Abb. 5.7, Tab. 5.2).

Tab. 5.1 Legende Zuständigkeitsmatrix

Kürzel	Bedeutung	Erläuterung
V	Verantwortung	Englisch „accountable“ im Sinne einer Gesamtverantwortung
D	Durchführung	Durchführungsverantwortung für die jeweilige Aufgabe
M	Mitwirkung	Unterstützungs- bzw. Mitwirkungspflichten
I	Information	Informationspflichten

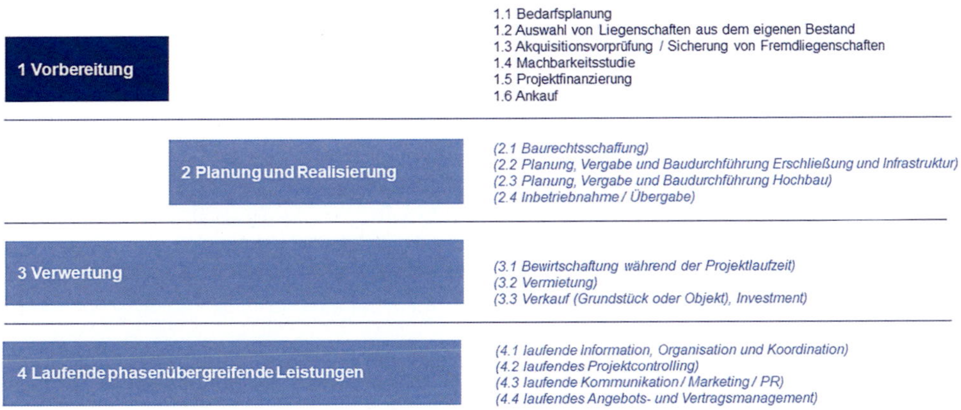

Abb. 5.7 PE-Phase 1 Vorbereitung

Tab. 5.2 PE-Phase 1.1 Bedarfsplanung

1.1	Bedarfsplanung	V	D	M	I
1.1.1	Erstellen einer Bedarfsanalyse				
	Die Analyse des Bedarfs ist eine wesentliche Basis für eine Projektentwicklung. Dies gilt zunächst für den Fall bekannter Nutzer und schließt ggf. vorhandene Objekte und Liegenschaften ein. Alle relevanten Daten zur vorgefundenen Situation (z. B. Budget, Raumbedarf, Standort, Ausstattung, zeitliche Rahmenbedingungen, bautechnische Ansprüche, technische Anlagen, Ausbaustandards) werden dabei berücksichtigt. Bei Projektentwicklungen mit (ggf. sogar bewusst) noch nicht feststehendem Nutzer erfolgt dieser Schritt auf Basis allgemeiner Daten, beispielsweise aus qualitativen Teilen von Marktanalysen. Bei Land- und Quartiersentwicklungen können dies übergeordnete Parameter wie z. B. Bevölkerungswachstum oder Kenngrößen zu Geschossflächen sein.				
1.1.2	Erstellen eines Bedarfsprogramms oder -plans/ Anforderungskatalogs				
	Für die Bedarfsplanung ist die DIN 18205 eine gute Grundlage. Sie gliedert die Bedarfsplanung in vier Teilschritte: 1. Projektkontext klären, 2. Projektziele festlegen, 3. Informationen erfassen und auswerten, 4. Bedarfsplan erstellen. Ziel der Bedarfsplanung ist es vor allem, die Bedürfnisse, Vorgaben und Interessen der künftigen Nutzer strukturiert zusammenzuführen und im späteren Projektverlauf als Arbeitsgrundlage für die weitere Bearbeitung zu dienen. Er enthält sowohl qualitative Anforderungen (Funktionsprogramm) als auch quantitative Anforderungen (Flächen- und Raumprogramm). Bei opportunistischen Projekten mit noch nicht bekanntem Nutzer empfiehlt es sich, ein fiktives Modell zu entwickeln.				
1.1.3	Erstellen eines Anforderungsprofils Grundstück				
	Das Anforderungsprofil für ein Grundstück ist eines der Ergebnisse der Bedarfsplanung und dient als Grundlage für die Grundstückssuche.				
1.1.4	Erstellen eines Anforderungsprofils Gebäude				

(Fortsetzung)

Tab. 5.2 (Fortsetzung)

1.1	Bedarfsplanung	V	D	M	I
	Das Anforderungsprofil für ein Gebäude ist eines der Ergebnisse der Bedarfsplanung und dient als Grundlage für die Suche nach einem geeigneten Gebäude bzw. dessen Planung.				
1.1.5	Erstellen eines Anforderungsprofils Ausstattung				
	Das Anforderungsprofil für die Ausstattung ist eines der Ergebnisse der Bedarfsplanung und dient als Grundlage für die Suche nach geeigneten Räumlichkeiten, z. B. im Bereich Einzelhandel.				
Output	**Entscheidung überBedarf**				

Tab. 5.3 PE-Phase 1.2 Auswahl von Liegenschaften

1.2	Auswahl von Liegenschaften aus dem eigenen Bestand	V	D	M	I
1.2.1	Identifikation und Auswahl geeigneter Grundstücke				
	Möglicherweise können aus einem vorhandenen eigenen Portfolio oder Bestand Grundstücke oder Objekte eruiert werden, die zur Befriedigung des Bedarfs und die für eine Entwicklung herangezogen werden können.				
1.2.2	Aufbereitung der Bestandsunterlagen				
	Dafür müssen vorhandene Unterlagen untersucht und auf den aktuellen Stand gebracht bzw. vervollständigt werden, um so verlässliche und korrekte Grundlagen für die weitere Projektentwicklung zu haben.				
Output	**Ausgewählte Grundstücke**				

Bei Entwicklern, die aus einem eigenen Bestand heraus Projekte initiieren möchten, erfolgt eine detaillierte Auseinandersetzung mit dem Portfolio-, Asset- und Bestandsmanagement im Hinblick auf den festgestellten Bedarf (Tab. 5.3).

Anders verhält es sich, wenn kein eigener Bestand vorliegt und die Suche nach Fremdliegenschaften erforderlich ist. Die Akquisition von geeigneten Grundstücken oder Objekten ist daher einer der Schlüssel des Geschäftsbetriebes der Projektentwicklung. Der laufende „Research“ zu Flächenangeboten, Mietinteressenten und Investoren sind wichtige Tätigkeiten eines erfolgreichen Developers. Diese werden entweder direkt durch die Geschäftsführung oder in eigenen Transaktionsabteilungen betrieben. Für private Projektentwickler ist das „Ohr am Markt“ und eine entsprechende Netzwerkpflege erfolgskritisch. Z. B. haben Regeltermine mit wichtigen Grundstücks- und Vermietungsmaklern in dem Zusammenhang eine bedeutende Rolle (Tab. 5.4).

Unabhängig davon, ob eigene oder (noch) fremde Liegenschaften im Fokus stehen, dient eine Machbarkeitsstudie auf der identifizierten Liegenschaft dazu, für die Umsetzung des Bedarfs belastbare Grundlagen zu erhalten. Hauptziel ist daher das Entwickeln von Lösungen unter Beachtung von Potenzialen und Restriktionen. Der Aufgabenbereich ist bewusst weit gefasst und projektspezifisch zu detaillieren (Tab. 5.5).

Tab. 5.4 PE-Phase 1.3 Akquisitionsprüfung und Sicherung von Fremdliegenschaften

1.3	Akquisitionsprüfung und Sicherung von Fremdliegenschaften	V	D	M	I
1.3.1	Erstellen eines spezifischen Ankaufsprofils				
	Hierbei geht es um die Darstellung der spezifischen Anforderungen an potenzielle Immobilien durch Attribute wie Lage, Größe und Art, Objektzustand, Vermietungsstand, Asset-Klasse, Erwerbsoptionen, Entwicklungspotenzial, ESG-Kriterien, Kontaktdaten und weiteres. Diese Profile können über persönliche Kontakte, Makler, Immobilienportale und soziale Netzwerke interessierten Kreisen und potenziellen Anbietern zugänglich gemacht werden.				
1.3.2	Einleitung und Beauftragung Wertermittlungsverfahren				
	Nach Auswahl potenziell geeigneter Grundstücke erfolgt die Bewertung nach den Grundsätzen der Verordnung über die Grundsätze für die Ermittlung der Verkehrswerte von Immobilien und der für die Wertermittlung erforderlichen Daten (ImmoWertV) oder nach international anzuwendenden Standards zur Ermittlung des Verkehrswerts einer Immobilie. In der Regel erfolgt dies durch Beauftragung lokaler Sachverständiger. Insbesondere bei Transaktionen von Eigentum im öffentlichen Umfeld sind für diese erforderliche Zustimmungen der Gremien einzuholen.				
1.3.3	Identifizierung von geeigneten Grundstücken und Klären der Eigentumsverhältnisse				
	Sollte eine Projektidee, d. h. aus einer konkreten oder potenziellen Nutzungsidee, vorhanden sein, können aus strukturierten Ausbietungsverfahren angebotene oder anderweitig eruierte Grundstücke oder Objekte als geeignet identifiziert werden und, sofern nicht im Eigenbestand liegend, die Eigentumsverhältnisse geklärt werden.				
1.3.4	Prüfung der Erwerbsmöglichkeiten des Grundstücks und Klärung der Mitwirkungsbereitschaft der Eigentümer				
	Bevor weitere Untersuchungen zu dem Standort angestellt werden, ist die Erwerbsmöglichkeit zu prüfen. Sofern kein konkretes Ankaufsangebot wie ein Exposé mit den Verkaufsbedingungen oder dergleichen bekannt ist, ist die Frage nach der grundsätzlichen Verkaufsabsicht und den dazugehörigen Bedingungen wie Preis, Zustand und der zeitlichen Verfügbarkeit zu klären.				
1.3.5	Sichtung und Auswertung von Angeboten und Erstinformationen				
	Das Akquisitionsteam prüft und sichtet laufend Angebote zu Grundstücken oder Objekten und gleicht diese mit Projektideen oder bekannten Investoreninteressenten ab.				
1.3.6	Ersteinschätzung (Standort, Markt, Nachhaltigkeit, Risiko, Anforderungen)				
	Aus der Sichtung und Prüfung der vorliegenden Angebote zu verfügbaren Objekten, den vorhandenen oder prognostizierten Nutzungsmöglichkeiten, der Berücksichtigung der allgemeinen Marktsituation und den offenkundigen Risiken kann eine erste Einschätzung zur Sinnhaftigkeit des Erwerbs erstellt werden. Auch der Umfang und die Art und Weise einer möglichen Projektfinanzierung ist zu betrachten.				
1.3.7	Erstellen eines indikativen Angebotes				

(Fortsetzung)

Tab. 5.4 (Fortsetzung)

1.3	Akquisitionsprüfung und Sicherung von Fremdliegenschaften	V	D	M	I
	In der Regel werden Angebote nach interner Abstimmung bzw. Freigabe mit oder durch die Shareholder, auch wenn sie nur indikativ sind, an den Grundstücksbesitzer oder dessen Vertreter abgegeben. Beim indikativen Angebot ist es üblich, die Bedingungen, unter denen es gilt, sofern sie nicht vom Verkäufer vorgegeben werden, klar zu formulieren.				
1.3.8	Due Diligence (DD)				
	Die Aufgabe der Due Diligence ist die systematische Zusammenführung aller juristischen, technische und wirtschaftlichen Risiken beim Ankauf eines Objektes. In eine DD kann eine Machbarkeitsstudie nach 1.4 integriert werden, in dem Fall gibt es zahlreiche Doppelungen. Auf den Katalog der zu berücksichtigenden Unterlagen nach 1.4.1 wird verwiesen.				
1.3.9	Städtebauliche Analyse				
	Dieses Leistungspaket ist vor allem für die Land- und Quartierentwicklung wichtig und angebracht, kann aber auch bei Hochbauentwicklungen hilfreich sein. Hier sind die städtebaulichen Rahmenbedingungen, wie sie sich aus dem Umfeld ergeben, zu analysieren und eventuelle Entwicklungshemmnisse oder Herausforderungen wie starke Immissionen in Standortnähe, immissionsempfindliche Nachbarschaft, aber auch Potenziale (z. B. [potenzieller] Zugang zu attraktiven Freiräumen, gute Verkehrserschließung) aufzuzeigen. Über gängige Kennzahlen wie das Verhältnis von Brutto- zu Nettobauland oder dem Flächenbedarf je Einwohner oder Beschäftigte können erste Daten für die anschließende Ankaufskalkulation im Falle einer angedachten Land- und Quartiersentwicklung zusammengestellt werden.				
1.3.10	Durchführung einer Ankaufs-Kalkulation				
	Die Ankaufs-Kalkulation ist die wichtigste Basis für die Ankaufsentscheidung bzw. die dafür notwendigen Parameter, da in ihr alle aus den DD und den durchgeführten Analysen eruierten Parameter zusammengeführt werden. Sie hat neben den so ermittelten Ansätzen bereits alle bekannten oder möglichen Chancen und Risiken durch Auf- oder Abschläge zu berücksichtigen.				
1.3.11	Erstellen einer Entscheidungsvorlage nach Abschluss der Prüfung				
	Kann, sofern die notwendigen Renditen oder zu erzielenden Gewinnmargen in der Kalkulation erreicht werden, eine positive Einschätzung gegeben werden, ist eine entsprechende Entscheidungsvorlage zum Ankauf des Objekts oder Grundstücks zu erstellen.				
1.3.12	Abschluss von Verträgen zur Grundstückssicherung				

(Fortsetzung)

Tab. 5.4 (Fortsetzung)

1.3	Akquisitionsprüfung und Sicherung von Fremdliegenschaften	V	D	M	I
	Um die bei einer Durchführung des Projektes bis zur notariellen Beurkundung des Grundstücks in den nächsten Schritten entstehenden Kosten abzusichern, macht es unter Umständen Sinn, das Grundstück über bindende Verträge zu sichern. Zu beachten ist in Deutschland die notarielle Beurkundungspflicht nach § 311b BGB bei Grundstücksgeschäften. Vorteilhaft ist neben der Absicherung des Risikos, dass die Investitionskosten für den Grundstücksankauf möglichst nahe an den Return on Invest (ROI) verschoben werden können. Typische Arten der Grundstückssicherung mit unterschiedlichen Vor- und Nachteilen erfolgt über: - befristeter Optionsvertrag mit Ankaufsrecht und Auflassungsvormerkung - Kaufvertrag mit befristetem Rücktrittsvorbehalt - Kaufvertrag mit aufschiebender oder auflösender Bedingung - einseitiges befristetes Kaufangebot / Verkaufsangebot - Eintragung eines dinglichen Vorkaufsrechts im Grundbuch Sollten die Risken oder die weiteren Untersuchungen als für den Ankauf abgesichert bzw. nicht relevant betrachtet werden, kann der Grundstückskauf inklusive den daraus resultierenden Baunebenkosten (Notar, Grunderwerbssteuer etc.) vollzogen werden.				
Output	**VertraglicheGrundstückssicherung**				

Tab. 5.5 PE-Phase 1.4 Machbarkeitsstudien

1.4	Machbarkeitsstudien (ggf. in Varianten)	V	D	M	I
1.4.1	Einholen und Zusammenstellen der relevanten Projektunterlagen				
	Soweit noch nicht in der Due Diligence unter 1.3 erfolgt, sind dazu alle erforderlichen Informationen zusammenzutragen und ggf. in geeigneter Form wie Restriktions- und Potenzialanalysen aufzubereiten und auszuwerten. Regelmäßige Unterlagen wären unter anderem: - Eigentum - Vorhandene Nutzungsgenehmigungen, Gestattungen, Miet- und Pachtverträge, Wartungs- und Dienstleistungsverträge, Versicherungen, schuldrechtliche Belastungen - Vorhandene grundbuchliche Belastungen, dingliche Lasten - Vorhandene Verfügungsbeschränkungen wie Insolvenz des Verkäufers, Testamentsvollstreckungen, Nachlassverwaltungen oder ausstehende öffentlich-rechtliche Genehmigungen - Öffentlich-rechtliche Verträge und/oder Bescheide - Bestandsunterlagen aufgehende und unterirdische Bauwerke - Bestandsunterlagen Medien - Vorhandene Kartierungen (Natura 2000-Richtlinie, Fauna-Flora-Habitat-Richtlinie, u. a.) - Auszug aus Biotopkartierungen, Naturdenkmalliste - Auszug aus Bodendenkmalliste, Baudenkmalliste - Auszug aus Altlastenkataster - Vorhandene Gutachten über Boden, Abfälle, Altlasten - Vorhandene Gutachten über Boden, Geologie, Hydrogeologie - Vorhandene Gutachten über Kampfmittel - Planungen Dritter - Vorhandene Widmungen				

(Fortsetzung)

Tab. 5.5 (Fortsetzung)

1.4	Machbarkeitsstudien (ggf. in Varianten)	V	D	M	I
1.4.2	Vorklären bzw. Abfragen der Planungsziele der Kommune				
	Weitere wesentliche Grundlagc ist die Einordnung der bauplanungs- und ordnungsrechtlichen Bestandssituation durch Erhebung der aktuellen Bauleitplanung der Kommune (vorbereitende Bauleitplanung durch Flächennutzungsplanung und verbindliche Bauleitplanung durch Bebauungspläne). Dabei sind auch im Verfahren befindliche Bauleitpläne zu berücksichtigen. Dies bezieht sich auf die gegenständliche Projektfläche, ggf. auch auf angrenzende Areale. Es kann im Bedarfsfall sinnvoll sein, darüber hinaus weitere informelle und formelle Pläne und Programme zu erheben, wie städtebauliche Leitbilder, (integrierte) Stadtentwicklungskonzepte, Verkehrs- bzw. Mobilitätsentwicklungspläne oder übergeordnete Regionalpläne und Landesentwicklungspläne. Aufbauend auf dieser Erhebung sollte ein Gespräch mit der in der Kommune für die Stadtplanung zuständigen Stelle zur Vorklärung der gemeindlichen Planungsziele stattfinden. Ergebnis kann nur eine grundsätzliche, unverbindliche Klärung sein, da eine verbindliche Abklärung aus gesetzlichen Gründen nicht erfolgen kann.				
1.4.3	Vorklären der Anforderungen der zuständigen Behörden				
	Diese Aufgabe ist analog zu Ziffer 1.4.2 zu verstehen, wenn projektspezifisch weitere Behörden einzubinden sind.				
1.4.4	Überprüfen der Voraussetzungen zum Erhalt von Fördermitteln				
	In dieser frühen Phase lohnt es sich die Förderkulisse nach grundsätzlichen Fördermöglichkeiten abzufragen. Zum einen lassen sich so potenzielle Kapitalzuschüsse für den Nachweis der Wirtschaftlichkeit berücksichtigen, zum anderen können bei essenziellen Förderungen definierte Voraussetzungen frühzeitig in die Projektentwicklung eingebaut und berücksichtigt werden. Im Ergebnis entsteht hier ein Überblick, der bei positiven Möglichkeiten in der Wirtschaftlichkeitsberechnung Eingang findet. Fördermittel sind in einiger Hinsicht volatil. Sie können - aufgrund der jeweiligen Förderbestimmungen zeitlich begrenzt sein, was angesichts einer möglichen unsicheren Projektlaufzeit zu Problem führen kann - aufgrund politischer Entscheidungen kurzfristig/ohne große Vorlaufzeit abgesetzt werden und/oder - bei unerwartet hoher Nachfrage schnell erschöpft sein. Es ist daher ratsam, eine Mindestwirtschaftlichkeit des Projekts ohne Fördermittel anzustreben oder mit Zwischenfinanzierungen zu überbrücken.				
1.4.5	Erstellen eines Nachhaltigkeitskonzeptes				
	Die erforderlichen Vorklärungen bezüglich vorgegebener oder gewählter Nachhaltigkeitsanforderungen (ggf. inklusive Zertifizierung) münden in ein Nachhaltigkeitskonzept, das erste konzeptionelle Schwerpunkte (z. B. Art der Energieversorgung bzw. -gewinnung, Ver- bzw. Entsiegelung von Flächen, CO_2-Grenzwerte und daraus resultierende Bauweisen, Konzeptentscheidungen zur sozialen Nachhaltigkeit) zusammenführt.				

(Fortsetzung)

Tab. 5.5 (Fortsetzung)

1.4	Machbarkeitsstudien (ggf. in Varianten)	V	D	M	I
1.4.6	Erstellen der technischen Machbarkeitsstudie				
	Der Fokus und der Umfang der technischen Machbarkeitsstudie(n) können je nach Projektidee sehr unterschiedlich sein. In der Regel gilt es, die Ergebnisse der Bedarfsermittlung nach 1.1 auf die Projektfläche oder das Objekt durch Testentwürfe zu übertragen, die Machbarkeit zu verifizieren und/oder Rückschlüsse für die Anpassung der Bedarfsermittlung zu ziehen sowie Erkenntnisse für die weitere Projektentwicklung abzuleiten.				
1.4.7	Erstellen einer Standortanalyse				
	In diesem standardisierten Verfahren werden die Standortfaktoren Verkehrsanbindung, Arbeitsmarkt, Flächenangebot, Lage zu Bezugs- und Absatzmärkten, Energie- und Umweltkosten sowie lokale Steuern und Abgaben aufgelistet, gewichtet und mithilfe einer Nutzwertanalyse bewertet. In der Regel erfolgt diese Leistung im Zusammenhang mit der Marktanalyse durch geeignete Dienstleister (s. 1.4.9).				
1.4.8	Erstellen einer Umfeldanalyse mit Ableitung eines Stakeholdermanagements				
	Aufgabe ist es, möglichst früh das Umfeld der Projektentwicklung in seinen sachlichen und sozialen Umfeldfaktoren zu analysieren und diese in interne und externe zu kategorisieren. Die sozialen Umfeldfaktoren sind die Stakeholder, also Personen oder Personengruppen, die das Projekt in irgendeiner Weise beeinflussen können. Die detektierten Stakeholder sind im Hinblick auf deren Einfluss und Macht sowie potenziellen Widerstand zu bewerten und daraus Strategien zur Bewältigung abzuleiten.				
1.4.9	Erstellen einer Marktanalyse				
	Die Marktanalyse zielt auf die Positionierung des eigenen Produkts gegenüber dem Markt und den (potenziellen) Kunden. Ergebnis ist die Definition des Zielmarktes bzw. der Zielgruppen und die Bestimmung der Marktgröße und -entwicklung über eine Kunden- und Potenzialanalyse. In der Regel erfolgt diese Leistung im Zusammenhang mit der Wettbewerbsanalyse (s.1.4.10) und der Standortanalyse (s.1.4.7) durch einen geeigneten Dienstleister.				
1.4.10	Erstellen einer Wettbewerbsanalyse				
	Die Wettbewerbsanalyse zielt auf die Positionierung des Produktes gegenüber Konkurrenzprodukten. Ergebnis ist die Analyse der Konkurrenzsituation und Ableitungen für das eigene Produkt daraus. In der Regel erfolgt diese Leistung im Zusammenhang mit der Marktanalyse (s.1.4.10) und der Standortanalyse (s.1.4.7) durch einen geeigneten Dienstleister.				
1.4.11	Erstellen einer wirtschaftlichen Machbarkeitsstudie				
	Die wirtschaftliche Machbarkeitsstudie ermittelt Kosten und Erträge unter Berücksichtigung der Ergebnisse der vorausgegangenen Studien und Analysen und prüft die Finanzierbarkeit, den ausreichenden Geldmittelfluss (Cashflow) und die Rentabilität des Projektes in Form von Renditekennzahlen.				
1.4.12	Erstellen einer Risikoanalyse				

(Fortsetzung)

Tab. 5.5 (Fortsetzung)

1.4	Machbarkeitsstudien (ggf. in Varianten)	V	D	M	I
	Aufgabe ist es, die Ergebnisse der Machbarkeitsstudien und Analysen und ggf. sonstige Erkenntnisse zu bewerten und in eine Risikobewertung zu überführen, welche systematisch die Auswirkungen auf Ziele und mögliche Gegenmaßnahmen darstellt. Ggf. unterstützt durch geeignete Analysen und Tools können für die verschiedenen Risiken und deren Eintrittswahrscheinlichkeiten gesamthaft worst-/best-/real-case Szenarien entwickelt werden und Grundlage z. B. für die Wirtschaftlichkeitsrechnungen sein.				
1.4.13	Erstellen eines Zeitkonzeptes				
	Die zeitlichen Ziele, die erforderlichen Vorgänge und deren zeitlichen Zusammenhänge sind in einem Zeit- oder Terminkonzept zu skizzieren. Dies kann dieser PE-Phase der Projektentwicklung geschuldet, relativ grob erfolgen. Wichtig ist, zum einen die erforderlichen Vorgänge aus den Ergebnissen der Machbarkeit abzuleiten und vollständig zu erfassen, zum anderen realistische Terminziele zu generieren.				
Output	**Feststellen der Machbarkeit**				

Die Finanzierung von Bauprojekten erfordert sorgfältige Vorbereitung und Planung und stellt einen der wesentlichen Einflussfaktor auf die Rentabilität und somit den Projekterfolg dar.

Die zu finanzierenden Projektkosten teilen sich vereinfacht auf in die Bau- und Grundstückskosten sowie den Kosten für Zwischenfinanzierung, Projektgewinn und sonstigen Nebenkosten. Dabei sind mögliche Erträge sowie Betriebskosten während der Projektlaufzeit zu beachten.

Diese Kosten werden bei gewerblichen Projekten in der Regel durch Eigenkapital, nachrangige (Zwischen-) Darlehen wie etwa Mezzanine-Darlehen sowie grundpfandrechtlich abgesicherte Darlehen finanziert. Ziel ist dabei, die teuren, weil risikoreicheren Eigenkapital- und Zwischenfinanzierungskosten möglichst schnell durch günstigere Langzeitfinanzierungen abzulösen. Andere Finanzierungsformen bzw. Ergänzungen der Finanzierungen durch Förderdarlehen etwa durch die KfW spielen eine immer wichtigere Rolle.

Als Gesprächsgrundlage für potenzielle Fremdkapitalgeber braucht es zudem eine aussagekräftige Darstellung des Projekts.

Ziel dieser Leistungsphase ist das Sicherstellen der Projektfinanzierung durch Abschluss entsprechender Verträge (Tab. 5.6).

Letzter Baustein der PE-Phase 1 Vorbereitung ist der Erwerb eines Grundstücks oder Objekts, basierend auf einem Beschluss, das Projekt weiterzuführen (Tab. 5.7).

Tab. 5.6 PE-Phase 1.5 Projektfinanzierung

1.5	Projektfinanzierung	V	D	M	I
1.5.1	Klärung Budgetrahmen				
	Nachdem die wesentlichsten Kosten- und Ertragsparameter so weit wie möglich zuverlässig z. B. aus den gemachten Analysen zu Machbarkeit, Standort, Markt, Wettbewerb, Risiko und Terminen ermittelt oder prognostiziert wurden, muss der dazugehörige Budgetrahmen definiert werden.				
1.5.2	Durchführung Wirtschaftlichkeitsanalyse (Rentabilitäts- und Ertragsanalyse)				
	Es gibt eine Reihe von Methoden zur Beurteilung der Wirtschaftlichkeit von Investitionen, auf die hier nicht näher eingegangen wird. Die wichtigsten sind die sogenannte Developer-Rechnung, das daraus abgeleitete Residualwertverfahren zur Ermittlung leistbarer Grundstückspreise und das Discounted Cashflow-Verfahren. Sie sind die wirtschaftliche Grundlage für alle weiteren Abstimmungen und Entscheidungen, insbesondere mit potenziellen Investoren und finanzierenden Gremien.				
1.5.3	Erarbeiten von Präsentationsunterlagen und Vorstellen des Projektes vor potenziellen Fremdkapitalgebern				
	Die Präsentationsunterlagen sind entsprechend der Bedürfnisse des angesprochenen Kapitalgebers zusammenzustellen.				
1.5.4	Suche nach geeigneten Kapitalgebern				
	Die Suche, das Ausfindigmachen sowie das Strukturieren zielgerichteter Finanzierungskonstellationen mit möglichen Kapitalgebern, evtl. bei unterschiedlichen Finanzierungsphasen (Grundstückskauf, Realisierungsphase), gehört zu den maßgeblichen Leistungen in der Projektentwicklung.				
1.5.5	Formulierung und Stellung eines Finanzierungsantrages				
	Aus den Ergebnissen der Suche nach Finanzierung müssen die mitunter komplexen Unterlagen für ein Finanzierungsantrag oder dem abzuschließenden Vertrag zusammengestellt werden.				
1.5.6	Beratung bei der Finanzierungs- und Tilgungsstruktur				
	Auf Grundlage des erforderlichen Finanzierungsbedarfs und einem Exposé werden Finanzierungsangebote bei geeigneter Kapitalgebern nach 1.5.4 eingeholt und diese unter Abgleich und Adjustierung der Liquiditätsplanung ausgewertet.				
1.5.7	Verhandlung bzgl. der Finanzierung und Zusicherungsinstrumente				
	Finalisierung der Suche nach Kapitalgebern, der Verhandlung bis zum Abschluss der Finanzierung				
1.5.8	Einwerben von Fördermitteln mit Überprüfen der Voraussetzungen				
	Vor allem im Wohnungsbau und/oder dem Energieeffizienten Bauen stehen in diversen Programmen des Bundes, der Länder und teilweise der Kommunenrelevante Fördergelder zur Verfügung, die entscheidenden Einfluss auf die Rentabilität einer Projektkalkulation haben können. Ob und wie diese als Erträge berücksichtigt werden, ist Sache des Projektentwicklers. Manche Unternehmen kalkulieren ihrer Projekte so, dass sie ohne Fördermittel rentabel sind und verbuchen eine gewährte Fördersumme als zusätzliche Einnahme.				

(Fortsetzung)

Tab. 5.6 (Fortsetzung)

1.5	Projektfinanzierung	V	D	M	I
1.5.9	Klärung der steuerlichen Randbedingungen				
	Auf der Grundlage der Rahmenbedingungen des Projektes und der Rechtsform des Projektträgers sind die steuerlichen Rahmenbedingungen, ggf. unter Einbindung externe Fachleute, zu klären und im Weiteren zu berücksichtigen.				
1.5.10	Ermitteln nicht ursächlicher und angemessener Projektanteile				
	Das trifft für alle Projekt zu, für die im Wege eines Bebauungsplans Baurecht geschaffen werden muss und die Kommune somit nach § 11 BauGB das Recht hat, dem Planungsbegünstigten, also dem Projektentwickler Folgekosten und Folgelasten des Projekts zu Gunsten der Allgemeinheit zu übertragen, z. B. Kosten der sozialen und technischen Infrastruktur. Der Projektentwickler ist dabei allerdings davor geschützt, nicht ursächliche und angemessene Lasten zu tragen. Mit anderen Worten: Im steht ein angemessener Gewinn zu. Nach gängiger Praxis wird zur Ermittlung der Angemessenheit der entwicklungsunbeeinflusste Landpreis dem Landpreis nach Entwicklung gegenübergestellt. Von der Differenz werden alle Folgekosten und -lasten abgezogene. Vom verbleibenden Wert sollen dem Entwickler mindestens ein Drittel als Gewinn bleiben. Mittlerweile haben zahlreiche Kommunen das in verbindlichen Regularien formuliert (s. z. B. Baulandbeschluss der Stadt Frankfurt am Main, 2020, S. 10).				
Output	**Sicherung der Finanzierung**				

Tab. 5.7 PE-Phase 1.5 Ankauf

1.6	Ankauf (Grundstück oder Objekt)	V	D	M	I
1.6.1	Aufstellen des Verhandlungsteams				
	Das Verhandlungsteam zum Ankauf von Grundstücken ist je nach Bedarf interdisziplinär aus kaufmännischen, technischen und juristischen Beratern und Entscheidungsträgern bzw. Verhandlungsführern zusammenzustellen.				
1.6.2	Abstimmung und Verhandlung des Kaufvertrages				
	Hier geht es um die Koordination bzw. das Mitwirken bei der Lösung aller aus den vorangegangenen Untersuchungen sich ergebenden Fragestellungen im Hinblick auf den abzuschließenden Kaufvertrag. Konkret sind alle für die Beurkundung notwendigen Vertragsunterlagen und Bezugsdokumente wie Dienstbarkeiten zusammenzustellen.				
Output	**Erwerb Grundstück / Objekt**				

5.3.2 PE-Phase 2: Planung und Realisierung

Die PE-Phase Planung und Realisierung (Abb. 5.8) umfasst zunächst eine entweder dem Bauvorhaben vorgeschaltete Baurechtsschaffung mit oder ohne Erschließung, oder im Rahmen anderer Geschäftsmodelle nur diese (Tab. 5.8).

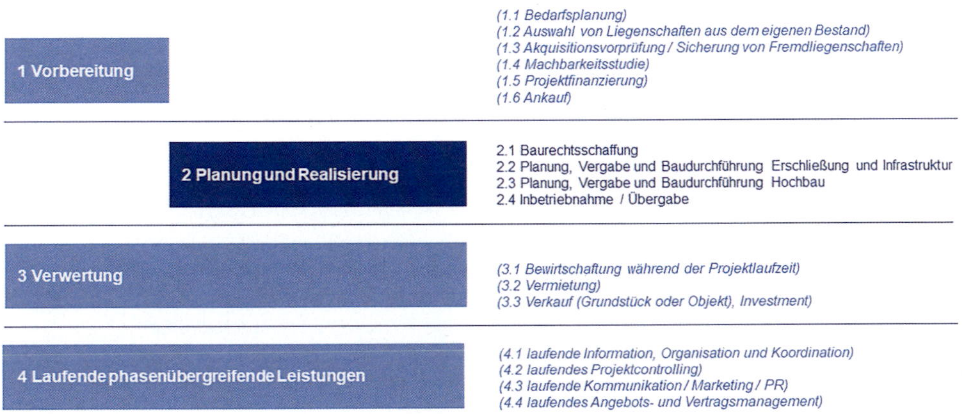

Abb. 5.8 PE-Phase 2 Planung und Realisierung

Tab. 5.8 PE-Phase 2 Baurechtschaffung

2.1	Baurechtschaffung	V	D	M	I
2.1.1	Abstimmung der Planungsziele mit Kommune und Behörden				
	In Vorbereitung der weiteren Schritte und aufbauend auf 1.4.2 und 1.4.3 sind die Planungsziele, soweit feststehend und nicht erst Ergebnis des weiteren Verfahrens, konkret zu erheben und in geeigneter Weise zu dokumentieren.				
2.1.2	Vorbereitung, Durchführung und Auswertung von (informellen und formellen) Verfahren (Wettbewerbe, Gutachterverfahren, Test-Planungen, etc.)				
	Hauptziel dieses Aufgabenbereiches ist die Initiierung und Begleitung eines geeigneten Verfahrens, um grundlegende Eckdaten oder konkretisierte Entwürfe für die weitere Planungs- und Realisierungsschritte zu ermitteln. Dies kann, auf unterschiedlichste Weisen erfolgen und muss projektspezifisch festgelegt werden. Nutzen ist nicht nur die Ableitung städtebaulicher oder architektonischer Eckdaten und Konkretisierung von städtebaulichen Planungsabsichten, etwa durch den Wettbewerbsbeitrag als Vorentwurf eines städtebaulichen Rahmenplans als Grundlage für den Bebauungsplan, sondern auch erste sachliche Kompromiss- und politische Konsensbildung, etwa dadurch, dass Stakeholder in geeigneter Weise in die Verfahren eingebunden werden.				
2.1.3	Erarbeiten und Fortschreiben des städtebaulichen Entwurfs				
	Aufbauend auf den Ergebnissen der informellen Verfahren sind die städtebaulichen Entwürfe als Grundlage für die weiteren Abstimmungen und formellen Verfahren zu erarbeiten und fortzuschreiben. Dafür wird in der Regel auf die Unterstützung eines externen Büros zurückgegriffen, welches mit diesen städtebaulichen und landschaftsplanerischen Leistungen erfahren ist und in Abstimmung mit der jeweiligen Kommune beauftragt werden soll.				
2.1.4	Vertretung und Durchsetzung der Interessen des AG vor Kommune und Behörden				

(Fortsetzung)

Tab. 5.8 (Fortsetzung)

2.1	Baurechtschaffung	V	D	M	I
	Im Laufe der Baurechtschaffung sind die erarbeiteten und fortgeschriebenen städtebaulichen Entwürfe und die daraus abgeleiteten textlichen und zeichnerischen Satzungen neben den formellen Verfahren auch in weiteren informellen Runden zu präsentieren und zu diskutieren, besonders wenn diese im Fokus des öffentlichen Interesses. Je weiter sich die Planungen konkretisieren, umso intensiver können sie diskutiert werden. Ein zielgerichtetes Stakeholdermanagement der Projektentwicklung ist somit essenziell. Die Vertretung der Interessen des Projektentwicklers kann daher in vielen möglichen öffentlichen Gremien oder Arbeitsgruppen Aufgabe sein. Die Termine sind so durchzuführen sowie vor- und nachzubereiten, um die jeweils Beteiligten von dem Projekt zu überzeugen oder bestehende Belange aufzunehmen, möglichst zu objektivieren und im Weiteren abzuwägen. Zur Vorbereitung sind alle erheblichen Grundlagen zusammenzutragen. In der Regel werden spezifische Präsentationsunterlagen erarbeitet, die in ihrer Darstellung und Detaillierung angepasst sind.				
2.1.5	Freimachen der betroffenen Grundstücke von schuldrechtlichen und öffentlichen Lasten und die Freistellung von Widmungen				
	Kernziel ist die Freistellung von allen schuldrechtlichen, dinglichen und öffentlich-rechtlichen Lasten und Widmungen. Dazu zählen: - Schuldrechtliche Verträge z. B. Miet-/Pachtverträge oder Gestattungen - Dingliche Lasten z. B. Dienstbarkeiten, persönlich-beschränkte Dienstbarkeiten, Grundschulden - Öffentliche Widmungen aufgrund von Planungsbehaftungen nach einschlägigen Fachgesetzen wie Allgemeinem Eisenbahnrecht, Bundesfernstraßengesetz usw. z. B. hinreichend konkretisierte Fachplanungen, Planfeststellungen oder Plangenehmigungen, Widmungen Diese sind in geeigneter Weise zu erheben und zu listen und deren Auswirkungen auf das geplante Vorhaben zu prüfen. Dementsprechend sind erforderliche Maßnahmen abzuleiten, zu planen, zu priorisieren und umzusetzen. Manche Rechte können auch übernommen oder räumlich verlegt werden, z. B. in zukünftig (öffentliche) Straßen.				
2.1.6	Grundstücksneuordnung				
	Diese Aufgabe kann je nach Ausgangs- und Zielsituation sehr unterschiedlich ausfallen. Ziel ist die Eigentumsverhältnisse entsprechend des Bauliniengefüges der Baurechtschaffung (neu) zu ordnen. Dazu stehen grundsätzlich folgende Verfahren zur Verfügung: - Freiwillige privatrechtliche Neuordnung nach Vereinbarung der Eigentümer - Privatrechtliche Umlegung auf Antrag der Eigentümer nach den Maßgaben des § 45 BauGB ff - Öffentlich-rechtliche Umlegung nach § 45 BauGB ff auf Anordnung der Gemeinde Wenn die Vorgänge zur Grundstückssicherung als abgeschlossen angenommen werden dürfen, bieten sich Verfahren nach gesetzlicher Umlegung gemäß § 45 BauGB ff ggf. in Kombination mit § 11 BauGB an. Vorteile sind die exakten Vermessungsgrundlagen entsprechend dem Verfahrensstand der Bauleitplanung und die in der Regel günstiger ausfallenden Umlegungsgebühren gegenüber den Nebenkosten bei Grundstücksneuordnung. Nachteilig können die Verfahrensdauern sein, die sich auch noch lange nach Inkrafttreten des Bebauungsplanes hinziehen können und eine zeitnahe Verwertung ggf. hindern.				

(Fortsetzung)

Tab. 5.8 (Fortsetzung)

2.1	Baurechtschaffung	V	D	M	I
2.1.7	Verhandlung von städtebaulichen Verträgen				
	Unter städtebaulichen Verträgen werden Verträge i. S. v. §§ 11 und 12 BauGB verstanden. Die Aufgaben bestehen grundsätzlich in der Führung oder Mitwirkung der Verhandlung und der Organisation der Verhandlungstermine. In der Regel ist zu empfehlen, diese Verhandlungen juristisch begleiten zu lassen. Gegenständlich sind die regelmäßigen Inhalte von städtebaulichen Verträgen, die im § 11 BauGB aufgeführt sind. In der Folge können projektspezifisch zahlreiche Aufgaben entstehen. Nicht zu vergessen ist neben der Vor- und Nachbereitung der Verhandlung auch die Erstellung der Anlagen zu den Verträgen. Ein besonderes Augenmerk verdient die Ermittlung und Überprüfung der Lasten, die ggf. entweder aus spezifisch erarbeiteten Unterlagen abgeleitet werden oder deren generische Ansätze verifiziert werden sollen. Hierbei ist besonderes auf deren Ursächlichkeit und Angemessenheit zu achten (s. 1.5.10).				
2.1.8	Vorbereitung und Abschluss von Dienstbarkeitsvereinbarungen				
	Aus der Projektentwicklung können ggf. diverse schuldrechtliche und dingliche Vereinbarungen erforderlich werden. Die Verhandlungstermine sind zu organisieren, die Termine vor- und nachzubereiten, häufig einschließlich einer juristischen Begleitung.				
2.1.9	Durchführung des Bauleitplanverfahrens				
	Diese Aufgabe umfasst die Gesamtheit der Aufgaben mit dem Ziel Bauplanungsrecht zu schaffen. Somit sind hier die Leistungen zur Koordination der unter Ziffer 2.1 aufgeführten gemeint, soweit diese nicht hoheitliche Aufgaben der Kommune sind.				
2.1.10	Erarbeitung der erforderlichen Gutachten und Objektplanungen				
	Die erforderlichen fachplanerischen Gutachten sowie ergänzende Objektplanungsleistungen sind in Abstimmung mit der Kommune auszuschreiben, zu vergeben, zu koordinieren und zu steuern. Zu beachten ist sicherlich, dass die Erarbeitung des einen oder anderen Gutachtens bisweilen erhebliche Zeit in Anspruch nehmen und nur zu bestimmten Zeiten im Jahr durchgeführt werden können (z. B. Flora- und Fauna-Kartierung). Weil zudem die Ergebnisse dieser Unterlagen benötigt werden, um darauf aufbauend die Planungen zu konkretisieren, sind diese Vorgänge in jedem Fall in geeigneter Gliederungstiefe und logischer Verknüpfung im Terminplan zu führen.				
2.1.11	Erarbeitung Satzung (Planteil und Textteil mit Erläuterungsbericht) und ggf. Grünordnung				
	Aufbauend auf den Ergebnissen (insbesondere von 2.1.2, 2.1.3 und 2.1.10) sind die Entwürfe der zeichnerischen und textlichen Festsetzungen mit Erläuterungsbericht, Begründung und Umweltbericht zu erarbeiten und abzustimmen. Dafür wird in der Regel auf die Unterstützung eines externen Büros zurückgegriffen, welches mit diesen städtebaulichen und landschaftsplanerischen Leistungen in Abstimmung mit der jeweiligen Kommune beauftragt und koordiniert sowie gesteuert werden muss.				

(Fortsetzung)

Tab. 5.8 (Fortsetzung)

2.1	Baurechtschaffung	V	D	M	I
2.1.12	Formelle Beteiligungsverfahren				
	In Abgrenzung zu Ziffer 2.1.2 sind die formellen Beteiligungsverfahren nach BauGB §§ 3.1, 3.2, 4.1 und 4.2 anzustrengen, vorzubereiten und durchzuführen. Diese hoheitlichen Aufgaben liegen per Gesetz im Verantwortungsbereich der Gemeinde. Der Projektentwickler unterstützt in Abstimmung mit der Gemeinde bei der Koordination Verfahren und der Übernahme von Teilaufgaben.				
2.1.13	Listen der Einwände und Abwägungsvorschläge				
	Gemeint sind die Stellungnahmen der Betroffenen und der Träger öffentlicher Belange aus den vorgenannten formellen Verfahren nach Ziffer 2.1.12. Die Verfahren sind in der Regel durch (kategorisierte) Listung der Stellungnahmen auszuwerten und Abwägungsvorschläge zu entwerfen. Diese Leistung wird in der Regel an das Stadtplanungsbüro übertragen, welche auch für den Entwurf des Rechtsplans und Textteil der Satzung sowie die Begründung beauftragt wurde.				
2.1.14	Anpassung übergeordneter Pläne (Flächennutzungsplan o.a.)				
	Die Anpassung übergeordneter Pläne wie die Flächennutzungsplanung als vorbereitende Bauleitplanung erfolgt soweit erforderlich parallel oder im Nachgang zum Verfahren der verbindlichen Bauleitplanung. Oft können Inhalte, Materialien, Begründungen und Abwägungen aus der verbindlichen Bauleitplanung für die Anpassung übergeordneter Pläne genutzt werden. Dies ist mit den betroffenen Stellen abzustimmen und daraus resultierende Aufgaben abzuleiten.				
Output	**Bebauungsplan / Bauplanungsrecht**				

Sind die Erschließung und/ oder Bauwerke der Infrastruktur Bestandteil des Vorhabens, so sind diese zu planen, zu beschaffen und durchzuführen. Die Auftraggeberseite trifft hierbei die Projektsteuerung dieser Leistungen sowie die Koordination der Versorger und Medien (Tab. 5.9).

Planung, Vergabe und Durchführung von Hochbauten setzen eine vorhandene Erschließung und Infrastruktur voraus (Tab. 5.10).

Die Übergabe an Eigentümer und Nutzer einschließlich des Managements der Inbetriebnahme bilden das abschließende Element der PE-Phase 2 (Tab. 5.11).

Tab. 5.9 PE-Phase 2.2 Planung, Vergabe und Durchführung von Erschließung und Infrastruktur

2.2	Planung, Vergabe und Durchführung von Erschließung und Infrastruktur	V	D	M	I
2.2.1	Projektsteuerung Objekte nach AHO Heft Nr. 19/10				
	Die Projektsteuerung wird definiert als die Übernahme delegierbarer Bauherrenaufgaben. Insofern kann man zur Definition der Bauherrenaufgaben für die Planung und Realisierung von Erschließungsmaßnahmen selbst auf die dazu entwickelten Leistungsbilder der Projektsteuerung zurückgreifen. Im AHO Heft Nr. 19 Kapitel 10 (Stand: Januar 2018) i. V. m. AHO Heft Nr. 9 werden die erforderlichen Leistungen, teilweise in Form von Modulen, beschrieben. Das vorgenannte Leistungsbild sollte auf die projektspezifischen Bedürfnisse angepasst werden.				
2.2.2	Koordination der verschiedenen Versorger und Medien				
	Diese Leistung fällt regelmäßig an, ist nicht Bestandteil von Grundleistungen der AHO 19/10 oder der Koordinationspflichten nach Objektplanung Ingenieurbauwerke oder Verkehrsanlagen nach HOAI. Insofern fällt diese Aufgabe regelmäßig auf den Projektentwickler zurück, wenn er diese nicht alternativ als besondere Leistungen an die Objektplanung oder eine etwaige externe Projektsteuerung vergeben hat. Inhaltlich sind mit verschiedenen Versorgungsträgern, insbesondere bei gebietsbezogenen Projektentwicklungen, deren Planungen kollisionsfrei zu organisieren und deren Realisierungen zu koordinieren.				
Output	**Erschlossene Grundstücke / Objekte**				

Tab. 5.10 PE-Phase 2.3 Planung, Vergabe und Durchführung von Hochbauten

2.3	Planung, Vergabe und Durchführung von Hochbauten	V	D	M	I
2.3.1	Projektsteuerung nach AHO Heft Nr. 9				
	Die Projektsteuerung wird definiert als die Übernahme delegierbarer Bauherrenaufgaben. Insofern kann man zur Definition der Bauherrenaufgaben für die Planung und Realisierung von Hochbaumaßnahmen selbst auf die dazu entwickelten Leistungsbilder der Projektsteuerung zurückgreifen. Im AHO Heft Nr. 9 (Stand: Mai 2025) werden die erforderlichen Leistungen beschrieben. Das vorgenannte Leistungsbild sollte auf die projektspezifischen Bedürfnisse angepasst werden.				
2.3.2	Herbeiführen der Baugenehmigung (Bauordnungsrecht)				
	Gemeint ist die Durchführung aller erforderlichen Maßnahmen, um eine Baugenehmigung nach jeweiliger Landesbauordnung zu erhalten. In der Regel ist die Baugenehmigung relevanter terminlicher Meilenstein in der Projektentwicklung und als Teilziel oftmals Grundlage für die Abgrenzung oder Auslösung von Vergütungsstufen.				
2.3.3	Sonderwunschmanagement, Koordination des Mieterausbaus				
	Zur Konkretisierung dieser Leistung kann auf AHO Heft Nr. 19/11 „Nutzerprojektmanagement" sukzessive Kapitel 12 „Leistungen zur Mieterkoordination bei Handelsimmobilien" hingewiesen verwiesen werden.				
Output	**schuldrechtlich und öffentlich-rechtlich abgenommenes Objekt.**				

Tab. 5.11 PE-Phase 2.4 Inbetriebnahme und Übergabe

2.4	Inbetriebnahme und Übergabe
2.4.1	Übergabe von Besitz, Nutzen und Lasten an den/die Eigentümer
	Mit Besitzübergang gehen Gefahr, Nutzen und Lasten einer Immobilie von Verkäufer auf Käufer über. Insofern kommt diesem Ereignis und damit der ordnungsgemäßen Dokumentation der Übergabe (oder dem konkludenten Handeln bei einer mängelfreien VOB-Abnahme) erhebliche Bedeutung zu. Die Bestimmungen des Kaufvertrages einschließlich etwaiger werkvertraglicher Regelungen, den gesetzlichen und untergesetzlichen Bestimmungen und die daraus zu erledigenden Pflichten sind zu berücksichtigen. Gleiches gilt für die Übergabe von erstmalig hergestellten Erschließungsanlagen wie Straßen, Wege, Plätze oder Grünanlagen.
2.4.2	Inbetriebnahmemanagement nach AHO Heft Nr. 19/8 bzw. Heft Nr. 9
	Im AHO Heft Nr. 19 Kapitel 8 (Stand: Januar 2018) i. V. m. AHO Heft Nr. 9 werden die erforderlichen Leistungen beschrieben. Das vorgenannte Leistungsbild sollte auf die projektspezifischen Bedürfnisse angepasst werden. Die Inbetriebnahme beinhaltet das in Funktion nehmen aller (technischen) Gebäudefunktionen und erfordert die mediale Erschließung (Energie, Wasser, Abwasser, Daten) auf Basis abgeschlossener Abnahmeverträge und kann fallweise einen längeren Probebetrieb der Anlagen vor Übergabe und Nutzungsaufnahme beinhalten.
2.4.3	Übergabe an den/die Nutzer
	Sollten Eigentümer und Nutzer nicht identisch sein, handelt es sich hierbei um einen weiteren Übergabevorgang, der vor- und nachzubereiten ist, siehe hierzu auch 3.1.2.
Output	**Übergebenes Objekt**

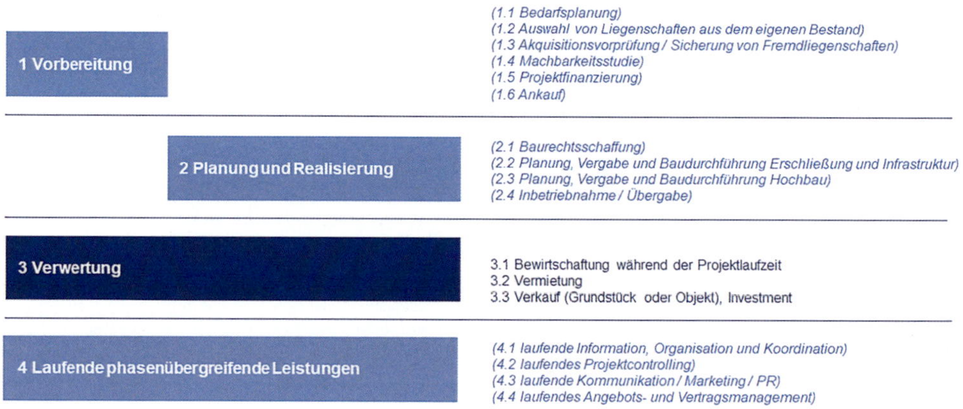

Abb. 5.9 PE-Phase 3 Verwertung

5.3.3 PE-Phase 3: Verwertung

Die Verwertung eines Projekts (Abb. 5.9) ist übergeordnetes Ziel einer Projektentwicklung. Dies kann in Form der Veräußerung im Gesamten oder in Teilen stattfinden, in Form der Übergabe in den eigenen Bestand an Liegenschaften, der dann die Bewirtschaftung langfristig übernimmt. In beiden Fällen sind Mietverhältnisse anzubahnen und zum Abschluss zu bringen.

Häufig befinden sich einzelne Bauprojekte im Kontext bestehender Liegenschaften und/ oder Mietverhältnisse, sodass während der Projektlaufzeit diese parallel zu betreuen sind.

Während der mitunter langen Projektlaufzeit besteht die Aufgabe darin, möglichst optimale Erträge für eine hohe Wirtschaftlichkeit zu erzielen. Etablierte Nutzerstrukturen sollen möglichst lange am Standort gebunden bleiben und ggf. auch in Nachnutzungskonzepte einbezogen werden. Zudem sichern Nutzungen allgemein eine Belebung des Standortes. Gezielte (Zwischen-)Nutzungen können zur Imagebildung bzw. -änderung genutzt werden (Tab. 5.12).

Prozesse der Vermietung können zu nahezu allen Projektzeitpunkten stattfinden. So gilt ein abgeschlossener oder abzuschließender Mietvertrag bei einigen Projekten als Start, um die Entwicklung umzusetzen, bei spekulativen Projekten wird parallel zu Planung und Bau vermarktet, teils auch noch nach baulicher Fertigstellung (Tab. 5.13).

Alternativ oder ergänzend zur Vermietung wird der Verkauf des Grundstücks oder Objekts vorbereitet und umgesetzt (Tab. 5.14).

Tab. 5.12 PE-Phase 3.1 Bewirtschaftung während der Projektlaufzeit

3.1	Bewirtschaftung während der Projektlaufzeit	V	D	M	I
3.1.1	Wahrnehmung der Eigentümerfunktion				
	Mit der Eigentümerfunktion ist neben der langfristigen Sicherung von Werterhalt und -steigerung, der Haftpflicht und Verkehrssicherungspflicht auch die Sicherung eines dauerhaft ungestörten Nutzungsbetriebs verbunden.				
3.1.2	Betreuung der Bestandsmieter				
	Kernaufgabe ist die Sicherstellung des Betriebs und die Betreuung von Mietern in kaufmännischer und technischer Sicht.				
3.1.3	Umzugs- und Umsetzungsmanagement, Planung, Umsetzung und Begleitung von Interimsnutzungen				
	Umzugs- und Umsetzungsmaßnahmen sowie Interims- oder Zwischennutzungen tragen nicht nur zur Akzeptanz von Projektentwicklungen bei, sondern sichern auch vorhandene soziale oder wirtschaftliche Strukturen und können Impulse für ein neues Standortimage liefern. Deren Planung, Umsetzung und Begleitung muss sichergestellt werden.				
3.1.4	Verhandlung, Abschluss und Betreuung von Versicherungsverträgen				
	Aus der Eigentümerfunktion und den damit verbundenen Aufgaben und Risiken ergeben sich verpflichtende (Haftpflicht) und ggf. weitere Versicherungen, die zu verhandeln, abzuschließen und zu betreuen sind (siehe 3.1.1).				
3.1.5	Verhandlung, Abschluss und Betreuung bewirtschaftungsrelevanter Verträge				
	Hierzu zählen beispielsweise Verträge mit Dienstleistern für Wartung, Instandhaltung, Verkehrssicherung, Reinigung. Art, Anzahl und Gegenstand der Verträge sind stark von der jeweiligen Nutzung abhängig.				
Output	**wirtschaftliche Nutzung während der Projektlaufzeit**				

Tab. 5.13 PE-Phase 3.2 Vermietung

3.2	Vermietung
3.2.1	Erarbeitung eines Vermietungskonzepts
	Sollte der Mieter oder Nutzer bei einer spekulativen Projektentwicklung noch nicht oder nur für Teilflächen feststehen, ist als strategisches Instrument möglicherweise ein Vermietungskonzept zu erarbeiten. Unter Berücksichtigung der Ergebnisse aus der Zielgruppenanalyse, Marktpositionierung und der Rentabilitätskalkulation sind so die wirtschaftlichen Kennzahlen wie Miethöhe/-zins, Laufzeit der Mietverträge, Sicherung und Staffelung und die technischen Kennzahlen wie Mietfläche, Ausstattung, Sonderwünsche und Incentives konzeptionell zusammenzufassen. Auch steuerliche Aspekte spielen beispielsweise wegen potenzieller Umsatzsteuerschäden eine wesentliche Rolle. Die Herausforderung für ein schlüssiges Vermietungskonzept ist bei einer Abwägung dieser Parameter, den Mietermix so zu gestalten, dass neben einer Ertragsmaximierung, dieser lange und nachhaltig bis zur Instandhaltung einer Immobilie sicher Erträge generiert. Dazu kann auch die Zusammensetzung der Mieterschaft nach anderen Kriterien, z. B. Schaffung von Synergieeffekten innerhalb der Mieterschaft, eine Rolle spielen (Kuratierung).
3.2.2	Erstellung von mieterspezifischen Objektunterlagen
	Grundlage für die Ansprache von potenziellen Mietinteressenten müssen mieterspezifische Objektunterlagen zusammengestellt werden. In der Regel werden dafür in einem Exposé die wesentlichen Informationen zusammengefast. Diese müssen aus Haftungsgründen inhaltskonform zu den Planungs- und Ausführungsunterlagen sein und laufend auf etwaige Änderungen geprüft und angepasst werden. Dies gilt in gleicher Weise für den Abschluss von Mietverträgen.
3.2.3	Vorauswahl, Einschaltung und Koordination von geeigneten Maklern
	Vermietungen ab mittleren und größeren Objekten erfordern häufig die Mitwirkung eines oder mehrerer externer Maklerbüros, deren Auswahl, Beauftragung und Koordination sicherzustellen ist.
3.2.4	Übernahme der Maklerfunktion
	Die Übernahme der Maklerfunktion setzt eine entsprechende gewerbliche Zulassung, auch der Projektgesellschaften, voraus und muss dementsprechend zugeordnet bzw. beauftragt werden.
3.2.5	Begleitung der Mietvertragsverhandlungen und Mietvertragsabschluss
	Im Rahmen der Zusammenarbeit mit den Maklerbüros erfordern sich konkretisierende Vertragsverhandlungen mit Interessenten die Mitwirkung des Projektentwicklers.
3.2.6	Pflege und Verwaltung von Kundengesuchen und -dateien
	Zur Vermeidung externer Maklerhonorare sowie zugunsten einer längerfristigen Bindung von Interessenten ist das (parallele) Führen einer Kundendatenbank auf Projektentwicklerseite von Vorteil.
3.2.7	Durchführung der Mieterbetreuung vor und nach Mietvertragsabschluss
	Eine verlässliche Betreuung von Interessenten und Mietern vor, insbesondere aber nach Abschluss des Mietvertrages beinhaltet die regelmäßige Information über den Projektfortschritt, eventuelle Verzögerungen sowie das Betreuen und Organisieren etwaiger Mietersonderwünsche.
Output	**wirksame Mietverträge**

Tab. 5.14 PE-Phase 3.3 Verkauf

3.3	Verkauf (Grundstück oder Objekt) und Investment
3.3.1	Erarbeitung Verkaufsstrategie
	Wesentliches Ziel einer exitorientierten Projektentwicklung ist der möglichst rentable Verkauf des Objektes, sei es als Grundstück mit geschaffenem Baurecht, als voll entwickelte und vermietete Immobilie oder als Flächen im Teileigentum. Grundlage dafür ist eine mit den Vertragspartnern und Investoren abgestimmte Verkaufsstrategie unter Berücksichtigung finanzieller, steuerlicher und rechtlicher Aspekte, welche auch den Zeitpunkt des Verkaufes definiert, aber ebenso die notwendige Flexibilität sicherstellt.
3.3.2	Erstellung von käuferspezifischen Objektunterlagen
	Den ersten Schritt bildet meist ein Exposé, das die wesentlichen Projektinformationen enthält. Die fundierten Objektunterlagen werden in der Regel in einem Datenraum mit standardmäßigen Gliederungen gesammelt und zusammengestellt. Diese sieht häufig wie folgt aus: - Liegenschaftsbezogene Unterlagen (u. a. mit Unterlagen zu Grundstück, Eigentümer, Planungsrecht, Gebäude, Mieter, Bewirtschaftung, Steuern) - Gesellschaftsbezogene Unterlagen - Finanzierungsbezogene Unterlagen
3.3.3	Direktansprache und Unterbreitung des Verkaufsangebotes an potenzielle Käufer
	Bei ausreichender Kompetenz, Kapazitäten und vorhandenen Kontakten und Netzwerken ist es wegen der nicht unerheblichen Honorierungen für externe Makler möglicherweise sinnvoll, eine Direktansprache für Kaufinteressenten durchzuführen.
3.3.4	Übernahme der Maklerfunktion
	Die aus den Aufgaben des Verkaufes entstehenden Leistungen, können auch im Rahmen eines Maklerauftrages als Dienstleistungen erbracht werden.
3.3.5	Vorauswahl, Einschaltung und Koordination von geeigneten Maklern
	Externe Makler oder Verkaufsmakler tragen ihre besonderen Netzwerkkontakte zum Erfolg bei. Sie müssen entsprechend ausgewählt, beauftragt und koordiniert werden.
3.3.6	Koordination und Bildung von Teileigentum (Teilungserklärungen, Abgeschlossenheitsbescheinigungen)
	Der Verkauf von Wohnungen im Teileigentum, d. h. als Eigentumswohnungen, bedarf einer engen Abstimmung mit den rechtlichen Beratern bzw. den Notariaten immer die Erstellung entsprechender Unterlagen wie Teilungserklärungen und Abgeschlossenheitsbescheinigungen. Auch die Erstellung von Gemeinschafts- und Hausordnungen kann notwendig sein.
3.3.7	Begleitung der Kaufvertragsverhandlungen und Kaufvertragsabschluss
	Wem das Führen der Vertragsverhandlungen obliegt und welche handelnden Personen mit welchen Vollmachten an den Verhandlungen teilnehmen, ist von Fall zu Fall verschieden. Eine Begleitung der Vertragsverhandlungen und des Abschlusses durch den Projektentwickler (in Abstimmung mit der Rechtsberatung) ist ratsam, wenn auch nicht zwingend, denn ihm liegen in der Regel alle notwendigen Informationen vor zur Erarbeitung von Entscheidungsvorlagen.

(Fortsetzung)

Tab. 5.14 (Fortsetzung)

3.3	Verkauf (Grundstück oder Objekt) und Investment
3.3.8	Nachhalten und Durchführung der (nach-)kaufvertraglichen Verpflichtungen
	Das Nachhalten bzw. Durchführen der aus dem Kaufvertrag sich ergebenden Rechte und Pflichten ist sicherzustellen. Hierzu gehört u. a. auch die Information aller relevanten Beteiligten, die Steuerung bzw. das Herbeiführen der Fälligkeitsvoraussetzungen oder sonstige Aufgaben aus dem Kaufvertrag bzw. das Führen sogenannter After-Sales-Listen sowie das Mitwirken bei der Organisation und Durchführung von Übergabeterminen. Bei Wohnungsverkäufen im Einzelverkauf sind hier die Verwaltung der Forderungen gegenüber Käufern, insbesondere aber auch die Verwaltung der Fristen der Forderungen gemäß Ratenabruf nach Makler- und Bauträgerverordnung (MABV) und die Regelung etwaig bestehender Verpflichtungen des Verkäufers gegenüber den Käufern ein Bestandteil des Leistungsbildes.
Output	**wirksame Kaufverträge**

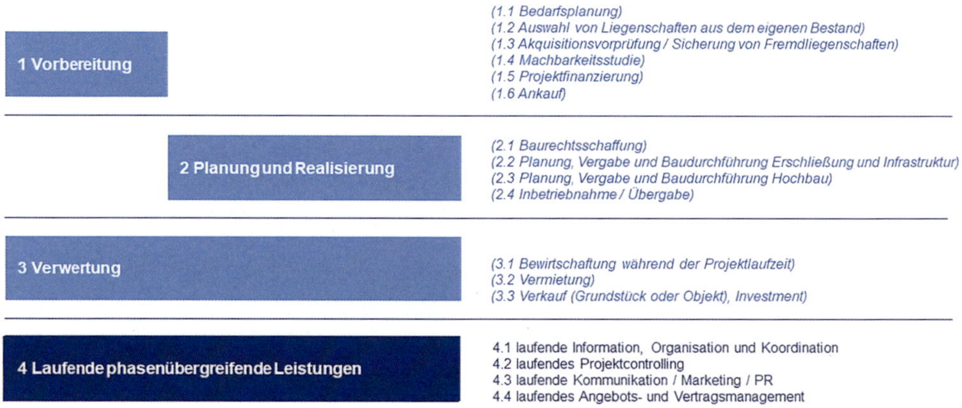

Abb. 5.10 PE-Phase 4 laufende phasenübergreifende Leistungen

5.3.4 PE-Phase 4: laufende phasenübergreifende Leistungen

Die laufenden phasenübergreifenden Leistungen (Abb. 5.10) bei einer Projektentwicklung zeigen umfangreiche klassische Projektmanagement-Elemente, die über die gesamte Laufzeit hinweg notwendig sind und deren Intensität vom Zeitpunkt abhängt. Notwendig ist in jedem Fall eine durchgehende und kontinuierliche Begleitung, auch während eventueller Wartephasen (Tab. 5.15).

Tab. 5.15 PE-Phase 4.1 laufende Information, Organisation, Koordination und Dokumentation

4.1	laufende Information, Organisation, Koordination und Dokumentation	V	D	M	I
4.1.1	Festlegung der Organisationsvorgaben				
	Zum Beginn einer Projektentwicklung sind die Grundlagen der Organisation für die aktuelle Phase zu entwickeln, abzustimmen und festzulegen. Dazu gehören: - die Festlegung der Ziele der Projektentwicklung (soweit schon möglich) - die Erstellung eines Projektstrukturplans (PSP) - die Erstellung einer vom PSP abgeleiteten Aufbauorganisation (Organigramm) - unter Berücksichtigung der projekt- und auftraggeberspezifischen Ablauforganisation und sonstiger Organisationsvorgaben (Handbuch, Prozessbeschreibungen, insbesondere das Entscheidungs- und Änderungsmanagement - die Zuordnung von Zuständig- und Verantwortlichkeiten unter Berücksichtigung der Ressourcen - die Festlegung von Dokumentationsrichtlinien und -strukturen bzw. die Auswahl und Einführung eines Projektkommunikations- und Managementsystem (PKMS) Die Fortschreibung bei Änderungen ist Bestandteil von 4.2.				
4.1.2	Besprechungs- und Berichtswesen mit laufender Dokumentation				
	Hier gilt es, möglichst früh im Projekt eine Struktur aufeinander abgestimmter Regelbesprechungen zu entwickeln und zu implementieren, um die Informationsflüsse und Entscheidungswege in möglichst effizienter Weise zu lenken, zu dokumentieren und die Zusammenarbeit der Beteiligten zu fördern. Die Festlegung von Besprechungsrunden und deren Agenden erfolgt aufbauend auf den Organisationsvorgaben. Zum Besprechungswesen gehört die Vor- und Nachbereitung, die Terminfindung, die Abstimmung der konkreten Agenda, das Briefing über zu informierende oder zu entscheidende Punkte und die Dokumentation übermittelter Informationen und getroffener Entscheidungen. Idealerweise werden einzelne Informationen, Ergebnisse und entstandene To-Dos mittels PKMS dokumentiert und anhand von PSP-Elementen, Fristen und Zuständigkeit attribuiert.				
4.1.3	Laufende Koordination der Beteiligten				
	Unter Koordination wird die Steuerung der Schnittstellen arbeitsteiliger Prozesse verstanden. Dies gilt für nacheinander laufende sowie parallellaufende Prozesse, für Prozesse innerhalb sowie außerhalb einer Organisation. Eine Projektentwicklung ist hochgradig interdisziplinär und arbeitsteilig, insofern ist diese damit in gleicher Weise koordinierungspflichtig. Die Koordination verlangt: - die Erfassung aller erforderlichen Prozesse (PSP, Prozessbeschreibungen) - deren Beteiligte (Aufbauorganisation) - und deren Schnittstellen (In-/Output-Dokumente, kausale Beziehung) Die Prozesse und Schnittstellen sind laufend zu überwachen, Abweichungen sind durch aktive Maßnahmen zu steuern.				

(Fortsetzung)

Tab. 5.15 (Fortsetzung)

4.1	laufende Information, Organisation, Koordination und Dokumentation	V	D	M	I
4.1.4	Entscheidungsvorbereitung und -einholung				
	Ein Projekt besteht unter einem bestimmten Blickwinkel nur aus der Gewinnung und Verteilung von Informationen und Entscheidungen, die auf diesen Informationen basieren. Dies können kurzfristige und „kleine" Entscheidungen im Laufe einer Besprechung sowie „große" formelle Entscheidungen auf Grundlage einer Entscheidungsvorlage oder eines Berichtes sein. Dazu ist ein geeignetes Entscheidungsmanagement einzurichten und in die Kommunikationsstruktur des Informations-, Berichts- und Protokollwesens zu pflegen. Kernaufgabe ist, rechtzeitig die erforderlichen Entscheidungen auf Grundlage aller vorliegenden Informationen (und ggf. Alternativ- und Sensitivtätsanalysen und Risikobetrachtungen) und Einbindung der betroffenen internen Stakeholder einzuholen und zu dokumentieren. Das Entscheidungsmanagement verlangt: - die Festlegung des Entscheidungsablaufes mit (Vor-)Fristen der Einzelschritte - die Festlegung der Zuständigkeiten, einzubindende Stellen - die Festlegung der Bewertung von Alternativen, Betrachtung von Risiken auf die Ziele - die Festlegung der Kompetenzen und Befugnisse (Entscheidungsmatrix), idealerweise in Verbindung zu den möglichen Abweichungen und Veränderungen von Zielen - die Festlegung formaler Anforderungen (Form und Dokumentation)				
4.1.5	Übernahme Projektleitung				
	Mit Übernahme der Projektleitung endet als wesentliche Änderung die Zuständigkeit im Anwendungsfall nicht in der Entscheidungsvorbereitung und -einholung nach Ziffer 4.1.4, sondern der Projektleitung obliegt das rechtzeitige Treffen von Entscheidungen zur Einhaltung von Zielen oder ggf. sogar zur Änderung von Zielen. Die Entscheidungskompetenz kann in Bezug auf die Projektziele im Innen- wie im Außenverhältnis unterschiedlich definiert werden. Darüber hinaus obliegen der Projektleitung oftmals folgende Aufgaben: - das Durchsetzen von Entscheidungen - das Führen von Verhandlungen - das Führen von Besprechungen - die Übernahme der maximalen Eskalationsebene - die Vertretung des Projektes gegenüber der Öffentlichkeit und Gremien - die Übernahme repräsentativer Aufgaben				
Output	**laufende Dokumentation**				

Das laufende Projektcontrolling kann ebenfalls als Baustein klassischen Projektmanagements betrachtet werden. Insbesondere bei lang laufenden Projekten umfasst dies nicht nur das Controlling des Projektfortschritts selbst, sondern vielmehr auch das Beobachten eventuell sich verändernder Randbedingungen oder Risiken, die Reaktionen im Projekt erfordern oder ermöglichen (Tab. 5.16).

Tab. 5.16 PE-Phase 4.2 laufendes Projektcontrolling

4.2	laufendes Projektcontrolling	V	D	M	I
4.2.1	laufendes Monitoring der Einhaltung der Projektziele				
	Wenn man die Projektentwicklung als ein Projekt im Sinne der DIN 69901 versteht, so gelten die Prinzipien eines Projektes auch für die Projektentwicklung als solches. Im Sinne der DIN 69901 ist Projektsteuerung ein Managementsystem, um Ziele zu erreichen. Der Zielüberwachung kommt also wesentliche Bedeutung zu. Folglich sind in einer Projektentwicklung die Ziele zu definieren und im weiteren Ablauf die Einhaltung dieser Ziele durch ein laufendes, geeignetes Monitoring zu überwachen. Eine Besonderheit liegt sicherlich darin, dass gerade in den frühen Phasen einer Projektentwicklung die Ziele noch häufig angepasst werden müssen, sogar die Zielfindung selbst zum Umfang der Projektentwicklung gehört. Es ist also ein geeignetes Zielsystem gemäß Ziffer 4.1.1 zu entwickeln. Üblicherweise werden Ziele über Kosten, Termine, Quantitäten und Qualitäten definiert. Zu letzterem kann man auch Ziele z. B. der Nachhaltigkeit oder ESG zählen. Die Projektentwicklung wird laufend durch äußere und innere Faktoren beeinflusst. Die nötigen Änderungen sind auf die Auswirkungen der Ziele zu überprüfen und diese ggf. fortzuschreiben.				
4.2.2	Laufende Kontrolle und Weiterentwicklung der Projektorganisation				
	Die Vorgaben der Projektorganisation bedürfen einer laufenden Überprüfung und, sehr häufig beim Eintritt in einen nächsten Bearbeitungsschritt, eine Anpassung und Fortschreibung. Gerade in der Projektentwicklung muss die phasenadaptierte Entwicklung und Anpassung der Organisation als relevante Aufgabe erkannt werden.				
4.2.3	Kontinuierliches internes Reporting				
	Das Reporting oder Berichtswesen zielt darauf ab, aufbauend auf einem möglichst objektivierten Mess- und Zielsystem und einem laufenden Monitoring nach 4.2.2 den Status der überwachten Kriterien in geeigneter Weise für relevante Gremien aufzubereiten und darzustellen, um daraus ggf. erforderliche Maßnahmen abzuleiten. Klassisch erfolgt eine Darstellung nachstehender Inhalte, je nach Phase angepasst: - Aktueller Status mit Einschätzung der Zielerreichung - Risiken und Chancen mit Auswirkungen und Maßnahmen - offene Entscheidungen				
4.2.4	Fortschreiben der Risikoanalyse				
	Hiermit ist die bedarfsgerechte Aktualisierung der Risikoanalyse gemeint, die gemäß Ziffer 1.4.12. erstmalig erstellt wird.				
4.2.5	Fortschreiben der Stakeholderanalyse				
	Hiermit ist die bedarfsgerechte Aktualisierung der Stakeholderanalyse gemeint, die gemäß Ziffer 1.4.8. erstmalig erstellt wird.				
4.2.6	Fortschreiben der Wirtschaftlichkeitsanalyse				
	Hiermit ist die bedarfsgerechte Aktualisierung der Wirtschaftlichkeitsanalyse gemeint, die gemäß Ziffer 1.4.11. erstmalig erstellt wird.				

(Fortsetzung)

Tab. 5.16 (Fortsetzung)

4.2	laufendes Projektcontrolling	V	D	M	I
4.2.7	Laufende Terminplanung und -überwachung				
	Die hinreichende Klarheit über die zeitlichen Dimensionen des Projektes sind essenziell für fast alle Fragestellungen der Projektentwicklung. Zeitpunkte der Verwertung mit Vorbereitung des Vertriebs und eine darauf abgestimmte Finanzierung sind einige Beispiele für die Notwendigkeit einer Terminplanung. Alle für die Projektentwicklung zugehörigen Vorgänge sind in logische Verknüpfung zu bringen, deren Vorgangsdauern einzuschätzen und zeitlich zu planen. Die Terminplanung erfolgt dabei i. d. R. in mehreren Ebenen, die unterschiedlich detailliert sind. Oberste Ebene bildet ein Terminrahmen, der die groben Ziele und Vorgänge beinhaltet und zur Abstimmung dieser dient. Eine Detailebene darunter erfolgt ein Steuerungsablaufplan, der die Terminziele aus dem Terminrahmen auf die Ebene der PSP-Elemente oder Arbeitspakete runterbricht und damit den Status der relevantesten Meilensteine und Vorgänge terminlich darstellt und steuerbar macht. Im Steuerungsterminplan werden alle äußeren (wie z. B. Anforderungen im Verfahren der Gemeinde) wie inneren (wie z. B. zur Verfügung stehende Ressourcen) Einflussgrößen vollständig erfasst und berücksichtigt sein. Eine Terminplanebene unter dem Steuerungsablaufplan folgt bei Bedarf noch eine Detailterminplanung für ausgewählte Elemente des PSP oder der Arbeitspakete zur Verifizierung der gewählten Ansätze und/oder zum feineren Tracking des Fortschritts. Die Terminplanung ist laufend fortzuschreiben und zu aktualisieren. Beim Erkennen von Abweichungen gegenüber dem geplanten Ablauf bzw. von den Terminzielen sind geeignete Gegensteuerungsmaßnahmen zu überlegen und zu entscheiden, daher ist oftmals ein lange Projektdauer terminlich zu planen. In geeigneter Weise können und sollen daher die unmittelbaren Phasen der Projektentwicklung detaillierter und mit weniger Puffer geplant werden als die mittelbaren. Andernfalls muss der geplante Ablauf bzw. die Ziele geändert werden.				
4.2.8	Laufende Markt- und Wettbewerbsanalyse				
	Hiermit ist die bedarfsgerechte Aktualisierung der Markt- und Wettbewerbsanalyse gemeint, die gemäß Ziffer 1.4.9 und 1.4.10 erstmalig erstellt wird.				
4.2.9	Kernaufgabe ist die Überwachung der Erreichung der Nachhaltigkeitsziele und -maßnahmen, die mit Nachhaltigkeitskonzept gemäß Ziffer 1.4.5 und den vertiefenden Gutachten und Studien aus 2.1.10 definiert werden. Es entspricht weitestgehend 4.2.1. Die Nachhaltigkeitsziele und die daraus abgeleiteten Maßnahmen stehen aber ggf. stärker als andere Ziele im Lauf der Planungs- und Realisierungsphase unter Druck, sodass Zielkonflikte identifiziert und gelöst werden müssen. Die Überwachung muss in einem geeigneten System erfolgen, welches die Erreichung oder Teilerreichung der verschiedenen Ziele verfolgt und bewertet. Bei angestrebter Zertifizierung erfolgt dies idealerweise in dem entsprechenden Bewertungssystem. Bei drohenden Abweichungen sind Gegensteuerungsmaßnahmen oder Zieländerungen zu überlegen und zu entscheiden.				
Output	**aktuelle Projektdarstellung im (jeweiligen) Analysetool**				

Konstanter Begleiter einer Projektentwicklung ist die laufende Kommunikation, die strategische Herangehensweisen erfordert. Oft hat sie zu Beginn erklärenden oder beteiligenden Charakter, um das Projekt zu ermöglichen. Im späteren Verlauf kündigt sie Zeitpunkte wie den Start der Vermarktung oder der Nutzungsaufnahme an und unterstützt eine zügige und planmäßige Verwertung. Zwischenzeitlich erfolgt die Kommunikation proaktiv und zielgruppengerecht mit dem Ziel eines positiven Projekt-Images (Tab. 5.17).

Tab. 5.17 PE-Phase 4.3 laufende Kommunikation / Marketing / PR

4.3	Laufende Kommunikation / Marketing / PR	V	D	M	I
4.3.1	Erstellung und Fortschreiben des Kommunikationskonzeptes				
	Ein Kommunikationskonzept ist die Basis für die insbesondere bei Großprojekten immer wichtiger werdende Presse- und Öffentlichkeitsarbeit. Dieses Konzept gilt es bei voriger Definition der Zielgruppen an den Unternehmens- bzw. Gesellschaftszielen sowie den Vertriebs- und Marketingzielen auszurichten und so einen Handlungsrahmen für die daraus resultierenden Maßnahmen zu geben. Die auszuwählenden Medien richten sich dabei nach den Zielgruppen.				
4.3.2	Laufendes Kommunikations- und Beteiligungsmanagement				
	Kommunikations- und Beteiligungsmaßnahmen sind laufend zu betreuen und zusätzlich an den Projektfortschritt anzupassen.				
4.3.3	Laufende strategische Beratung im Hinblick auf die Besonderheiten des Projektes in der Öffentlichkeit				
	Die strategische Beratung stellt sicher, dass die Informationen abgestimmt und koordiniert an die Beteiligten und Betroffenen gelangen, um damit die Akzeptanz des Projektes zu schaffen/steigern bzw. Vorbehalte auszuräumen.				
4.3.4	Erarbeiten und Fortschreiben des Marketingkonzeptes				
	Auf Basis der Marketingziele konkretisiert das Marketingkonzept Maßnahmen einschließlich ihres budgetären Rahmens bzw. auf Basis eines vorhandenen Budgets. Eine Fortschreibung im Projektverlauf ist notwendig.				
4.3.5	Erstellen eines Marketingplanes (mit Zeitplan)				
	Aus dem erstellten Marketingkonzept ist ein konkreter Marketingplan mit konkretem Zeitplan und zugeordneten Budgets zu erstellen.				
4.3.6	Einschaltung, Briefing und Koordination von Agenturen				
	Die vorgenannten Maßnahmen zu Kommunikation und Marketing werden nicht immer durch eigene Mitarbeiter, sondern durch darauf spezialisierte Agenturen erbracht, die es auszuwählen und zu beauftragen gilt.				
4.3.7	Umsetzung von Marketingmaßnahmen				
	Die vereinbarten Marketingmaßnahmen müssen gemäß Konzept und Terminplan umgesetzt werden.				
4.3.8	Vorbereitung, Durchführung und Auswertung von Veranstaltungen				
	Die klassischen Veranstaltungen wie Spatenstiche, Grundsteinlegungen und Richtfeste sind oftmals eigene Projekte innerhalb des Gesamtprojektes und bedürfen daher einer intensiven Bearbeitung oder Unterstützung.				

(Fortsetzung)

Tab. 5.17 (Fortsetzung)

4.3	Laufende Kommunikation / Marketing / PR	V	D	M	I
4.3.9	Erstellen und Fortschreiben einer Kundendatenbank				
	Nicht zu vernachlässigender Faktor für die Suche nach Interessenten, potenziellen Nutzern, Investoren, Geldgebern, Käufern etc. ist das Führen und Pflegen von Datenbanken, siehe auch Ziffer 3.3.3.				
Output	**positivesProjektimage, Interesse bei der bzw. Nachfrage durch die Zielgruppe,Akzeptanz bei den (sonstigen) Stakeholdern.**				

Tab. 5.18 PE-Phase 4.4 laufendes Angebots- und Vertragsmanagement

4.4	laufendes Angebots- und Vertragsmanagement	V	D	M	I
4.4.1	Anfragen und Auswerten von Angeboten und Vorbereitung der Beauftragung von Leistungen Dritter				
	Für alle extern zu vergebenden Leistungen im Rahmen einer Projektentwicklung bedarf es eines strukturierten Anfrage- und Auswertungsprozesses unter Berücksichtigung der projektspezifischen und auftraggeberspezifischen Vorgaben. Auf der Basis einer Entscheidungsvorlage sind dann die Vorbereitungen zur Beauftragung zu treffen.				
4.4.2	Überwachen und Steuerung der Vertragspflichten aus privaten bzw. schuldrechtlichen Verträgen				
	Aus den für Bauprojekte wesentlichen privat bzw. schuldrechtlichen Verträgen zu Veräußerung und Tausch resultieren diverse Pflichten, Fristen, Haftungen etc. die zu beachten und berücksichtigen sind. Beispielsweise bei Nachbarschaftsvereinbarungen sind Beeinträchtigungen durch Bau- und Abrissarbeiten, Kran- und Überschwenkrechte, Überbau und Ankerrechte sowie Beweissicherungen zu berücksichtigen.				
4.4.3	Überwachen und Steuerung der Pflichten aus öffentlich-rechtlichen Verträgen				
	Pflichten aus öffentlich-rechtlichen Verträgen und den jeweils mitgeltenden Unterlagensind aufzulisten und zu überwachen.				
Output	**aktuelle Vertragsdokumentation**				

Die Fülle der erforderlichen Angebotseinholungen und Beauftragungen sind kontinuierlich zu begleiten, Entscheidungen herbeizuführen, sowie eigene Verpflichtungen wahrzunehmen. Dies bedarf einer konstanten Begleitung und Überwachung (Tab. 5.18).

6 Projektbeispiele

Henry Alsbach, Elisabeth Krön, Max Meixner, Elmar Schütz, Magdalena Szablewska

Die in den vorangehenden Kapiteln entwickelte Systematik wird nachfolgend auf verschiedene Beispielprojekte aus dem Erfahrungsbereich der Autoren angewandt und exemplarisch erläutert und kommentiert. Sie dienen der Veranschaulichung und Plausibilisierung des Leistungskatalogs.

Nach einer Beschreibung des Projekts folgen eine Balkengrafik, die die vier Leistungspakete der Projektentwicklung im Überblick darstellt und um wesentliche für das Projekt relevante Meilensteine ergänzt ist.

Dazu kommen jeweils vier tabellarische Matrizes, die die Handlungsschwerpunkte jedes Projekts bezogen auf die Schlüssel-Akteure in Projekten illustrieren.

Als Schlüssel-Akteure bzw. Akteursgruppen definieren wir:

- Entscheider bzw. Aufsichtsgremium
- Entwickler (Bauland-Entwickler oder Objekt-Entwickler)
- Dienstleister
- Baurechts-Geber (bauordnungsrechtlich oder bauplanungsrechtlich, je nach Typ der Entwicklung)
- Verkäufer
- Öffentlichkeit

Den Abschluss bildet ein Kommentar zu den Besonderheiten des Projekts.

Die in Kap. 2 vorgestellten Projekttypologien sind jeweils mit Beispielen vertreten, von der Entwicklung von Quartieren bis zum einzelnen Objekt, vom öffentlichen bis zum privaten Vorhaben. Ein Beispiel einer Hochbau-Projektentwicklung bildet den Einstieg und ist aus Sicht der Bauherren dargestellt. Danach folgt mit dem Konzeptvergabeverfahren im Sheridanpark in Augsburg eine Maßnahme, die sowohl aus Verkäufer- als auch aus Käufer-

E. Krön et al., *Projektentwicklung – vom Quartier zum Gebäude*, https://doi.org/10.1007/978-3-658-49172-7_6

sicht abgebildet ist. Es folgt das Beispiel einer Bau-Landentwicklung in München, während zwei Quartiersentwicklungen den Abschluss bilden.

6.1 Berufsschulzentrum, Lindau (Hochbau-Entwicklung Var. 1)

Max Meixner

6.1.1 Projektbeschreibung

Das bestehende Berufsschulzentrum mit über 2000 Schülern in Lindau am Bodensee (siehe Abb. 6.1) aus den 1970er-Jahren entspricht nicht mehr einem zeitgemäßen Zustand, und erfüllt auch nicht mehr die aktuellen, räumlichen und pädagogischen Anforderungen.

Im Rahmen einer umfangreichen Projektentwicklung für einen öffentlichen Auftraggeber wurden im Zeitraum zwischen 2018 und 2020 die verschiedenen Möglichkeiten einer Generalsanierung und alternativ verschiedener Neubaulösungen in einem Arbeitsteam untersucht.

Abb. 6.1 Lageplan Neubau BSZ Lindau. (Objektbezogene Projektentwicklung im öffentlichen Bereich)

Die Machbarkeitsstudie (MBS) ergab, dass infolge der mit erheblichen Mängeln belasteten Tiefgründung aus den 1970er-Jahren (Seeton) alle Varianten auf der Basis einer Generalsanierung aus Gründen der Tragfähigkeit und Erdbebensicherheit ausscheiden. Die Machbarkeitsstudie wurde mit einem sorgfältigen Nutzerbedarfsprogramm ausgestattet und mit einer umfassenden Dokumentation abgeschlossen.

6.1.2 Bausteine aus den PE-Phasen

Anforderungen und Randbedingungen

Direkt nach dem Projektstart wurde über Workshops ein pädagogisches Konzept entwickelt und daraus ein Raum- und Funktionsbuch, mit dem Ergebnis eines verbindlichen pädagogischen Konzeptes und eines Raumprogrammes.

Diese wesentlichen Grundlagen wurden auch mit Unterstützung von weiteren Büros erarbeitet. Auf Basis dieser wesentlichen Grundlagen wurden Planungsvarianten, Kostenszenarien, Terminpläne und Entscheidungsmatrizen erarbeitet, um zu den wesentlichen Entscheidungen zu kommen.

Raum- und Funktionsprogramm

Das erforderliche Raum- und Funktionsprogramm (siehe Abb. 6.2) wurde über Workshops, Strukturskizzen und Textbausteine zusammen mit den Nutzern entwickelt, fortgeschrieben und festgelegt.

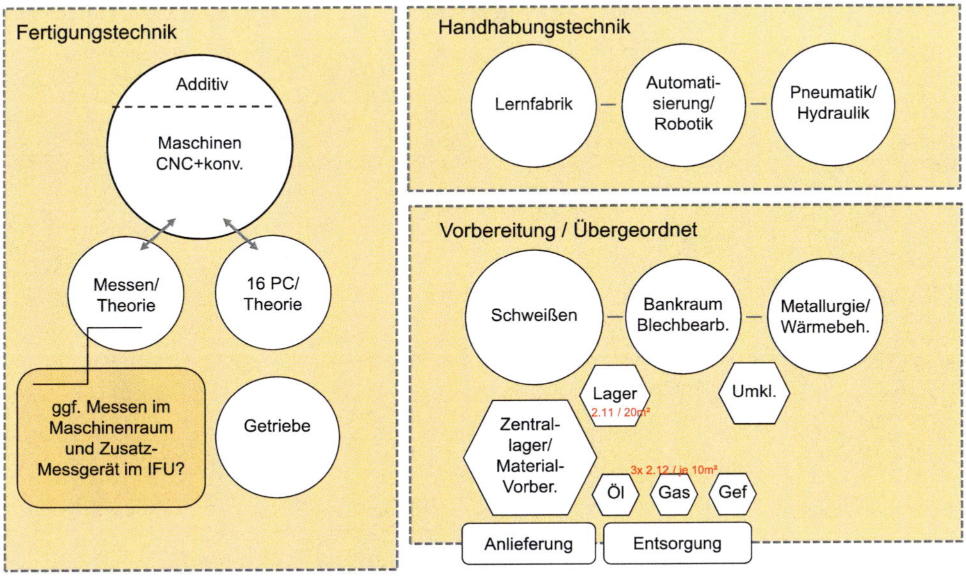

Abb. 6.2 Darstellung Funktionsbereiche. (GUS, Stuttgart)

Umfeldanalyse/Risikoanalyse

Direkt zu Projektbeginn wurde eine umfangreiche Umfeldanalyse durchgeführt, sämtliche Stakeholder und Einflussgrößen in Matrizen erfasst, und die Risiken im Hinblick auf Einfluss und Eintrittswahrscheinlichkeit bewertet. Dabei war auch ein in der Nähe vorhandenes, denkmalgeschütztes und setzungsempfindliches Gebäude von Bedeutung.

Variantenuntersuchungen

Nachdem die Generalsanierung der Bestandsschule ausgeschlossen werden konnte, wurden verschiedene städtebauliche Ansätze auf dem Gelände untersucht, unter anderem auch im Hinblick auf Schallproblematiken (siehe Abb. 6.3). Es zeichneten sich neun Grundvarianten mit dazugehörigen Untervarianten ab. Eine Variante ist in Abb. 6.4 dargestellt.

Die neun Grundvarianten wurden sorgfältig bewertet und drei Varianten in die engere Wahl (Abb. 6.5) genommen.

Am Ende konnte daraus eine Vorzugsvariante ermittelt werden, welche auch aktuell im weiteren Projektverlauf verfolgt wird.

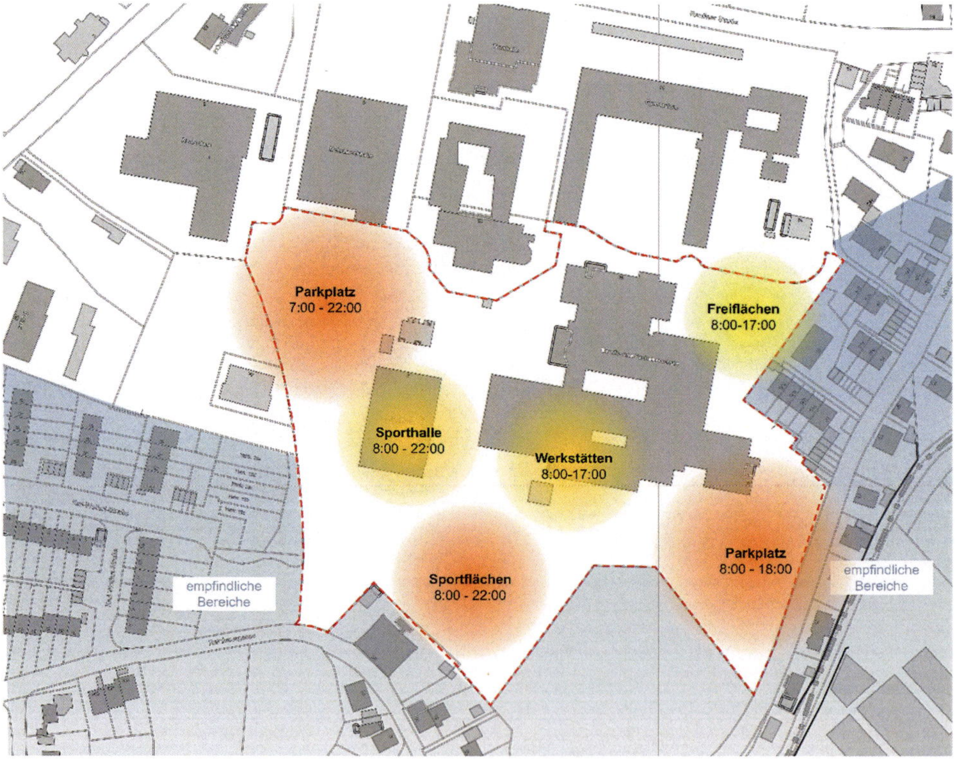

Abb. 6.3 Darstellung Schallproblematik Umfeld. (Krug Grossmann, München)

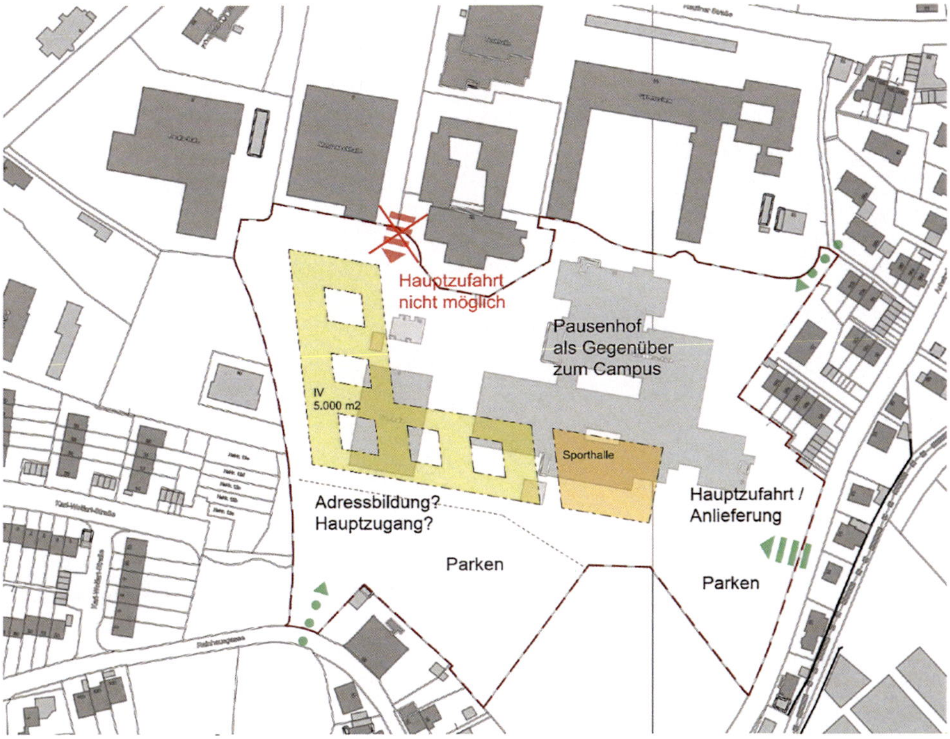

Abb. 6.4 Beispiel einer Variante mit Darstellung Bestand. (Krug Grossmann, München)

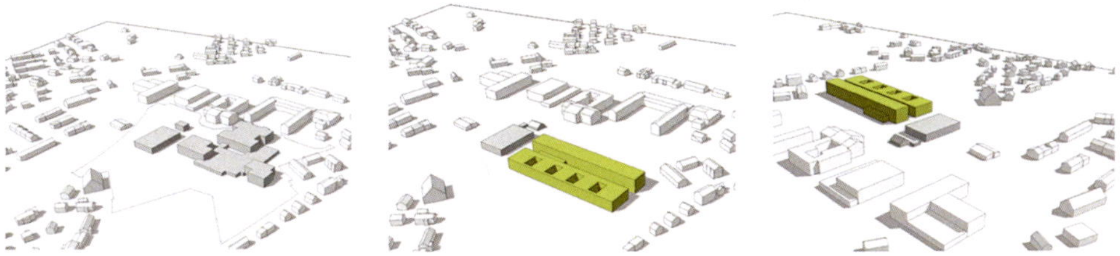

Abb. 6.5 Isometrische Darstellung Bestand und Vorzugsvariante. (Krug Grossmann, München)

Detaillierung Vorzugsvariante

Aufgrund der Möglichkeit der Realisierung in nur einem Bauabschnitt und der Möglichkeit des Weiterbetriebs der Bestandsschule wurde die Variante „L-Winkel" als sinnvollste Variante ausgewählt.

Zur Erreichung einer höheren Kostensicherheit bereits in der PE wurde die Variante „L-Winkel" in einem höheren Detaillierungsgrad (Abb. 6.6 und 6.7) ausgearbeitet.

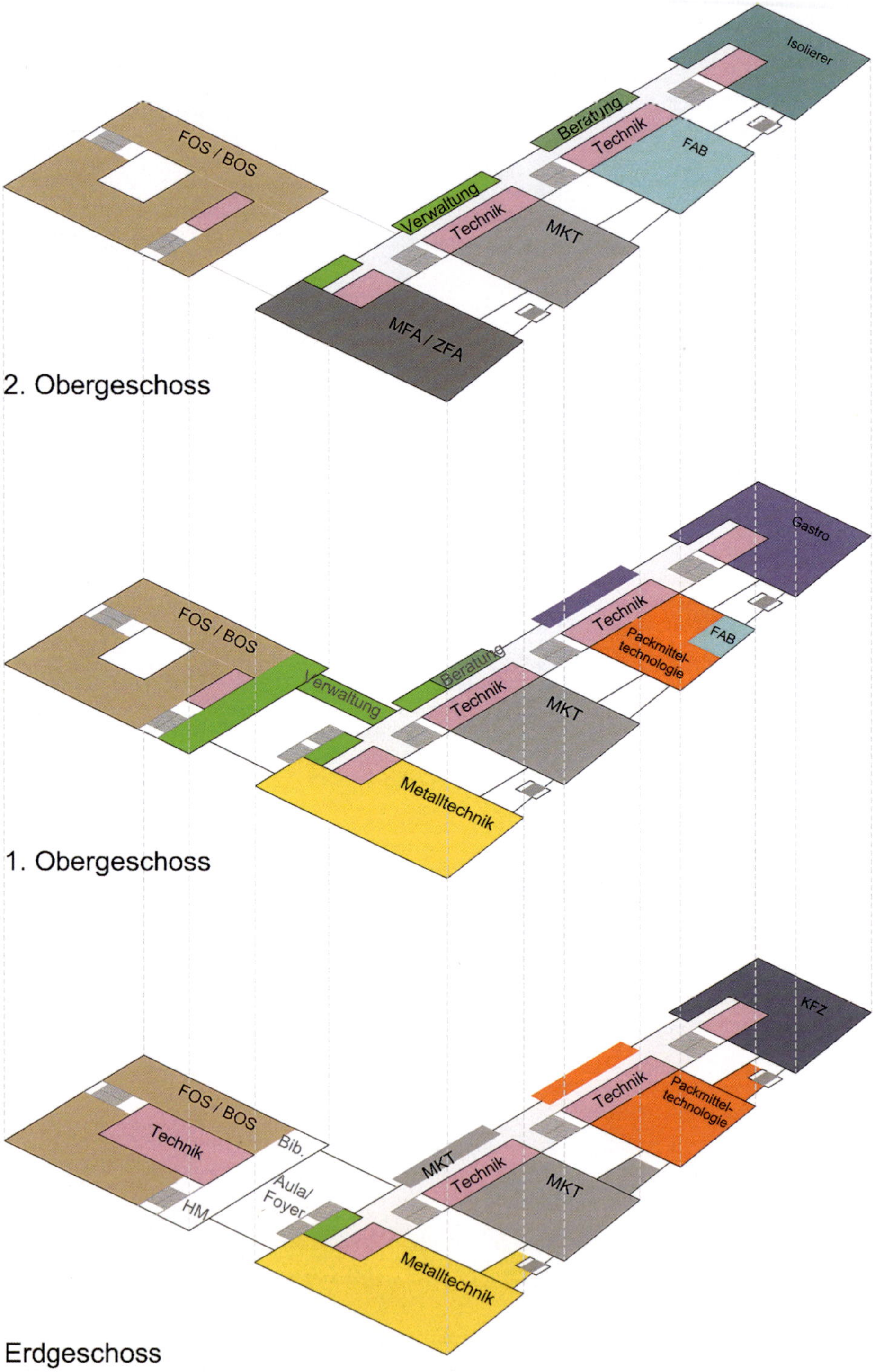

Abb. 6.6 Darstellung Schemata Funktionsbereiche in drei Ebenen. (Krug Grossmann, München)

Abb. 6.7 Darstellung Regelgrundriss. (Krug Grossmann, München)

Entscheidungsmatrizen

Zur Unterstützung der Entscheidungsfindung wurden in allen Phasen der Machbarkeitsstudie Entscheidungsmatrizen (Abb. 6.8) erarbeitet, um die wesentlichen Parameter im Vergleich darzustellen. Damit konnte der Prozess der Entscheidungsfindung beschleunigt werden.

Einen Überblick über das Projekt entlang der PE-Phasen zeigt die Abb. 6.9.

PE-Phase 1: Vorbereitung

Die Aktivitäten der PE-Phase 1 sind in Abb. 6.10. dargestellt.

PE-Phase 2: Planung und Realisierung

Die Aktivitäten der PE-Phase 2 sind in Abb. 6.11. dargestellt.

		Variante 1 - "L-Winkel"		Variante 2 - "Gegenüber 1"	
		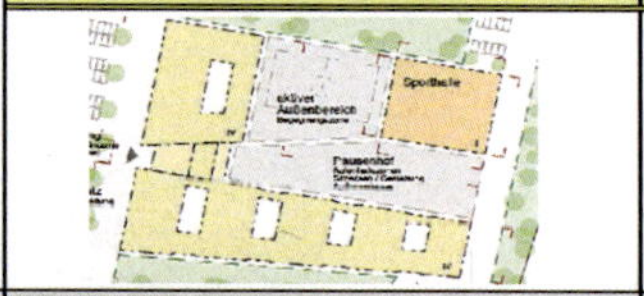			
	Kriterien	Vorteile	Nachteile	Vorteile	Nachteile
Städtebau Architektur	1 Städtebau / Architektur	- Geschützter introvertierter Pausenhof - Sinnvolle Höhenstaffelung		- Großzügiger Vorplatz / Pausenhof - Sinnvolle Höhenstaffelung	
	2 Freiflächen / Abstand Rainhaus		- Überbauung Sportplatz Abstand Rainhaus	- Keine Überbauung Sportplatz - maximaler Abstand Rainhaus	
Funktionalität	3 Erfüllung Raumprogramm	- Gut erfüllbar		- Gut erfüllbar	
	4 Zuordnung der Funktionen		- Teilweise Trennung Berufsschule / FOS-BOS	- Einfache Zuordnung, Trennung Funktionen	
	5 Qualität Sporthalle	- Neue Sporthalle mit bester Qualität		- Neue Sporthalle mit bester Qualität	
Kosten	6 Investitionskosten / Förderfähigkeit	- Sehr gute Investitionskosten	- Keine Förderung Sporthalle		- Mittlere Investitionskosten - keine Förderung SH
	7 Mehrkosten aus 2 - Bauabschnitten	- Keine Mehrkosten, da nur 1 - Bauabschnitt			- Mehrkosten aus 2. Bauabschnitten
Termine	8 Bauabschnitte / Einschränkung Schulbetrieb	- Nur 1 - Bauabschnitt, kürzeste Bauzeit			- 2- Bauabschnitte - Einschränkung Werkstätten im Bestand durch Vorabbruch
	9 Realisierungsdauer	Kurze Erstellungszeit			Längere Realisierungsdauer durch 2 - Bauabschnitte
	10 Einschränkung Schulbetrieb	Keine			Einschränkung im Werkstatttrakt durch vorzeitgen Abbruch

Abb. 6.8 Entscheidungsmatrix verkürzte Variante. (Eigene Darstellung) (Meixner + Partner)

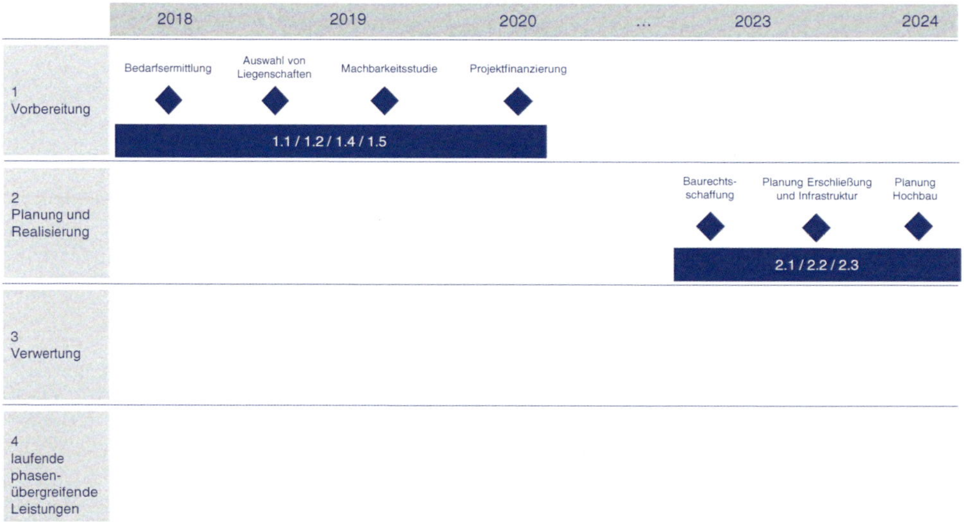

Abb. 6.9 Darstellung des Projekts anhand der PE-Phasen. (Leistungskatalog Kap. 5)

		1.1 Bedarfs-ermittlung	1.2 Auswahl von Liegenschaften	1.3 Akquisitions-vorprüfung	1.4 Machbar-keitsstudie	1.5 Projekt-finanzierung	1.6 Ankauf
Entscheider/ Aufsichts-gremium	Landratsamt Lindau	Freigabe	entfällt, da vorhanden	-	Freigabe	Mitwirkung Freigabe	-
Entwickler/ Bauland-entwicklung	-	-	-	-	-	-	-
Dienstleister	Meixner + Partner, Krug Grossmann Architenten	Durchführung	entfällt, da vorhanden	-	Durchführung	Ermittlung Mitwirkung	-
Baurechtsgeber (Stadtplanung)	Stadt Lindau	-	-	-	Mitwirkung	-	-
Verkäufer	-	-	-	-	-	-	-
Öffentlichkeit	Stadtöffentlichkeit	-	-	-	Information	-	-

Abb. 6.10 PE-Phase 1 – Vorbereitung. (Leistungskatalog Kap. 5)

Akteure		2.1	2.2	2.3	2.4		
		Baurechts-schaffung	Erschließung und Infrastruktur	Hochbau	Inbetriebnahme/ Übergabe		
Entscheider/ Aufsichts-gremium	Landratsamt Lindau	Mitwirkung Freigabe	Mitwirkung Freigabe	Mitwirkung Freigabe-planung	noch nicht erfolgt		
Entwickler/ Bauland-entwicklung	-	-	-	-	-		
Dienstleister	Meixner + Partner, Krug Grossmann Architenten	Mitwirkung	Planung	Planung, Mitwirkung	noch nicht erfolgt		
Baurechtsgeber (Stadtplanung)	Stadt Lindau	Genehmigung	Genehmigung	-	-		
Verkäufer	-	-	-	-	-		
Öffentlichkeit	Stadtöffentlichkeit	Mitwirkung	-	-	-		

Abb. 6.11 PE-Phase 2 – Planung und Realisierung. (Leistungskatalog Kap. 5)

6.1.3 Besonderheiten

Energiekonzepte

Im Zuge der vertieften PE wurden auch verschiedene Energiekonzepte (Abb. 6.12) untersucht und bewertet. Aspekte der Nachhaltigkeit wurden in die Variantenbetrachtung eingebunden.

PE weiterverfolgt

Das Projekt befindet sich im Jahr 2025 kurz vor der Baudurchführung (Abb. 6.13). Die fundierten Erkenntnisse aus der Projektentwicklung sind im Nutzerbedarfsprogramm festgehalten und ziehen sich als Leitfaden und Qualitäts-Zielsetzung durch das weitere Projekt. Alle in der Machbarkeitsstudie herausgearbeiteten Parameter haben sich bisher als richtig erwiesen.

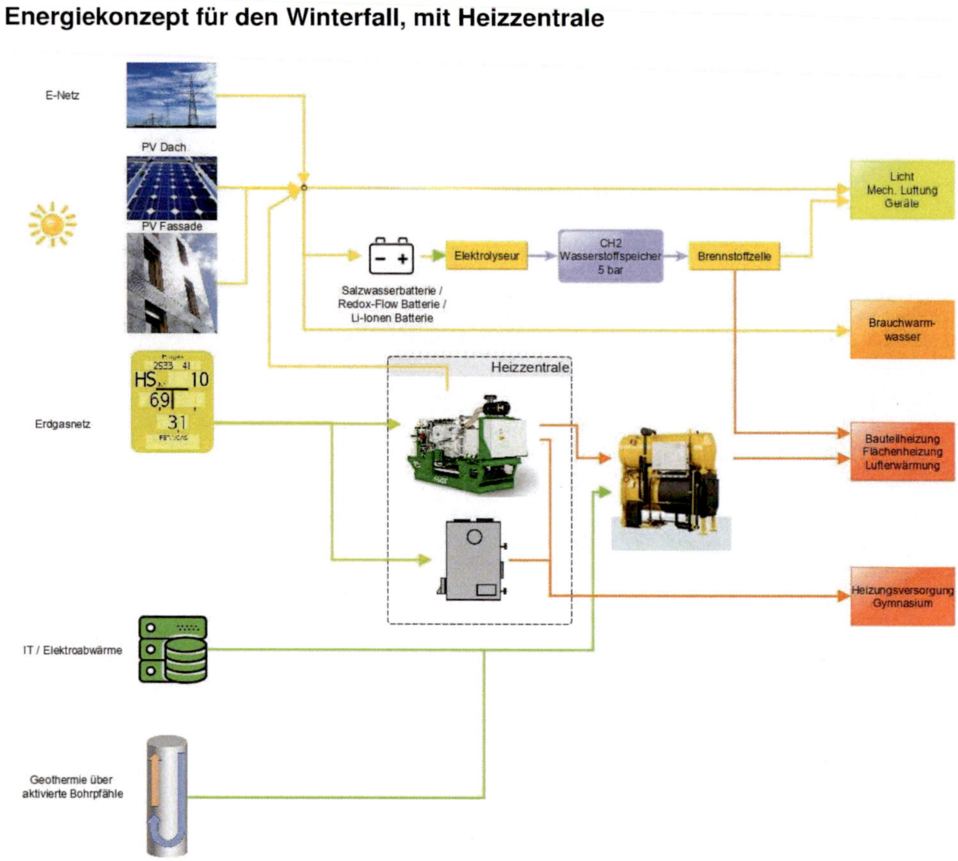

Abb. 6.12 Energiekonzept Winterfall. (Transsolar, München)

Abb. 6.13 Isometrie Zugang Westseite. (Krug Grossmann, München)

6.2 DB Tower und DB Brick, Frankfurt (Hochbau-Entwicklung Var. 2)[1]

Elmar Schütz

6.2.1 Projektbeschreibung

6.2.1.1 Rückblick und Projektstart

Als Teil der Land- und Quartiersentwicklung des Europaviertel in Frankfurt am Main auf dem ehemaligen Rangierbahnhof Frankfurt, für dessen 67 ha großen Westteil die Aurelis Real Estate (Aurelis) verantwortlich zeichnet, wurden sehr früh die Planungen auf den zwei benachbarten Baufeldern (BF) 42c-Ost und 42b für jeweils hochwertige und nachhaltige Büronutzungen vorangetrieben und für 42b früh ein Bauantrag eingereicht. Allerdings ergab sich in den Jahren 2013 bis 2017 trotz zahlreicher Anfragen keine für einen Projektstart ausreichende Vermietung.

Dies änderte sich im Jahr 2017 mit einer Anfrage der Deutschen Bahn (DB) für ihre Sparte Personenverkehr über eine Mietfläche von insgesamt ca. 50.000 m^2 (Tab. 6.1). Wegen der sehr umfangreichen Änderungen für die bereits vorliegenden Planungen und dem gewünschten Einzugstermin wurde schon bei den ersten Gesprächen klar, dass der Gesamtterminplan bis zur Fertigstellung und Übergabe der Mietflächen sehr ambitioniert war. Vor allem war klar, dass der Flächenbedarf nur in beiden Baufeldern zusammen befriedigt werden konnte (siehe Abb. 6.14).

Das detaillierte Anforderungsprofil der Mieterin wurde analysiert und auf die beiden Bürohausprojekte übertragen. Am Ende einer sehr kurzen und intensiven Phase der Überprüfung und Anpassung der Planungen an den Mieterbedarf entstanden zwei eigenständige, juristisch unabhängige Mietverträge mit zahlreichen Anlagen zur Definition des Bausolls. Das Gesamtgesuch der DB nach hochwertigen Mietflächen wurde passgenau in den zwei Mietobjekten

Tab. 6.1 Zusammenstellung der wesentlichen Kennzahlen

Kennzahlen	DB Tower	DB Brick	Gesamt
Grundstücksgröße [m^2]	4950	7739	12.689
BGF oberirdisch [m^2]	35.909	28.265	64.174
BGF unterirdisch [m^2]	11.800	6030	17.830
BGF gesamt [m^2]	47.709	34.295	82.004
Anzahl Stellplätze in TG	213	161	374
Geschosse oberirdisch	EG+16	EG+6	
Geschosse unterirdisch	3	1	
Unterkante Bodenplatte [m unter OKG]	– 13,00	– 3,60	
Höhe [m über OKG]	66,00	30,73	

[1] Der außerordentliche Dank des Autors gilt dem Aurelis-Kollegen Frank Dorn, dem seinerzeit leitenden Projektmanager des Teilprojekts DBT. In bester Zusammenarbeit mit ihm ist dieses Projektbeispiel ausgewertet und dokumentiert worden.

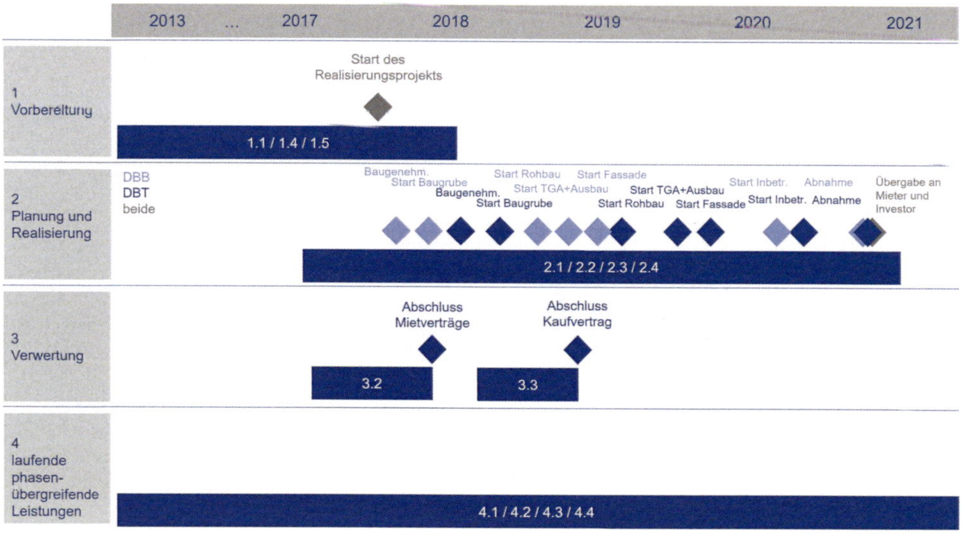

Abb. 6.14 Darstellung des Projekts mit den Arbeitspaketen nach dem Leistungskatalog aus Kap. 5 und ausgewählten Meilensteinen

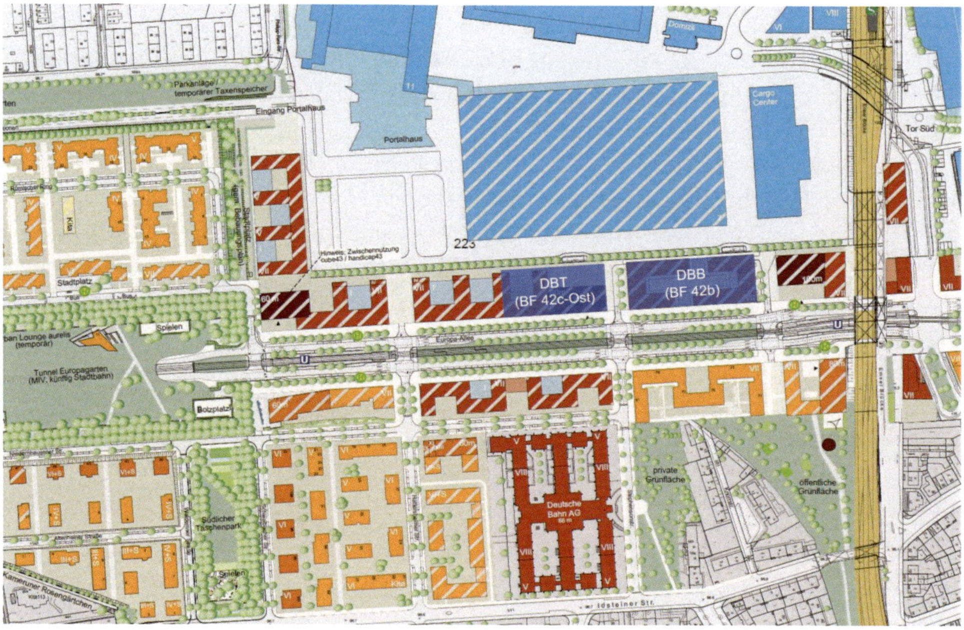

Abb. 6.15 Lage des DB Campus im Europaviertel, dargestellt anhand des sogenannten Erschließungsmasterplans (Aurelis/AS+P Albert Speer + Partner GmbH)

dargestellt. Ab diesem Punkt wurden die Projekte nun DB Brick (DBB) und DB Tower (DBT) genannt, zusammen bilden sie den neuen DB Campus Frankfurt am Main (Abb. 6.15).

6.2.1.2 Teamgeist in der Praxis

Die Aurelis Real Estate Service GmbH organisiert das operative Geschäft über vier selbstständige regionale Einheiten unter dem Dach der Aurelis Real Estate GmbH, und zwar in München (Region Süd mit einer Außenstelle in Nürnberg), Eschborn bei Frankfurt am Main (Region Mitte mit Außenstellen in Mannheim und Kornwestheim), in Duisburg (Region West) und Hamburg (Region Nord mit einer Außenstelle in Berlin).

Für die Aurelis-Region Mitte ist die Kombination aus DBB und DBT die bisher größte Hochbauprojektentwicklung. Man muss hervorheben, dass zum Zeitpunkt des Mietvertragsschlusses der spätere Projekterfolg und die Zufriedenheit aller Beteiligten nicht als selbstverständlich anzunehmen waren. Die üblichen aus früheren Projekten wohlbekannten Unwägbarkeiten und Baurisiken standen Aurelis-intern allen Beteiligten vor Augen. Dazu kamen der knappe Zeitplan und die anspruchsvolle Mieterin. Wichtig für das Gesamtverständnis dieser Herausforderung ist die Darstellung der komplexen Zusammenhänge vieler Fachsparten und Gewerke in Tab. 6.2. Nach der Realisierung sollten zwei mangelfreie Mietobjekte auf der Grundlage der Bau- und Ausstattungsbeschreibungen geschaffen worden sein. Vertragsgrundlage waren Anforderungen an hochwertigen, zeitgemäßen und flexiblen Büroraum mit sehr hohen Anforderungen an Komfort und ent-

Tab. 6.2 Übersicht der (externen) Projektbeteiligten (außer Auftraggeber, Mieter und Behörden); a und b kennzeichnen je unterschiedliche Werkauftragnehmer und Dienstleister

Projektbeteiligte	DB Tower	DB Brick
Projektsteuerer	a	a
Objektplaner (Architekt)	a, b (nur Fassade)	a
Tragwerkplaner	a	b
Prüfingenieur für Baustatik	a	b
Ingenieur-Büro für Geotechnik	a	a
Prüfingenieur für Geotechnik	a	--
Windgutachter	a	b
Sachverständiger für Beweissicherung	a	a
Brandschutzsachverständiger	a	a
Fassadenplaner	a	a
Planer für Haustechnik (Heizung, Lüftung/Klima, Sanitär und – HLS)	a	b
Planer für Haustechnik (Elektro- und Fernmeldetechnik – ELT)	a	b
Planer für Gastronomie	--	a
Lichtplanung	a	a
Planer für Förderanlagen	a	a
Qualitätssicherer für Förderanlagen	a	--

(Fortsetzung)

Tab. 6.2 (Fortsetzung)

Projektbeteiligte	DB Tower	DB Brick
Freianlagenplaner	a	a
Bauphysiker	a	a
Verkehrsplaner	a	a
Vermesser	a	a
Spezialist für Mietflächenberechnung	a	a
Berater für Facility Management	a	a
Renderer	a	a
Fotograf	a	a
Sicherheits- und Gesundheitskoordinator (SIGEKO)	a	b
Versicherungsmakler	a	a
Rechtsanwalt für Bauverträge	a	a
Rechtsanwalt für Miet- und Kaufvertrag	a	a
Bau-Controller	a	b
TGA-Controller	a	b
Sachverständige für Elektroanlagen	a	b
Sachverständige für Feuerlöschanlagen	a	a
Sachverständige für Lüftungsanlagen	a	b
Sachverständige für weiße Wanne	a	--
Dienstleister für die Projektplattform (Dokumentmanagement- u. Kommunikationssystem)	a	a
Sachverständiger für Arbeitssicherheit	a	a
Messeinrichtungen Medienverbräuche	a	a
Mobilfunkanbieter	a	a
Breitbandanbieter	a	a
Experte für Mietflächenübergabe	a	a
Experte für Catering	a	a
Spezialtiefbau	a	a
Generalunternehmer Schlüsselfertigbau	a	b

sprechend zukunftsfähiger Haustechnik. Büroergänzende Nutzungen wie Empfang, Konferenz, Gastronomie, Hörsaal, Sicherheitszentrale, Versuchsküche, Reprocenter, Automatencentrum, Raum der Stille und Parken waren zu integrieren.

Ein wesentlicher Aspekt in der erfolgreichen Bearbeitung durch die Teams war die zielgenaue Zusammenführung vieler sehr verschiedener technischer Teilaspekte, aber auch sehr verschiedener individueller Persönlichkeiten. Herausheben muss man deshalb die Teamleistung aller Projektbeteiligten beider Projekte, ohne die der Projekterfolg nicht möglich geworden wäre.

Die Planungsbüros waren mit Ausnahme des Architekturbüros im Wesentlichen jeweils nur für ein Projekt beauftragt, was sich teilweise aus der Historie begründete. Dies erwies sich dann im Projektverlauf wegen der notwendigen Personalkapazitäten als großer Vorteil.

Die Auflistung in Tab. 6.2. umfasst nahezu alle projektbeteiligten Fachplaner, Berater und Sachverständige sowie die Bauunternehmer – letztere, da sie als Generalunternehmer beauftragt sind, nicht weiter aufgeschlüsselt. Bis auf eine Ausnahme war es gelungen, sehr kompetente und leistungsbereite Partner zu beauftragen. Die Minderleistung eines einzelnen konnte in den agilen Teams gut kompensiert werden.

Der Projektsteuerer zeichnete sich durch umfangreiche Kompetenzen und Erfahrung in komplexen Hochbauprojekten aus. Er arbeitete mit zwei Teams in je einem Projekt. Der Objektplaner (Architekt) wurde bei DBT ergänzt durch einen Architekten, der nur für die Fassadengestaltung verantwortlich war. Dieser ging als Preisträger eines durch die Stadt Frankfurt im Projektverlauf gewünschten Wettbewerbs hervor (s. u.).

Von den Trägern öffentlicher Belange seien hier nur die Wichtigsten genannt: Die Stadt Frankfurt am Main mit dem Stadtplanungsamt, der Bauaufsicht, dem Umweltamt, dem Amt für Straßenbau und Erschließung, der Branddirektion, der Untere Wasserbehörde, der Stadtentwässerung, dem Grünflächenamt, der Stadtwerke Verkehrsgesellschaft sowie die Deutsche Flugsicherung in Langen und das Regierungspräsidium Darmstadt.

Als ausführende Firma wurde je Projekt zunächst der Spezialtiefbau für die Baugrubenerstellung und die Gründung beauftragt. So konnte die Ausführung schnellstmöglich beginnen. Zeitversetzt wurde die Planung fertiggestellt und die Ausschreibung und Vergabe der Leistung Generalunternehmer auf den Weg gebracht. Die Bauleistungen wurden somit in vier Verträgen an drei Vertragspartner übertragen. Auf Grundlage der Nachunternehmerlisten kann in Summe über die gesamte Bauzeit und beide Projekte von ca. 120 Nachunternehmern ausgegangen werden.

Die Bauherrin Aurelis wurde vertreten durch die Region Mitte, die Geschäftsführung, den Abteilungsleiter Projektmanagement und ein Team aus insgesamt nur vier Projektmanagern, bestehend aus Frauen und Männern für beide Projekte zusammen. Dieses „Team Aurelis" wurde nach bewährten Kriterien zusammengestellt: Eine kleine Anzahl; sich ergänzende Fähigkeiten und Vorlieben; gemeinsame, klare und anspruchsvolle Zielvereinbarung; übereinstimmende Arbeitsauffassung und Bereitschaft, sich gegenseitig zu unterstützen. Aurelis sorgte zudem dafür, dass insgesamt Rahmenbedingungen herrschten, die das Team nicht behinderten. U. a. bezog das Team im Verlauf der Realisierung ein angemietetes Projektbüro in unmittelbarer Nähe zu den beiden Baustellen – ein weiterer wesentlicher Punkt für den Projekterfolg.

Die Komplexität des Projekts ist auch sehr gut in der Struktur der Jour Fixes (JF) zu erkennen. Diese fanden für die Projekte jeweils getrennt ein- oder zweiwöchentlich statt und wurden durch AG-interne Besprechungen, die wöchentlich bzw. nach Bedarf angesetzt wurden, ergänzt. Die JF wurden teilweise über die gesamte Projektlaufzeit durchgeführt. Es gab JF zur Planung, zum Spezialtiefbau, des GU, mit der Mieterin, für die Entscheidungsvorlagen, für die Gebäudeautomation, mit dem Endinvestor, zur Projektsteuerung und eben Aurelis-intern. Die JF waren gelebter Teil der Projektroutinen.

6.2.2 Bausteine aus den PE-Phasen

6.2.2.1 Planung und Realisierung in Stufen

Die im Folgenden aufgeführten Stufen entsprechend nur grob der Einteilung nach AHO Nr. 9, die von der Projektvorbereitung (1), über die Planung (2), die Ausführungsvorbereitung (3) und die Ausführung (4) bis zum Projektabschluss (5) führen. Die Tatsache, dass die (Teil-)Projekte DBT und DBB in ihrer Planung schon fortgeschritten waren und frühere Leistungen, z. B. die Genehmigungsplanung, zum Teil wiederholt werden mussten, der Umstand, dass das Projektteam aus guten Gründen sich für eine Trennung der Baugrube in Planung und Bau vom Rest der Gebäude entschieden hatte, und dass planungs- und ausführungsbegleitend Mieter und der Investor mit ihren Anforderungen in das Projekt integriert werden mussten, führte zu einer projektspezifischen Einteilung. Und sie zeigt, dass jede Gliederung aus dem Lehrbuch in der Praxis an seine Grenzen stößt, insbesondere was die Chronologie eines Projektes ausmacht.

Die projektspezifische Einteilung startet in etwa in der Projektstufe 3 nach AHO Nr. 9, zieht aber noch Elemente der Stufe 2 hinein; genannt wird sie hier aber Stufe 1. In die im Weiteren beschriebenen Stufen sind zudem Leistungen aus der PE-Phase 3 Vermarktung sinnvoll integriert.

Stufe 1
In dieser Stufe wurden insbesondere folgende Pakete bearbeitet:

- detaillierte Abstimmung mit der Mieterin zur Planung und Baubeschreibung
- Abschluss des Mietvertrages mit umfangreichen Anlagen zum Bausoll
- Abstimmung mit der Projektsteuerung und den Planern zu Definition der Leistungen und Termine
- Durchführung eines Architektur-Wettbewerbs zur äußeren Gestalt von DBT
- Erstellung und Einreichung des Bauantrags für die Baugrube
- Erstellung und Einreichung des Bauantrags für den Hochbau-Grundausbau
- Fertigstellung und Abstimmung der Entwurfsplanung zum Mieterausbau nach Anforderungen der Mieterin
- Vorbereitung der Ausschreibungsunterlagen für Baugrube und Gründung
- Einholung und Verhandlung der Angebote zur Baugrube bei Spezialtiefbau-Unternehmen sowie Vergabe des Spezialtiefbaus
- Koordination der Baustelleneinrichtung für den Spezialtiefbau

Hintergrund für die Durchführung des Architektur-Wettbewerbs ist die Tatsache, dass DBT baurechtlich ein Hochhaus darstellt. Für alle Hochhäuser im Europaviertel sind gemäß städtebaulichen Vertrag Wettbewerbsverfahren zu deren architektonischer Qualifizierung durchzuführen. Der zu dem Zeitpunkt aus der Machbarkeitsstudie schon vorliegende Grundrissentwurf, der im Übrigen Grundlage des Mietvertrages war, wurde in der Aufgabenstellung vorgegeben, sodass sich die Teilnehmer des Wettbewerbs im Wesentlichen auf das Erscheinungsbild des Hochhauses konzentrieren konnten.

Im Anschluss konnte die Bauausführung der Baugrube einschließlich Verbaumaßnahmen und Gründungspfähle (Abb. 6.16) starten.

In Abb. 6.17 sind die Aktivitäten der PE-Phase 1 dargestellt. Bei diesem Projekt waren 1.2 Auswahl von Liegenschaften aus dem eigenen Bestand, 1.3 Akquisitionsprüfung und Sicherung von Fremdliegenschaften und 1.6 Ankauf gem. Leistungskatalog in Kap. 5

Abb. 6.16 Ein Blick in die Baugrube zur Abendzeit Anfang 2019 (Aurelis, ©Henning Kreft)

Akteure		1.1 Bedarfsplanung	1.4 Machbar-keitsstudie	1.5 Projekt-finanzierung			
Entscheider / Aufsichts-gremium	Geschäftsführung (GF) und/oder Advisory Bord (AB)	–	Information (GF)	–			
Entwickler (Hochbau)	Aurelis	Verantwortung	Verantwortung	Verantwortung			
Dienstleister	diverse	Mitwirkung	Mitwirkung, Durchführung	Mitwirkung, Durchführung			
Baurechtsgeber (Baubehörde)	diverse, Federführung: Bauaufsicht	–	–	–			
Mieter	Deutsche Bahn (zwei Mietverträge)	Mitwirkung	–	–			
Käufer (Endinvestor)	Warburg-HIH Invest	–	–	–			
Öffentlichkeit	–	–	–	–			

Abb. 6.17 Akteure und Rollen in der PE-Phase 1

nicht relevant, da die Projektgrundstücke planmäßig für die Hochbauentwicklung im Europaviertel vorgesehen waren; dieses war Teil eines Jahre zurückliegenden Portfolio-Ankaufs von Aurelis.

Stufe 2

Nun war vor allem die GU-Vergabe vorzubereiten, durchzuführen und abzuschließen, und zwar in folgenden Schritten:

- Vorbereitung der Ausschreibungsunterlagen für die GU-Leistung
- Ansprache erfahrener Generalunternehmer, teilweise geprägt durch Netzwerkarbeit mit dem Ziel, auch Angebote von leistungsfähigen Mittelstands-Arbeitsgemeinschaften zu erhalten
- Einholen von Angeboten und Klären von Rückfragen zur Technik
- Erläuterung der ambitionierten Terminvorgabe und Einforderungen von deren Sicherstellung
- Abstimmung von Konzeptvorschläge der Unternehmen zur Optimierung (z. B. hinsichtlich Fertigteile für den Rohbau und oder die Fassadenbauteile)
- Verhandlung überarbeiteter Angebote
- Beauftragung der Generalunternehmerleistung mit umfangreichen Anlagen zur detailgenauen Leistungsbeschreibung für die schlüsselfertige Erstellung; die Ausführungsplanung wurde bei den GUs mitbeauftragt.

Parallel zur GU-Vergabe lief die Suche nach einem Investor. Von den Interessenten wurden detaillierte Rückfragen zu Planung, Baubeschreibung, Abwicklung und Qualitätssicherung gestellt. Insbesondere wurden nicht unbegründete Zweifel am geplanten Fertigstellungstermin geäußert, aber vom Aurelis-Team ausgeräumt. Am Ende stand der Abschluss eines Kaufvertrages mit einem Investor für beide Projekte, und zwar vor dem Baustart in einem sogenannten *Forward Deal*. Somit war Aurelis nicht nur gegenüber dem Mieter, sondern auch gegenüber dem Endinvestor, in dem Fall eine Fond-Gesellschaft, verpflichtet, termin- und qualitätsgerecht zu liefern. Der Forward Deal hatte den Vorteil, dass keine gesonderte Projektfinanzierung organisiert werden musste, da Kaufpreisraten mit dem Baufortschritt gezahlt wurden.

Abb. 6.18 zeigt die Akteure und Rollen in der PE-Phase 2. 2.1 Baurechtschaffung und 2.2 Planung, Vergabe und Durchführung von Erschließung und Infrastruktur hatte Aurelis im Zuge der Landentwicklung übernommen.

Akteure		2.3 Hochbau	2.4 Inbetriebnahme/ Übergabe				
Entscheider / Aufsichts-gremium	Geschäftsführung (GF) und/oder Advisory Bord (AB)	Zustimmung (zu Investitionen; GF u. AB)	–				
Entwickler (Hochbau)	Aurelis	Verantwortung	Verantwortung				
Dienstleister	diverse	Mitwirkung, Durchführung	Mitwirkung, Durchführung				
Baurechtsgeber (Baubehörde)	diverse, Federführung: Bauaufsicht	–	–				
Mieter	Deutsche Bahn (zwei Mietverträge)	–	Durchführung				
Käufer (Endinvestor)	Warburg-HIH Invest	–	Durchführung				
Öffentlichkeit	–	Nachbarn werden informiert	–				

Abb. 6.18 Akteure und Rollen in der PE-Phase 2

Stufe 3

Diese Stufe drehte sich um alles, was dem Aufsetzen des Ausführungsprozesses Hochbau im Detail dient oder zu ihm gehört – im Einzelnen:

- Erarbeitung eines Monitorings zur Sicherung von Kosten, Terminen und Ausführungsqualität sowie Aufbauen eines engmaschiges Qualitätssicherungsnetzes
- Prüfung und Freigabe der Ausführungsplanung des GU sowie Planungskoordination während der Ausführung
- Abstimmung und Festlegung des Vorgehens in Sachen Bautenstandsbericht
- Detailabstimmungen zwischen Spezialtiefbau und GU
- Koordination der Baustelleneinrichtung von GU mit Spezialtiefbau
- Klärung technischer Schnittstellen zur Bauausführung
- Klärung abschnittsweiser Übergaben und belastbarer Übergabetermine Spezialtiefbau-GU

Im Ergebnis konnte der GU den Rohbau mit Ausführung Bodenplatte vor Ende Spezialtiefbau starten.

Weitere Abstimmungen mit GU bezogen sich auf die Baustellenlogistik, den Detailterminplan und die Planungskoordination, die mit Beauftragung an den GU weitergeben wurde. Zu guter Letzt war auch noch Aufbau, Prüfung und Freigabe der Rechnungsstellung, auf die der GU nach Leistungsstand einen Anspruch hat, zu klären.

Stufe 4

Ab jetzt war die Baustelle im Gange (Abb. 6.19). Dennoch war für den Erfolg des Projekts und idealerweise unter Verantwortung des Projektentwicklers bzw. seines Erfüllungsgehilfen, des Projektsteuerers, Folgendes zu veranlassen und durchzuführen:

- Abstimmung von Leistungsänderungen von der Leistungsphase (Lph) 3 zur Lph 5
- Nachtragsmanagement
- Abstimmung von Bemusterung, hier Fassade und Mietfläche, so weit wie möglich im Bau vorgezogen
- Abstimmung der Beauftragung und ggfs. der Austausch von Nachunternehmern

Ein Thema, das einer überraschend intensiven Abstimmung bedarf, war die vom Mieter mehrfach redundante Anbindung beider Objekte an Breitbandnetze in Kupfer und Glasfaser zweier Telekommunikationsunternehmen.

Als Hintergrundinformation ist interessant zu wissen, dass der GU die Prinzipien des Lean Construction Managements durchgehend angewendet hatte und gleichzeitig Aurelis im Zuge seiner Kundenorientierung stets bemüht war, zusätzliche Mieterwünsche zu prüfen, zu bewerten und für den Fall, dass es terminneutral möglich war, sie in den Bauprozess zu integrieren.

Abb. 6.19 Zustand des Bauprojekts im Sommer 2019 (Aurelis, ©Henning Kreft)

Dem Nachtragsmanagement voraus ging bzw. mit ihm eng verbunden war das Changemanagement. Es mussten während der Ausführung neue Ideen aus der Sphäre des Bauherrn, des Mieters und sogar der Bauaufsicht, da einige Änderungen Nachträge zum Bauantrag auslösten, verarbeitet werden.

Das bereits genannte System zur Qualitätssicherung kam nun zum Tragen: Es fanden regelmäßige Begehungen zur Qualitätssicherung der Baukonstruktion statt, also von allem, was mit der Kostengruppe (KG) 300 nach DIN 276 erfasst ist. Gleiches galt für gesonderte Begehungen zur Qualitätssicherung der Gewerke aus der KG 400, also der technischen Gebäudeausrüstung. Während bei den zuvor genannten nur Aurelis mit seinen Werkauftragnehmern auf der Baustelle zugange war, gab es eigene regelmäßige Begehungen zur Qualitätskontrolle durch Vertreter des Investors.

Abb. 6.20 zeigt die Akteure und Rollen in der PE-Phase 3.

Stufe 5

Es ist schon mehrfach deutlich geworden, dass Qualität für die Beteiligten in dem Projekt eine besondere Bedeutung hatte. Die letzten baubegleitenden Begehungen zur Qualitätssicherung fanden daher unter Hinzuziehung von Sachverständigen für Bauschäden statt. Sie waren damit eine Begehung zur Vorbereitung der Abnahmen. Die eigentlichen Abnahmen fanden dann alle unter Hinzuziehung der in Tab. 6.2 genannten Sachverständigen statt. Des Weiteren standen am Schluss dieser Stufe an:

Akteure		3.1 Bewirtschaftung während der P.-laufzeit	3.2 Vermietung	3.3 Verkauf			
Entscheider/ Aufsichts-gremium	Geschäftsführung (GF) und/oder Advisory Bord (AB) Aurelis	-	-	Zustimmung GF und AB			
Entwickler/ Bauland-entwicklung	Aurelis	Verantwortung, Durchführung	Verantwortung, Durchführung	Verantwortung, Durchführung			
Dienstleister	diverse	Mitwirkung	Mitwirkung (Vermittlung Mietvertrag)	Mitwirkung (Vermittlung Kaufvertrag)			
Baurechtsgeber (Stadtplanung)	diverse, Federführung: Bauaufsicht	Mitwirkung	-	-			
Mieter	Deutsche Bahn (zwei Mietverträge)	Mitwirkung	-	Information			
Verkäufer	Warburg-HIH Invest	-	Information	Durchführung			
Öffentlichkeit	Stadtöffentlichkeit	-	Information	-			

Abb. 6.20 Akteure und Rollen in der PE-Phase 3

- Abstimmung eines Prozesses zur digitaler Mangelaufnahme mit dem GU
- Start des Inbetriebnahmeprozesses der technischen Anlagen
- vorgezogene Übergabe von Teilbereichen an die Mieterin für mietereigene Leistungen
- diverse Begehung zur Mangelaufnahme mit Teams aus GU, Mieterin, Investor, Bauherr und den Sachverständigen für Bauschäden
- Abstimmung der Unterlagen zur technischen Prüfung, in dem Fall nach der hessischen Verordnung über die Prüfung technischer Anlagen und Einrichtungen in Gebäuden (Technische Prüfverordnung – TPrüfV) vom 4. Dezember 2020
- förmliche Anzeige der abschließenden Fertigstellung bei der Bauaufsicht gemäß Hessischer Bauordnung (HBO)
- Begehung mit den Vertretern der Bauaufsicht Frankfurt und der Branddirektion zur behördlichen Abnahme

Die Abnahme der Bauleistungen und die Übergabe an Mieterin und Investor fanden gleichzeitig am 30.09.2020 nach nur 29 (DBT) bzw. 32 (DBT) Monaten Bauzeit statt (Abb. 6.21).

Abb. 6.22 zeigt die Akteure und Rollen in der PE-Phase 4.

6.2.3 Besonderheiten im Projekt

Die Tatsache, dass ein Mietgesuch in zwei Mietverträge aufgeteilt und in zwei zu koordinierenden (Teil-)Projekten umgesetzt wurde, ist allein schon eine Besonderheit. Das vorausgeschickt wird eine Auswahl weiterer Besonderheiten nur schlaglichtartig beleuchtet:

- Ein entscheidender Punkt ist die Aufteilung der Gesamtbauleistung auf *zwei leistungsfähige unabhängige Generalunternehmen*. Damit entstanden in allen relevanten Bereichen größeren Kapazitäten, inklusive des Managements der Baustellen.

Abb. 6.21 DB Tower (links) und DB Brick (rechts) kurz vor der Fertigstellung im Sommer 2020 (Aurelis, ©Henning Kreft)

Akteure		4.1 laufende Information, O., K., D.	4.2 laufendes Projekt-controlling	4.3 laufende Kommunikation / Marketing / PR	4.4 lfd. Angebots- und Vertrags-management		
Entscheider/ Aufsichts-gremium	Geschäftsführung (GF) und/oder Advisory Bord (AB) Aurelis	-	-	-	-		
Entwickler/ Bauland-entwicklung	Aurelis	Verantwortung, Durchführung	Verantwortung, Durchführung	Verantwortung, Durchführung	Verantwortung, Durchführung		
Dienstleister	diverse	Mitwirkung	Mitwirkung (Projektsteuerung)	Mitwirkung (Öffentlichkeits-arbeit, Marketing)	-		
Baurechtsgeber (Stadtplanung)	diverse, Federführung: Bauaufsicht	Information	-	-	-		
Mieter	Deutsche Bahn (zwei Mietverträge)	Information	-	Mitwirkung (Öffentlichkeits-arbeit)			
Verkäufer	Warburg-HIH Invest	-	-	Mitwirkung (Öffentlichkeits-arbeit)	-		
Öffentlichkeit	Stadtöffentlichkeit	-	-	-	-		

Abb. 6.22 Akteure und deren Rollen – bei laufenden phasenübergreifenden Leistungen

- Ab dem Jahr 2020 mussten die erforderlichen Maßnahmen zur *Eindämmung der COVID19-Pandemie* auf der Baustelle und im Management umgesetzt werden. Leider war deshalb keine sonst übliche Abschlussveranstaltung auf dem Bau möglich. Es gab im Übrigen nur einzelne Ausfälle, etwa ein Montageteam zur Gastronomie aus Südtirol, das in der entsprechenden Terminierung komplett ausfiel. Corona-bedingte Lieferengpässe, so z. B. bei Umluftkühlgeräten, konnten durch Ersatzprodukte kompensiert werden. Und die Pandemie hatte auch eine positive Auswirkung: Die Messe Frankfurt als Nachbar und ihre großen internationalen Veranstaltungen wurden bereits sehr früh im Grob-Terminplan berücksichtigt. Wegen Corona wurden allerdings einige Veranstaltungen abgesagt, sodass zusätzliche Puffer und Möglichkeiten z. B. für einen Autokran-Standort auf dem Nachbargelände entstanden.

- Gleich zu Baubeginn gab es *eine Überraschung in der Geologie*: Die Höhe des Frankfurter Kalks lag in Teilbereichen nicht so, wie es der sehr erfahrene Planer aufgrund der Sondierungen vorausgesagt hatte. Eine Ecke der Baugrube kippte weg. Die geplanten Schlitzwände in diesem Bereich mussten wegen der behördlichen Auflage einer wasserdurchlässigen Baugrube kurzfristig von 30 auf 39 m Tiefe und damit bis in geringdurchlässige Tone verlängert werden. Das war nicht nur für die Statik, sondern für den gesamten Herstellungsprozess eine Herausforderung. Die Anpassung wurde trotz großen Aufwands zumindest terminneutral durchgeführt.
- Der Mietvertrag sah einen definierten, wie schon erwähnt sehr ambitionierten Übergabetermin vor. Dazu wurden Meilensteintermine zur Bestätigung des Übergabetermins im Projektverlauf fixiert. Die Nichteinhaltung des Übergabetermins war vertragsstrafenbewehrt. Zudem wurden der Mieterin im Zuge der *Mieterkoordination* umfangreiche Rechte in der Planungsbeteiligung eingeräumt. Herauszuheben ist das Recht, nach Übergabe der Raum- und Zonierungsplanung bis spätestens 12 Monate vor Fertigstellung an den GU noch Änderungen bis maximal 30 % der laufenden Meter nichttragender Wände im Ausbauraster zuzulassen.
- Aus den Änderungswünschen der Mieterin resultieren 97 Entscheidungsvorlagen sowie zusätzlich noch 23 Leistungsänderungen. Eine besondere war der Wunsch nach einer *Verbindungsbrücke.* Nach Mietvertragsschluss sollten die beiden Gebäude in luftiger Höhe mit einer Gebäudebrücke verbunden werden, sodass die Mitarbeiter witterungsgeschützt von DBB zu DBT gelangen könnten. Neben statisch-konstruktiven Schwierigkeiten war auch die Genehmigungsfähigkeit durch die Bauaufsicht sehr ungewiss. Diesem Wunsch konnte daher nicht gefolgt werden. Als Kompromiss wird wurde ein unterirdischer Verbindungsgang nachträglich geplant und umgesetzt.
- Zur *Vorbereitung der Abnahme* der Bauleistung wurden nach Abstimmung aller Beteiligten mehrere Teams aus GU, Mieterin, Investor, Bauherr und den Sachverständigen für Bauschäden gebildet. Es konnten pro Team und Tag 1000 m^2 Mietfläche begangen und dokumentiert werden. Vor Ort erfolgte die Mängelaufnahme auf Diktiergerät. Danach erfolgte die digitale Übertragung auf ein Spezialmängeltool, in dem die Mängelmeldungen weiterverarbeitet wurden. Der für ca. 50.000 m^2 Mietfläche zu leistende Aufwand wird so anschaulich.
- Die Bauaufsicht Frankfurt empfahl eine besondere *Kommunikation mit den Nachbarn*, besonders mit den Bewohnern der umliegenden Wohngebäude. Das gelang u. a. mittels gemeinsamer Grillabende in den ersten Bauphasen, also noch vor der Covid-19-Pandemie, bei denen eingangs auch technische Aspekte präsentiert wurden. So stieß z. B. der Spezialtiefbau auf besonderes Interesse.

6.3 Sheridanpark Konzeptvergabe, Augsburg ([Bau]-Landentwicklung und Hochbau-Entwicklung Var. 2)

Elisabeth Krön

6.3.1 Projektbeschreibung

Konzeptvergaben von Grundstücken der öffentlichen Hand sind ein inzwischen verbreiteter Weg, um den Zuschlag auf Grundlage vorher formulierter qualitativer Kriterien statt anhand des höchsten gebotenen Kaupreises vorzunehmen. Dies soll dazu führen, dass hohe, ggf. überteuerte Grundstückspreise die Kosten von neuem Wohnraum nicht weiter steigen lassen, sowie dass weitere Interessen der Kommune (z. B. Bevölkerungsmischung, Mischung verschiedener Bauherren- und Trägerstrukturen) Berücksichtigung finden.

Derartige Verfahren haben Konsequenzen auf die Aufgaben und Prozesse der Projektentwicklung, sowohl auf der Seite der Kommune als auch auf Seite der Grundstücksinteressenten bzw. -käufer.

Anhand der für Konzeptvergaben vorgesehenen Baufelder in der ehemalischen Sheridan-Kaserne in Augsburg werden nachfolgend beide Perspektiven dargestellt, einerseits die der Entwicklung des Baulandes durch die Wohnbaugruppe Augsburg im Auftrag der Stadt Augsburg, andererseits – exemplarisch – die einer Baugruppe als Hochbauentwickler.

Die Stadt Augsburg beherbergte bis zum Jahr 1998 bis zu 30.000 US-amerikanische Soldaten und deren Familien in insgesamt drei Kasernen, die ihren baulichen Ursprung in der Zeit des Nationalsozialismus hatten. Deren Flächen beliefen sich auf insgesamt 162 ha. Mit dem Abzug der US-Garnison fielen die Liegenschaften an die Stadt und wurden zu Entwicklungsflächen in teils hochattraktiven Lagen.

Die Konversion der ehemaligen US-Garnisonskasernen bot der Stadt Augsburg erhebliche Flächenpotenziale zur Entwicklung. Gut 25 Jahre später ist dieser Prozess nahezu abgeschossen. Es entstanden Wohnungsbauten, Gewerbeflächen, aber auch ein großer und gestaltprägender Landschaftspark.

Im Falle der Sheridan-Kaserne gingen aus städtebaulichen Wettbewerben Bebauungspläne hervor. Das Projektbeispiel liegt innerhalb des B-Plans Nr. 288 B1 aus dem Jahr 2007 (Abb. 6.23), der insgesamt um 35 ha Flächen für Gewerbe, angrenzend an eine Bundesstraße, sowie dahinterliegend 19 ha Flächen für Wohnnutzung vorsieht. Die Zielsetzung dort bestand zunächst darin, die Ansiedlung junger Familien und bezahlbaren Geschosswohnungsbau zu ermöglichen und eine zügige Entwicklung und Absorbierung der Flächen zu gewährleisten.

Im Jahr 2013 entschied man sich aufgrund anhaltend hohem Bedarf an Wohnraum für eine Änderung des Bebauungsplans, der Teile der bisher vorgesehener Gewerbenutzung nun ebenfalls für Wohnen vorsah. Dort entschied sich der Stadtrat, für einige der noch verbleibenden Grundstücke (insgesamt 1,3 ha) mit einem Potenzial für ca. 180 Wohnungen, über die Konzeptvergaben neue Impulse zu setzen und die nachfolgenden Ziele zu realisieren:

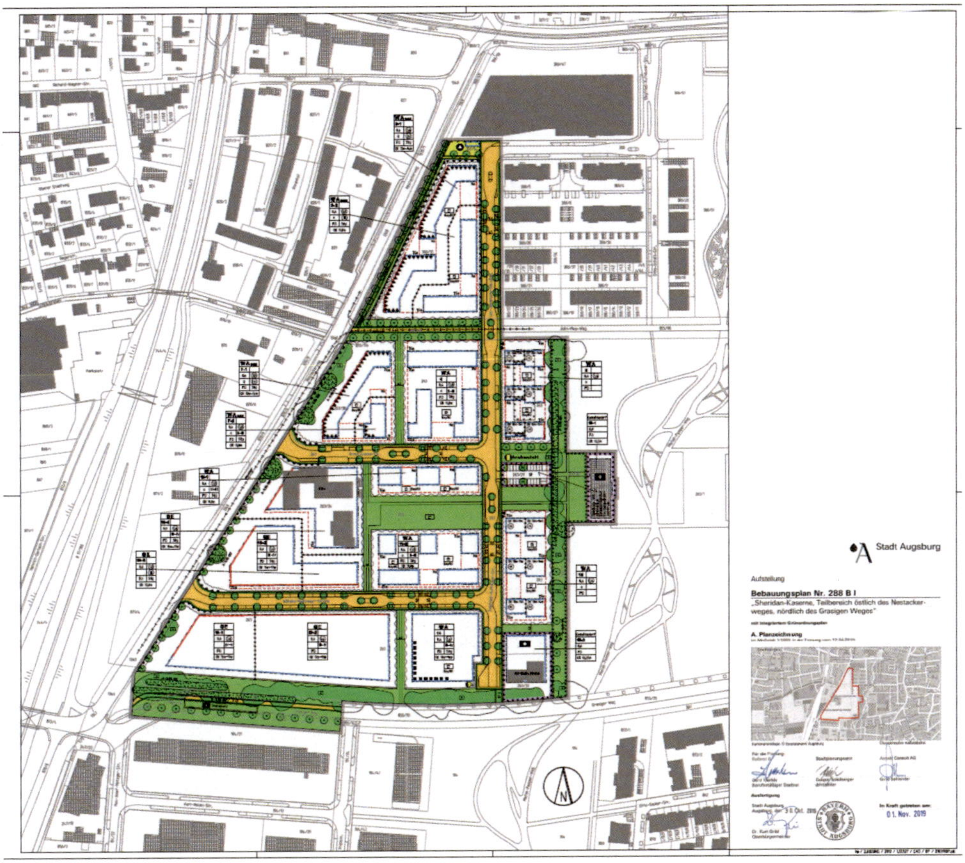

Abb. 6.23 B-Plan Nr. 288 B1, Sheridan-Kaserne, Teilbereich östlich des Nestackerweges, nördlich des Grasigen Weges

„In Ergänzung dazu soll nun interessierten Personen, insbesondere Projektinitiativen, bei den noch nicht verkauften Wohnbaugrundstücken im Nordosten des Sheridanparks die Gelegenheit gegeben werden, ihre Wohnvorstellungen auch im Geschosswohnungsbau einzubringen, um so die Wohnzufriedenheit zu fördern und Möglichkeiten der Nachbarschaften, gemeinsame Zielsetzungen und alternative Konzepte zu initiieren. Diese sollen und können in verschiedensten Eigentumsformen umgesetzt werden. Um diese Wohnformen zu ermöglichen, soll nicht der höchste gebotene Preis bei der Vergabe der Grundstücke entscheiden, sondern das beste Konzept."(Wohnbaugruppe, S. 3)

„In dem neuen Baugebiet sollen künftig neben einkommensorientiertem Wohnen solche Geschosswohnungsbauten entstehen, bei denen die Bewohner bei der Gestaltung ihrer Wohnung und ihres Wohnumfeldes mitwirken können. Mithilfe des Konzeptvergabeverfahrens sollen aus den Bewerbungen diejenigen ausgewählt werden, die den höchsten Mehrwert für das Quartier und die Stadtgesellschaft bieten."(ebd., S. 2)

Dazu ermöglicht der Bebauungsplan auch die Integration von weiteren quartiersbezogenen Nutzungen: „Für die Baufelder ist ein Allgemeines Wohngebiet mit Geschosswohnungsbau festgesetzt. Dies beinhaltet, dass neben Wohnen auch die der Versorgung des Gebietes dienenden Läden, Schank- und Speisewirtschaften, nicht störende Handwerksbetriebe sowie Anlagen für kirchliche, kulturelle, soziale, gesundheitliche und sportliche Zwecke zugelassen sind. Damit ist es planungsrechtlich zulässig, verschiedene quartierbezogene Nutzungen ergänzend zum Wohnen in das jeweilige Konzept zu integrieren." (ebd. S. 11)

Die von der Stadt Augsburg für die gesamte Entwicklung beauftragte Wohnbaugruppe Augsburg Entwickeln betreute auch den Prozess der Konzeptvergaben einschließlich der dort vorgesehenen Begleitung der Gruppen bis zur Einreichung des Bauantrags und der Veräußerung der Grundstücke. Zunächst bedeutete dies die Konzeption und Detaillierung eines formal und rechtlich gesicherten Bewerbungs- und Vergabeverfahrens auf Basis der mit der und durch die Stadt definierten Kriterien:

„Zentrale Ziele:

- Wohnen für alle – langfristig und sicher
- Lebendige Quartiere und Nachbarschaften
- Beteiligung und bürgerschaftliches Engagement
- Klima- und Ressourcenschutz
- Qualitäten und Innovation

Mindestanforderungen:

- Professionelle Begleitung
- Abstimmung der Freiflächen- und Tiefgaragenplanung
- Finanzierbarkeit
- Realisierbarkeit
- Mindestmaß an Qualität

Auswahlkriterien:

- Mehrwert für die Stadtgesellschaft (Langfristiges und sicheres Wohnen für alle, Klima- und Ressourcenschutz)
- Mehrwert für das Quartier (lebendige Quartiere und Nachbarschaften, Beteiligung und bürgerschaftliches Engagement)
- Qualität des Konzepts (stadträumliche, architektonische und Freiraumqualität des Projekts, Konsistenz des Konzepts)
- Beteiligung der künftigen Bewohner an der Planung"

Der Ablauf des Verfahrens war wie in Tab. 6.3 dargestellt:

Tab. 6.3 Verfahrensablauf für Konzeptvergabe Wohnbaugruppe. (WBG Informationsunterlage, S. 20 f.)

Verfahrensablauf Konzeptvergabe Sheridan-Park, Augsburg		
Phase 1 Bewerbung	15.02.2021	Grundstücksausschreibung
	05.03.2021	Schriftl. Einreichung von Fragen zum Verfahren (Rückfragenkolloquium)
	26.03.2021	Öffentliche Beantwortung der eingereichten Fragen (Rückfragenkolloquium)
	07.05.2021	Fristende Bewerbung
Phase 2 Auswahl		Vorprüfung
	voraussichtlich am 16.06.2021–17.06.2021	Bewerbungsgespräche
		Auswahlempfehlung durch das Vergabegremium
	voraussichtlich 09/2021	Beschluss der Gremiumsentscheidung im Stadtrat
Phase 3 Reservierung	Reservierungsphase von zirka 18 Monaten mit Verlängerungsoption um weitere 6 Monate bei Vorliegen außerordentlicher Gründe	Reservierungsvereinbarung Konkretisierung und Abstimmung der Planung Erarbeitung ggf. erforderlicher Grundlagenvereinbarung bei konsortialen Bewerbergemeinschaften Bestätigung der Planungs- und Konzeptfortschreibung sowie der Vergabeentscheidung durch die städtischen Gremien Eingabe Bauantrag Erarbeitung Kaufvertragsentwurf
Phase 4 Grundstückskauf	zirka 18 Monate nach Reservierungszusage	Grundstückskauf/notarielle Beurkundung
Phase 5 Baubeginn	nach Grundstückskauf	Baubeginn

In Summe ergab sich aus dem dargestellten Ablauf eine Mindest-Prozessdauer bis zum möglichen Baubeginn von 18 Monaten, der auf beiden Seiten der am Projekt Beteiligten nicht unerhebliche Ressourcen band, jedoch Transparenz und (Rechts-)Sicherheit des Verfahrens, auch im Hinblick auf das Erreichen der definierten Kriterien bot.

Zum Zeitpunkt der Manuskripterstellung waren alle vier Grundstücke verkauft und die Baugenehmigungen erteilt, teils wurden die Bauarbeiten begonnen. Die im Ergebnis erwünschte Wirkung für die Stadt, nämlich eine Belebung und Diversifizierung der Bewohnerstruktur in Verbindung mit neuen und innovativen Gemeinschaftsnutzungen haben also eine Chance auf Realisierung.

Das Projekt eignet sich in besonderer Weise dazu, beide Sichten auf das Vorhaben darzustellen: Die des Verkäufers im Sinne einer (Bau-)Landentwicklung sowie die des Käufers im Sinne einer Hochbauentwicklung. Durch das im Detail definierte Verfahren bedingt sich eine intensive Interaktion zwischen den beiden Parteien über einen längeren Zeitraum.

6.3.2 Bausteine aus den PE-Phasen

6.3.2.1 Projektentwicklung aus der Perspektive des Verkäufers (Baulandentwicklung)

Zunächst werden die PE-Phasen aus der Sicht des Veräußerers dargestellt (Abb. 6.24). Es handelt sich dabei um die Stadt Augsburg, die die Baulandentwicklung treuhänderisch in die Hände der Wohnbaugruppe Augsburg (WBG) Entwickeln gegeben hat.

PE-Phase 1: Vorbereitung

Die Bedarfsermittlung (Abb. 6.25) im Sinne des Einschätzens einer möglichen Nachfrage nach diesem Bauherrenmodell war insofern möglich, als rückwirkend die Nachfrage von

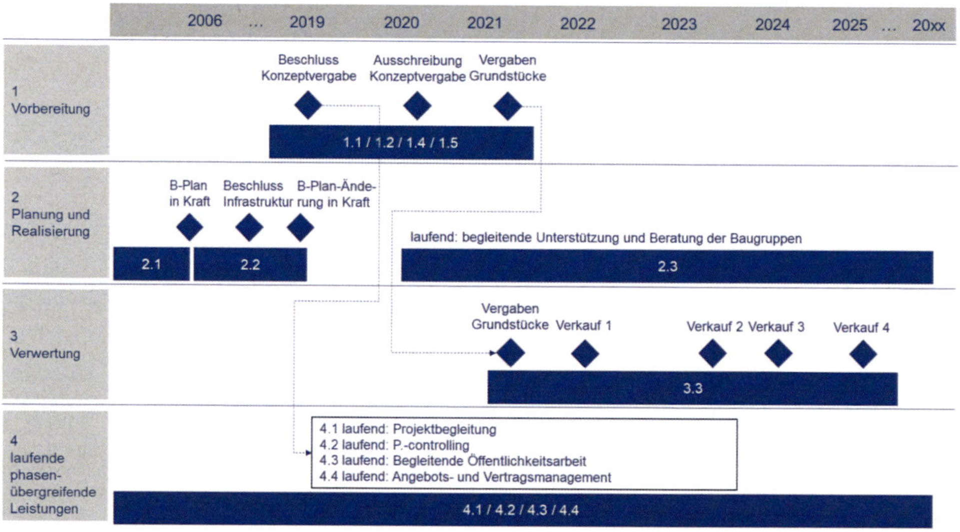

Abb. 6.24 Sheridanpark Augsburg – Konzeptvergabeverfahren: (Bau-)Landentwicklung, Bausteine der Projektentwicklung/Übersicht

		1.1 Bedarfs-ermittlung	1.2 Auswahl von Liegenschaften	1.3 Akquisitions-vorprüfung	1.4 Machbar-keitsstudie	1.5 Projekt-finanzierung	1.6 Ankauf
Entscheider/ Aufsichts-gremium	Stadt Augsburg/ Stadtrat	-	Grundsatz-beschluss, Beschluss	-	-	- (vorgelagert)	- (vorgelagert)
Entwickler/ Bauland-entwicklung	WBG Entwickeln	Rückwirkende Auswertung vergangener Nachfragen	Konzeption	Entfällt, da vorhandene Liegenschaft	Konzeption, Beauftragung	- (vorgelagert)	- (vorgelagert)
Dienstleister	verschiedene	-	-	-	Machbarkeits-studie, Gutachten	-	-
Baurechtsgeber (Stadtplanung)	Stadtplanung Augsburg	-	Vor-abstimmung	-	Vor-abstimmung	-	-
Verkäufer	BIMA	-	-	-	-	-	- (vorgelagert)
Öffentlichkeit	Stadt-öffentlichkeit						

Abb. 6.25 Sheridanpark Augsburg – Konzeptvergabeverfahren: (Bau-)Landentwicklung, PE-Phase 1: Vorbereitung

Akteure		2.1 Baurechts-schaffung	2.2 Erschließung und Infrastruktur	2.3 Hochbau	2.4 Inbetriebnahme/ Übergabe		
Entscheider/ Aufsichts-gremium	Stadt Augsburg/ Stadtrat	-	-	-	-		
Entwickler/ Bauland-entwicklung	WBG Entwickeln	-	Vergabe von Planungs- und Bauleistungen zur Anpassung der Infrastruktur	Begleitung des Konzeptvergabe-verfahrens	-		
Dienstleister	verschiedene	-	Planung, Vergabe, Bau	Unterstützung bei Begleitung des Konzeptvergabe-verfahrens	-		
Baurechtsgeber (Stadtplanung)	Stadtplanung Augsburg	- (Bebauungsplan vorgelagert)	-	-	-		
Verkäufer	BIMA	-	-	-	-		
Öffentlichkeit	Stadtöffentlichkeit	-	-	-	-		

Abb. 6.26 Sheridanpark Augsburg – Konzeptvergabeverfahen: (Bau-)Landentwicklung, PE-Phase 2: Planung und Realisiserung

Baugruppen und Genossenschaften nach Baugrundstücken ausgewertet wurde. Erschwerend für die Beantwortung dieser Frage war, dass es – zumindest zum Beginn des Vorhabens – in Augsburg nur sehr vereinzelt Akteure und damit potenzielle Nachfrager gab. Die Stadt und die WBG reagierten auf diese Situation mit einer sehr intensiven Auseinandersetzung mit den Grundstücken selbst und einer eigenen Machbarkeitsstudie, die unter anderem die Frage der Unterbringung der notwendigen Stellplätze auf den Grundstücken (teils auch in Form einer gemeinschaftlichen Lösung) detailliert untersucht und darstellt. Die Zielsetzung dabei war, die Einstiegshürden für Interessenten möglichst gering zu halten.

PE-Phase 2: Planung und Realisierung

Die Änderung des Bebauungsplans (Abb. 6.26) zur Ermöglichung einer Wohnnutzung vollzog sich im Jahr 2019 als Reaktion auf die sich verändernde Bedarfs- und Nachfragesituation im gesamten Projektgebiet seit dem Start der Entwicklung des Kasernenareals kurz nach der Jahrtausendwende. So ergab es sich, dass die schon getroffenen Maßnahmen im Bereich Erschließung und Infrastruktur teilweise angepasst werden mussten (z. B. Parkbuchten, Langsamfahrzonen).

Die Prozessbegleitung der Phase des Hochbaus durch den Veräußerer bedingt sich durch die Vorgaben an die Bauherrengruppen. Zielsetzung ist einerseits die Sicherstellung der Integration der Vorgaben in die Planungen, andererseits die konzeptionelle Abstimmung der jeweils geplanten Gemeinschaftsflächen zwischen den vier Bauherrengruppen, um aus übergeordneter Perspektive ein synergetisches Gesamtergebnis zu erreichen.

PE-Phase 3: Verwertung

Der Verkauf (Abb. 6.27) der Grundstücke im Rahmen der Konzeptvergaben bedingt spezielle Komponenten im Kaufvertrag, wie z. B. die tagesaktuelle Festlegung des Kaufpreises über den aktuellen Verkehrswert, ein Baugebot innerhalb eines bestimmten Zeitraums, die Vereinbarung einer Verpflichtung zur Selbstnutzung, einer Verpflichtung, die zu

Akteure		3.1 Bewirtschaftung während der P.-laufzeit	3.2 Vermietung	3.3 Verkauf			
Entscheider/ Aufsichts-gremium	Stadt Augsburg/ Stadtrat	-	-	Zustimmung			
Entwickler/ Bauland-entwicklung	WBG Entwickeln	-	-	Durchführung			
Dienstleister	verschiedene	-	-	Rechtsberatung			
Baurechtsgeber (Stadtplanung)	Stadtplanung Augsburg	-	-				
Verkäufer	BIMA	-	-				
Öffentlichkeit	Stadtöffentlichkeit	-	-				

Abb. 6.27 Sheridanpark Augsburg – Konzeptvergabeverfahen: (Bau-)Landentwicklung, PE-Phase 3: Verwertung

Akteure		4.1 laufende Information, O., K., D.	4.2 laufendes Projekt-controlling	4.3 laufende Kommunikation / Marketing / PR	4.4 lfd. Angebots- und Vertrags-management		
Entscheider/ Aufsichts-gremium	Stadt Augsburg/ Stadtrat	Zustimmung	Information	Information	Zustimmung		
Entwickler/ Bauland-entwicklung	WBG Entwickeln	Durchführung	Durchführung	Mitwirkung	Durchführung		
Dienstleister	verschiedene	-	-	Kommunikations-agentur	Rechtsberatung		
Baurechtsgeber (Stadtplanung)	Stadtplanung Augsburg	Information	-	Umsetzung	-		
Verkäufer	BIMA	-	-	-	-		
Öffentlichkeit	Stadtöffentlichkeit	-	-	Begleitende Öffentlichkeitsarbeit	-		

Abb. 6.28 Sheridanpark Augsburg – Konzeptvergabeverfahen: (Bau-)Landentwicklung, PE-Phase 4: laufende phasenübergreifende Leistungen

errichtenden Gemeinschaftsräume auch dauerhaft bzw. für einen definierten Zeitraum für eine gemeinschaftlichen Nutzung vorzusehen.

Mit dem dann finalen Eigentumsübergang der Grundstücke wurden – bezogen auf die gegenständlichen Flächen – die Entwicklungsmaßnahme der ehemaligen Kasernenfläche abgeschlossen und die städtebauliche Fördermaßnahme abgeschlossen.

PE-Phase 4: laufende phasenübergreifende Leistungen

Die Entscheidungs- und Organisationsstruktur (Abb. 6.28) war davon gekennzeichnet, dass mit der Stadt, dem Stadtplanungsamt und der WBG drei Akteure, die eine langjährige und enge Zusammenarbeit auch in anderen Kontexten pflegen, zusammenarbeiten. Somit konnten diese untereinander bei der laufenden Information, Organisation, Kommunikation und Dokumentation auf eingeübte Prozesse und Arbeitsteilungen zurückgreifen.

Dagegen war das Konzeptvergabeverfahren für die Beteiligten neu. Intensive Sondierungen und Vorbereitungen gehen damit ebenso einher wie ein erhöhter Aufwand für die Kommunikation der Vorgehensweisen und die Überzeugungsarbeit in politischen Gremien und den operativen Bereichen. Auch das Abschätzen der Größenordnungen hinsichtlich des Aufwands ist zunächst noch mit größeren Schwankungsbreiten versehen. Es bedarf also engagierter Einzelpersonen, die sich des Anliegens annehmen und aktiv Überzeugungsarbeit leisten. Eine externe Beratung wurde für die Konzeption des Verfahrens und teilweise auch für die aktive Umsetzung der Verfahrensschritte hinzugezogen. Im Rahmen der Umsetzung bedeutete dies die Durchführung unterschiedlicher Veranstaltungsformate wie Informationsveranstaltungen, regelmäßige Treffen mit den ausgewählten Bauherrenorganisationen zur Beratung und Abstimmung. Die Konzeption und Erstellung der „Informationsunterlagen zur Vergabe von Baufeldern im Sheridanpark Augsburg" erfolgte ebenfalls mit externer Unterstützung.

6.3.2.2 Projektentwicklung aus der Perspektive des Käufers (Hochbauentwicklung)

Insgesamt wurden vier Grundstücke an vier verschiedene Käufer veräußert. Auf der Seite des Verkäufers ergibt sich damit eine Vervierfachung der erforderlichen Vorgänge. Die Darstellung in Abb. 6.29 greift exemplarisch eine Hochbauentwicklung eines der Käufer heraus.

PE-Phase 1: Vorbereitung

Das Zustandekommen einer Baugruppe (Abb. 6.30) ist ein teils länger andauernder Prozess, ausgehend von der Eigeninitiative Einzelner oder einer Ausschreibung. Die Gruppen organisieren sich teils mit gemeinsamem Bau- und Wohnwunsch und noch ohne Aussicht auf ein konkretes Grundstück, teils aber auch auf konkrete Ausschreibungen hin. Letzteres war im vorliegenden Beispiel der Fall. Somit blieb für die Findung und Konsolidierung der Gruppe zwischen der Ankündigung der Ausschreibung, den Informationsveranstaltungen, der tatsächlichen Ausschreibung und dem Verfassen einer aussagekräftigen Bewerbung wenig Zeit.

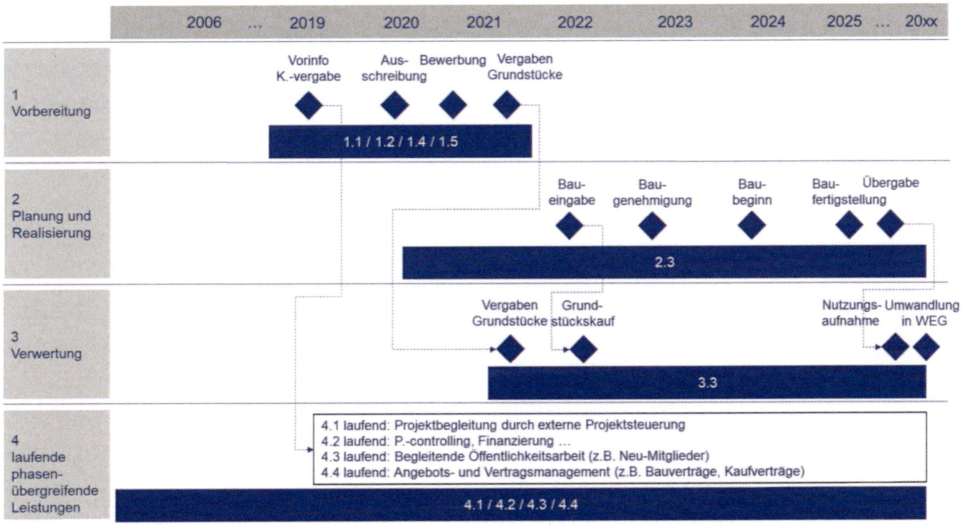

Abb. 6.29 Sheridanpark Augsburg – Konzeptvergabeverfahren: Hochbauentwicklung, Bausteine der Projektentwicklung/Übersicht

Akteure		1.1 Bedarfsermittlung	1.2 Auswahl von Liegenschaften	1.3 Akquisitionsvorprüfung	1.4 Machbarkeitsstudie	1.5 Projektfinanzierung	1.6 Ankauf
Entscheider/ Aufsichtsgremium	Baugruppe	Findungsphase der Baugruppe	Entscheidung über Verfassen einer Bewerbung	Entscheidung über Abgabe Bewerbung	Entscheidung über Konzept	Entscheidung über Finanzierungskonzept	Entscheidung über Grundstückskauf
Entwickler/ Baulandentwicklung	Baugruppe	Findungsphase der Baugruppe	Diskussion und Meinungsbildung	Diskussion und Meinungsbildung	Diskussion und Meinungsbildung	Durchführung Finanzierung	Durchführung Kauf
Dienstleister	verschiedene	Moderation und fachliche Unterstützung	Moderation und fachliche Unterstützung	Konzept und Moderation	Konzept und Moderation	Moderation und fachliche Unterstützung	Rechtsberatung
Baurechtsgeber (Stadtplanung)	BauaufsichtsBehörde	-	Abstimmung	-	ggf. Vorabstimmung	-	-
Verkäufer	WBG	Information	Beratung und Information	-	ggf. Vorabstimmung und Auskunft	-	-
Öffentlichkeit	Stadtöffentlichkeit	Information	-	-	-	-	-

Abb. 6.30 Sheridanpark Augsburg – Konzeptvergabeverfahren: Hochbauentwicklung, PE-Phase 1: Vorbereitung

Die Bewerbung selbst ist – gerade angesichts der hier vorliegenden großen Offenheit der Kriterien – einerseits zeitlicher und ggf. auch finanzieller Kraftakt, andererseits mit unklarer Erfolgswahrscheinlichkeit verbunden, sodass an die Motivation der Bewerber große Anforderungen zu stellen sind.

Die Prozess- bzw. Projektbegleitung durch einen Dienstleister (Projektentwicklung/ Projektsteuerung) war in der Ausschreibung gefordert und kam dem intensiven Bedarf an Wissenstransfer, Moderation, Beratung und Unterstützung bei konkreten Fragestellungen den zahlreichen Bau-Laien in positiver Weise entgegen.

Die Projektfinanzierung war für die zum Zuge kommenden Baugruppen herausfordernd, fiel doch die Planungsphase in die Zeit extrem steigender Baupreise, sodass die üblichen Größenordnungen von Risikopuffern nicht ausreichend waren. Zusätzlich birgt der Grundsatz der Preisbildung für das Grundstück zum Stichtag des Übergangs ein weiteres Risiko für die Käufer.

Bezüglich der Bauherrentypologie als auch der gewählten Art der Finanzierung finden sich bei den vier ausgeschriebenen Grundstücken eine große Vielfalt. So kamen zwei Genossenschaften und zwei Baugruppen (teils in Form des sog. Mietshäusersyndikats) zum Zuge, die neben individuellen Hypothekendarlehen auch Formen des Crowdfunding und Erbpachtskonstellationen für das Grundstück nutzen.

PE-Phase 2: Planung und Realisierung

Die Phase der Planung und Realisierung (Abb. 6.31) ist gekennzeichnet von der Notwendigkeit gemeinsamer Ziel- und Entscheidungsfindungen. Ein deutlich über das Übliche hinausgehender zeitlicher Aufwand ist hier anzusetzen, sowohl seitens der Bauherren selbst als auch seitens der Dienstleister, die für das Gelingen eines derartigen Projektes eine zentrale Rolle spielen. Hohe Moderations-, aber auch breite Fachkompetenz zu allen Fragen der Projektentwicklung und des Projektmanagements sind im größeren zeitlichen und personellen Umfang notwendig. Wie auch bei anderen Projekten spielen auch die Qualität und Kooperationsbereitschaft aller weiteren Dienstleister eine große Rolle für den Projekterfolg.

Akteure		2.1 Baurechts-schaffung	2.2 Erschließung und Infrastruktur	2.3 Hochbau	2.4 Inbetriebnahme/ Übergabe		
Entscheider/ Aufsichts-gremium	Baugruppe	Entscheidung Einreichung Bauantrag	-	Entscheidung über Planung und Bau	Entscheidung zur Übergabe		
Entwickler/ Bauland-entwicklung	Baugruppe	Diskussion und Meinungsbildung	-	Diskussion und Meinungsbildun	Diskussion und Meinungsbildun		
Dienstleister	verschiedene	Erarbeitung Eingabeplanung, Bauantrag	-	Planungen Architektur und Fachplanungen	Projektabschluss, Abnahmen Bauleistungen		
Baurechtsgeber (Stadtplanung)	Bauaufsichts-Behörde	Erteilung Baugenehmigung	-	-	-		
Verkäufer	WBG	-	-	-	-		
Öffentlichkeit	Stadtöffentlichkeit	-	-	-	-		

Abb. 6.31 Sheridanpark Augsburg – Konzeptvergabeverfahren: Hochbauentwicklung, PE-Phase 2: Planung und Realisierung

Akteure		3.1 Bewirtschaftung während der P.-laufzeit	3.2 Vermietung	3.3 Verkauf			
Entscheider/ Aufsichts-gremium	Baugruppe	-	-	Entscheidung über WEG-Umwandlung			
Entwickler/ Bauland-entwicklung	Baugruppe	-	-	Diskussion und Meinungsbildung			
Dienstleister	verschiedene	-	-	Rechtsberatung			
Baurechtsgeber (Stadtplanung)	Bauaufsichts-Behörde	-	-				
Verkäufer	WBG	-	-				
Öffentlichkeit	Stadtöffentlichkeit	-	-				

Abb. 6.32 Sheridanpark Augsburg – Konzeptvergabeverfahren: Hochbauentwicklung, PE-Phase 3. Verwertung

PE-Phase 3: Verwertung

Durch die ausschließliche Eigennutzung der Wohnungen in Verbindung mit gemeinschaftlich genutzten Räumen, Parkflächen und Frei- und Dachflächen entfallen (Abb. 6.32) die Prozesse Vermietung und Verkauf einzelner Einheiten. Allerdings wird am Projektende die Baugemeinschaft in die Rechtsform einer üblichen Wohnungseigentumsgemeinschaft (WEG) umgewandelt. Dies setzt entsprechende Abgeschlossenheitserklärungen voraus.

PE-Phase 4: Laufende projektübergreifende Leistungen

Mehrere Informationsveranstaltungen des Verkäufers gaben existierenden oder in Gründung befindlichen Baugruppen, aber auch Baugenossenschaften und anderen Bauherren des kommunalen Wohnungsbaus die Gelegenheit zu Information, Austausch und Meinungsbildung (Abb. 6.33). Die zur Verfügung gestellten Informationen beinhalten detaillierte Beschreibungen der Grundstücke sowie auch die Ergebnisse erster Machbarkeitsstudien seitens des Auslobers. Seitens der Baugruppe fallen viele phasenübergreifende Aktivitäten an, die teils selbst wahrgenommen, überwiegend aber durch fachlich kompetente Dienstleister durchgeführt werden.

Akteure		4.1 laufende Information, O., K., D.	4.2 laufendes Projekt-controlling	4.3 laufende Kommunikation / Marketing / PR	4.4 lfd. Angebots- und Vertrags-management		
Entscheider/ Aufsichts-gremium	Baugruppe	Entscheidungen	Entscheidungen über Controllingfragen	Entscheidungen über Kommuni-kationsstrategie	Entscheidungen über Vergaben und Verträge		
Entwickler/ Bauland-entwicklung	Baugruppe	Diskussion und Meinungsbildung	Diskussion und Meinungsbildung	Diskussion und Meinungsbildung	Diskussion und Meinungsbildung		
Dienstleister	verschiedene	-	Projektbuchhaltung, Risikomanagement	Veranstaltungen und Webauftritt	Rechtsberatung		
Baurechtsgeber (Stadtplanung)	Bauaufsichts-Behörde	Information	-	Umsetzung	-		
Verkäufer	WBG	-	-	-	-		
Öffentlichkeit	Stadtöffentlichkeit	Webauftritt, Infoveranstaltungen	-	Webauftritt, Infoveranstaltungen	-		

Abb. 6.33 Sheridanpark Augsburg – Konzeptvergabeverfahren: Hochbauentwicklung, PE-Phase 4: laufende phasenübergreifende Leistungen

6.3.3 Besonderheiten im Projekt

Als einer der Schlusssteine der gesamten Kasernen-Konversion sind die Konzeptvergaben für die Stadt Augsburg Experimentierfeld und Signal für die Wohnungspolitik zugleich. In einer sonst zumindest vergleichsweise homogenen Bewohner- und Nutzungsstruktur im Quartier finden sich nach Fertigstellung der Projekte nicht nur Wohnungen, die durch geringere Grundstückskosten, den Wegfall eines „Bauträgerzugschlags" sowie der Möglichkeit zum Einbringen von Eigenleistung erschwinglicher als andere sind. Durch die seitens der Stadt geforderten Gemeinschaftsnutzungen versprechen sie auch zusätzliche soziale Infrastruktur. Der mitunter sehr hohe zeitliche und koordinative Aufwand, der auf beiden Seiten der Projektbeteiligten entsteht, generiert also eine soziale Rendite bzw. stärkt die Säule der sozialen Nachhaltigkeit, auf Ebene des Quartiers sowie auf individueller Ebene.

6.4 Paul-Gerhardt-Allee, München ([Bau-]Landentwicklung)

Henry Alsbach

6.4.1 Projektbeschreibung

Grundlage der Projektentwicklung war eine Rahmenvereinbarung zwischen der DB AG und der Landeshauptstadt München aus dem Jahre 1998. Diese beabsichtigte die Entwicklung ehemalig genutzter Bahnflächen in einer Gesamtfläche von rund 150 ha nördlich und südlich entlang des zentralen Bahnkorridors vom Hauptbahnhof München bis zum Bahnhof Pasing. Die Flächen wurden einerseits durch die Eisenbahnimmobilien Management GmbH (später Vivico Real Estate GmbH, später CA Immo Deutschland GmbH) und der

Abb. 6.34 Paul-Gerhardt-Allee München – gebietsbezogene Projektentwicklung: Visualisierung Städtebauliche und landschaftsplanerische Konzeption. (Quelle: Aurelis/Palais Mai/Lohrer Hochrein)

DB Immobilien GmbH (später Aurelis Real Estate GmbH) in Zusammenarbeit mit der LH München entwickelt.Bestandteil des Großprojektes waren mehrere Teilflächen, wovon die Teilfläche Paul-Gerhardt-Allee im Stadtteil München-Pasing als zeitlich letzte entwickelt und durch die Aurelis bis Fertigstellung als erschlossenes und beitragsfreies Bauland veräußert wurde (Abb. 6.34).

Die neugeplanten Nutzungen decken den vollständigen Nutzungsmix von Wohnen, Dienstleitung und Gewerbe einschließlich der verkehrlichen und medialen Erschließung, der Freianlagen und der sozialen Infrastruktur ab. Die Eckdaten zum Bebauungsplan Nr. 2058a vom 25.03.2015:

Umgriff 33 ha
WA1 bis WA 8 rund 234.000 qm BGF zzgl. integrierte Kitas
SO Einzelhandel, Dienstleistung, Wohnung mit rund 14.900 qm BGF
SO Schule mit rund 9000 qm BGF
Freistehende Kita mit rund 1500 qm BGF
(in Summe Wohnraum für ca. 5500 Menschen und Arbeitsraum für ca. 800 Menschen)

Die ursprüngliche Fläche, welche der Rahmenvereinbarung aus dem Jahre 1998 unterlag, wurde um weitere angrenzende, mitwirkungsbereite Eigentümer arrondiert, welche dann im Ergebnis die Kernfläche des ersten Entwicklungsschritts darstellte. Diese Kernfläche stellte dann auch den Umgriff der Bauleitplanung dar. Da diese Kernfläche sich somit aus mehreren Eigentümern rekrutierte, wurde zum Ausgleich der Ansprüche ein freiwilliges Umlegungsverfahren der betroffenen Grundeigentümer zur Bodenregulierung nach gesetzlichen Maßstäben (§§ 45 BauGB ff) vereinbart. Der Abschluss der Städtebaulichen Verträge setzte eine ganze Reihe von bilateralen Verträgen zum Ausgleich, zur Übernahme von Lasten, zur Durchführung und Ablauf und zur Sicherung unter den Eigentümern voraus.

Ziel der Entwicklung war die Umwandlung des durch einfaches Gewerbe geprägten Standortes in ein Wohnquartier mit zentraler Versorgung. Die laufenden Gewerbebetriebe sollten aus politischen Gründen unter Anbietung von Ersatzstandorten kontrolliert abgesiedelt und nicht einfach entmietet werden. Dazu musste ein Ersatzstandortkonzept im weiten Vorgriff erarbeitet werden, welche die gesamten Flächen der Rahmenvereinbarung aus dem Jahr 1998 berücksichtigte. Im Ergebnis des Konzeptes wurden mehrere Ersatzstandorte benötigt, die den räumlichen Schwerpunkten als auch den Nutzungsbedürfnissen der zu verlagernden Betrieben möglichst entsprach. Die Schaffung dieser Ersatzstandorte in München (u. a. Hüllgraben, Frankfurter Ring, Neuaubing, Detmoldstraße) waren eigene Projektentwicklungen im Zuge des Großprojektes, die der Projektenwicklung Paul-Gerhardt-Allee zeitlich vorweg liefen.

Als Besonderheit musste die Widmung der Kernfläche als Bahnfläche nach Fachplanungsrecht § 38 BauGB über mehrere formelle Verfahren nach § 18 bzw. § 23 AEG aufgehoben werden, welche wiederum eigene Anpassungs- und Ersatzmaßnahmen an den in Betrieb befindlichen Bahnanlagen inklusive der dafür erforderlichen Plangenehmigungs- oder -feststellungsverfahren nach AEG erforderlich machte.

Zahlreiche bautechnische Maßnahmen zum Herrichten und Erschließen wurden geplant und realisiert. Insbesondere musste die über viele Jahre gewerblich genutzte Fläche vom Altbestand beräumt, der Boden im Hinblick auf die geplante, sensiblere Nutzung von Altlasten, Abfällen und Kampfmitteln saniert werden.

Neben zahlreichen Neubauten wurde eine unter Denkmalschutz stehende Produktionshalle im Bestand in die Planungen integriert und einer neuen Nutzung zugeführt.

6.4.2 Bausteine der PE-Phasen

Man muss bei der Einordnung dieses Beispiels berücksichtigen, dass es sich um ein Teilprojekt eines Großprojekts gehandelt hat, für das eine sowohl gesamthafte stadtplanerische als auch vertragliche Grundlage bestand, welche die Bausteine in einen Kontext stellen.

Folgende Meilensteine wurden erreicht (Abb. 6.35):

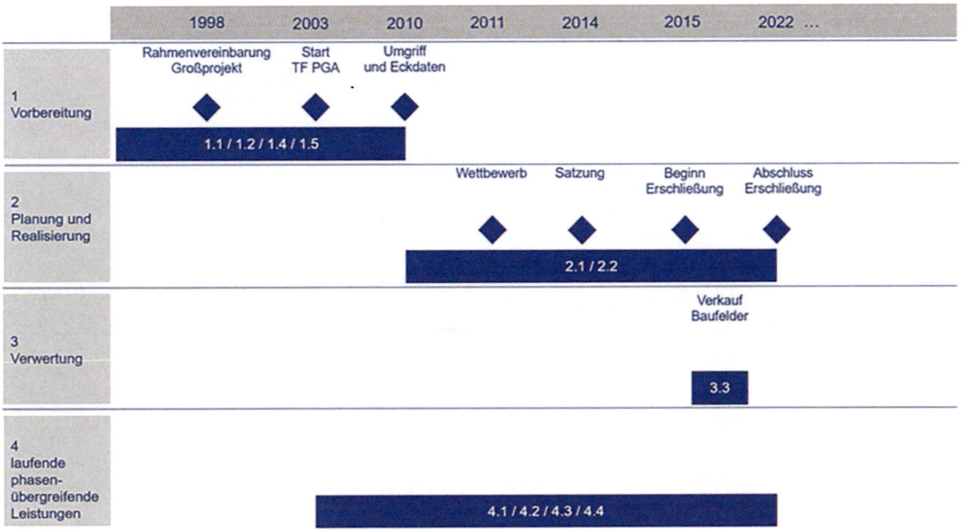

Abb. 6.35 Paul-Gerhardt-Allee München – gebietsbezogene Projektentwicklung: Bausteine der Projektentwicklung/Übersicht

1998 Rahmenvereinbarung Zentrale Bahnflächen

2003–2007 Abklärung Mitwirkungsbereitschaft Eigentümer, Festlegung Umgriff, Strukturkonzepte, Entwicklung städtebaulicher Eckdaten („Rechenstädtebau")

2011 städtebaulicher und landschaftsplanerischer Wettbewerb

2011–2014 Bauleitplanung § 30 BauGB

2014 Satzungsbeschluss Bebauungsplan

2015 Rechtskraft Bebauungsplan Nr. 2058a vom 25.03.2015

2015 bis 2022 verkehrliche, mediale Erschließung, öffentliche Freianlagen und Ingenieurbauwerke

Ab 2015 Verwertung (Verkauf Baufelder) und Realisierung Hochbau (durch Dritte)

PE-Phase 1: Vorbereitung

Im größeren Maßstab und Kontext wurden städtebauliche Ziele für das Großprojekt mit Abschluss einer Rahmenvereinbarung vorgegeben. Auch dieser Vereinbarung liefen umfangreiche Abstimmungen zwischen LH München und der DB AG und weiteren Beteiligten voraus. Die PE-Phase Vorbereitung (Abb. 6.36) beinhaltete dann im Wesentlichen aufbauend auf der Rahmenvereinbarung und einem gesamthaften städtebaulichen Rahmenkonzept die Konkretisierung der städtebaulichen Eckwerte bezogen auf die Teilfläche Paul-Gerhardt-Allee. Parallel wurde das Potenzial zur Arrondierung der ursprünglichen Fläche der Rahmenvereinbarung durch Abstimmungen mit angrenzenden Eigentümern untersucht, deren Mitwirkungsbereitschaft kategorisiert und Cluster der zeitlichen Entwicklung gebildet. Im Ergebnis wurde daraus ein Eckdaten- und Aufstellungsbeschluss für die Bauleitplanung (Abb. 6.37) gefasst.

Akteure		1.1 Bedarfs-ermittlung	1.2 Auswahl von Liegenschaften	1.3 Akquisitions-vorprüfung	1.4 Machbar-keitsstudie	1.5 Projekt-finanzierung	1.6 Ankauf
Entscheider/ Aufsichts-gremium	Aurelis Real Estate GmbH	Freigabe					
Entwickler/ Bauland-entwicklung	Aurelis Real Estate GmbH	Ableitung städtebauliche Eckwerte	gemäß Umgriff Rahmen-vereinbarung 1998	entfällt	Beauftragung, Konzeption	entfällt	entfällt
Dienstleister	verschiedene	-	-	-	Machbarkeits-studie, Gutachten	-	-
Baurechtsgeber (Stadtplanung)	Stadt München	hoheitliche Aufgaben					
Käufer	verschiedene	-	-	-	-	-	-
Öffentlichkeit	Stadt-öffentlichkeit	-	-	-	-	-	-

Abb. 6.36 Paul-Gerhardt-Allee München – gebietsbezogene Projektentwicklung: PE-Phase 1. Vorbereitung

Abb. 6.37 Paul-Gerhardt-Allee München – gebietsbezogene Projektentwicklung: Konzeptergebnisse der Vorplanungsphase. (Quelle: Aurelis)

Akteure		2.1 Baurecht-schaffung	2.2 Erschließung und Infrastruktur	2.3 Hochbau	2.4 Inbetriebnahme/ Übergabe
Entscheider/ Aufsichts-gremium	Aurelis Real Estate GmbH	Freigabe			
Entwickler/ Bauland-entwicklung	Aurelis Real Estate GmbH	-	Vergabe von Planungs- und Bauleistungen zur Anpassung der Infrastruktur	entfällt, da Verkauf erschlossener Baufelder	-
Dienstleister	verschiedene	Planung, Gutachten, Rechtsberatung	Planung, Bau, Rechtsberatung		-
Baurechtsgeber (Stadtplanung)	Stadt München	hoheitliche Aufgaben			
Käufer	verschiedene	-	-	Durchführung	Durchführung
Öffentlichkeit	Stadt-öffentlichkeit	-	-	-	-

Abb. 6.38 Paul-Gerhardt-Allee München – gebietsbezogene Projektentwicklung: PE-Phase 2. Planung und Realisierung

PE-Phase 2: Planung und Realisierung

In der PE-Phase Planung und Realisierung (Abb. 6.38) erfolgte die Baurechtschaffung über den Bebauungsplan mit Grünordnung Nr. 2058a der Landeshauptstadt München (Abb. 6.39) unter Koordination aller beteiligten Eigentümer nach Arrondierung der Projektfläche. Anschließend erfolgte die Umsetzung der öffentlichen Erschließungsanlagen und Baufelder.

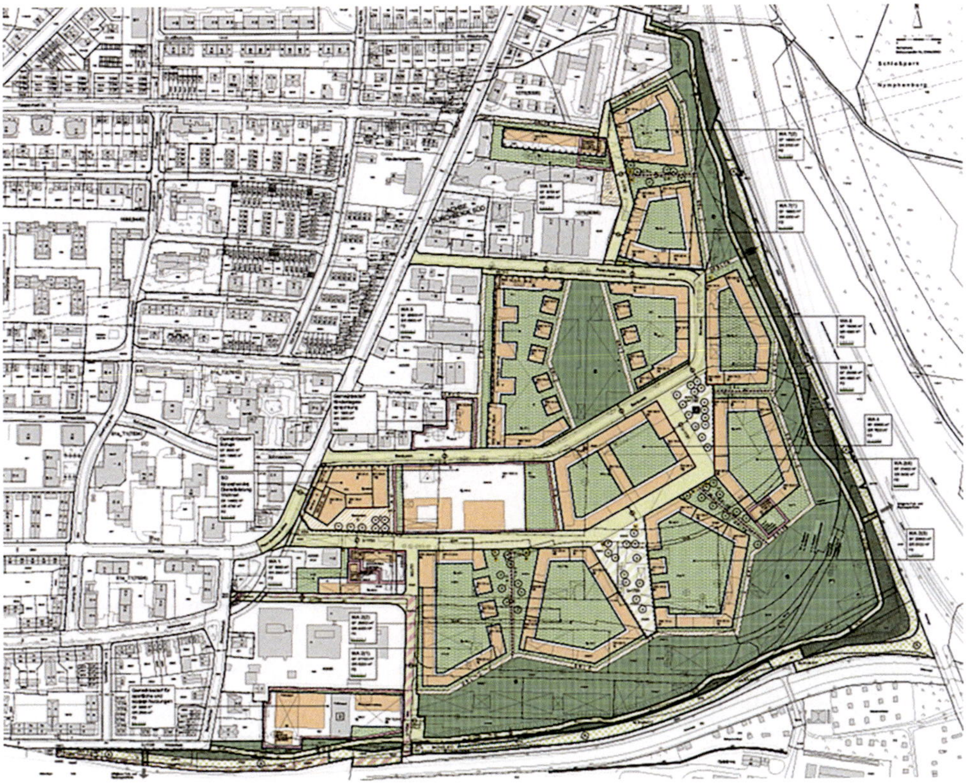

Abb. 6.39 Paul-Gerhardt-Allee München – gebietsbezogene Projektentwicklung: Bebauungsplan Nr. 2058a ENTWURF. (Quelle: Aurelis)

Akteure		3.1 Bewirtschaftung während der P.-laufzeit	3.2 Vermietung	3.3 Verkauf
Entscheider/ Aufsichts-gremium	Aurelis Real Estate GmbH		Freigabe	
Entwickler/ Bauland-entwicklung	Aurelis Real Estate GmbH	Zwischennutzungen soweit zeitlich nicht störend	-	Durchführung Verkauf baureifer Grundstücke
Dienstleister	verschiedene	Rechtsberatung	-	Rechtsberatung
Baurechtsgeber (Stadtplanung)	Stadt München		hoheitliche Aufgaben	
Käufer	verschiedene	-	Durchführung	-
Öffentlichkeit	Stadt-öffentlichkeit	-	-	-

Abb. 6.40 Paul-Gerhardt-Allee München – gebietsbezogene Projektentwicklung: PE-Phase 3. Verwertung

PE-Phase 3: Verwertung

Die Verwertung (Abb. 6.40) erfolgte zum Teil durch Vertrieb baureifer Grundstücke, zum Teil durch Realisierung und Vertrieb bezugsfertiger Wohnungen im WEG, zum Teil durch Realisierung und Vermietung im eigenen Bestand.

Akteure		4.1 laufende Information, O., K., D.	4.2 laufendes Projekt-controlling	4.3 laufende Kommunikation / Marketing / PR	4.4 lfd. Angebots- und Vertrags-management
Entscheider/ Aufsichts-gremium	Aurelis Real Estate GmbH	Freigabe			
Entwickler/ Bauland-entwicklung	Aurelis Real Estate GmbH	Durchführung	Durchführung	Mitwirkung	Durchführung
Dienstleister	verschiedene	ext. PS	ext. PS	Kommunikations-agentur	ext. PS, Rechtsberatung
Baurechtsgeber (Stadtplanung)	Stadt München	hoheitliche Aufgaben			
Käufer	verschiedene	-	-	-	-
Öffentlichkeit	Stadt-öffentlichkeit	-	-	Begleitende Öffentlichkeitsarbeit	-

Abb. 6.41 Paul-Gerhardt-Allee München – gebietsbezogene Projektentwicklung: Baustein 4. Laufende und projektübergreifende Leistungen

PE-Phase 4: Laufende projektübergreifende Leistungen
Durch die hohe Anzahl an beteiligten Eigentümern wurde eine zentrale Projektsteuerung (Abb. 6.41) installiert, welche anteilig durch alle Planungsbegünstigten finanziert wurde. Die Projektsteuerung übernahm die Koordination aller Prozesse für die Bauleitplanung in Abstimmung mit der Landeshauptstadt München. Darunter fielen im Wesentlichen die Ausschreibung und Vergabe sowie die Steuerung der städtebaulichen Leistungen, der Objektplanungen Hochbau, Freianlagen, Verkehrsanlagen und Ingenieurbauwerke soweit für die Bauleitplanung erforderlich und der fachplanerischen Gutachten.

Aus diesem erfolgreichen Modell einer zentralen Steuerung der laufenden und projektübergreifenden Leistungen entwickelte sich die Vorlage für das Leistungsbild nach AHO Heft Nr. 19 (Stand 2018) Kap. 2.

6.5 Turbinenwerk, Mannheim (Quartiersentwicklung)

Elmar Schütz

6.5.1 Projektbeschreibung

Im April 2019 kaufte Aurelis das ehemalige Werksgelände von General Electric (GE) in Mannheim-Käfertal (Abb. 6.42), das prominent an der Stadteinfahrt B 38 liegt, die in diesem Bereich Rollbühlstraße heißt. Über sie führt die Tramlinie 5 bzw. 5a direkt am Gelände vorbei und bietet in ca. 300 m Abstand zwei Haltestellen (Boveristraße und Käfertal-Süd) und guten Anschluss in die Innenstadt. Die westliche Grenze bildet der örtliche Ast der Riedbahn. Über sie besteht Anschluss an den nahen Bahnhof Mannheim-Käfertal und das Netz der DB InfraGO. Das Gelände verfügt bis dato über eine eigene Wasserversorgung, zurückgehend auf die 1900 von Brown, Boveri & Cie. gegründete deutsche Niederlassung der schweizerischen BBC, später ABB, dann Alstom, dann GE. Nach 2019 wurden noch weitere ehemaligen Werksteile außerhalb des Bebauungsplan- und Erschließungsgebiets von Aurelis hinzugekauft.

Abb. 6.42 Luftbild unmittelbar nach Ankauf im Mai 2019 (Aurelis, ©Dirk Laubner)

Die Aufgabe bestand darin, ein geschlossenes Werksgelände, das bisher ohne qualifizierten Bebauungsplan als Industriegebiet funktionierte, in ein neues öffentliches Stück Stadt zu transformieren und dafür Baurecht zu schaffen, also einen Bebauungsplan aufzustellen, und eine öffentliche Erschließung zu planen und herzustellen. Ohne auf das neue Baurecht zu warten, sollten erste Bestandsgebäude saniert und neu vermietet werden sowie Neubauten geplant werden. Parallel lief das technische und kaufmännische Management von bereits vermieteten sowie leergezogenen Gebäuden (Abb. 6.43).

Das zugrunde liegende städtebauliche Konzept sowie die Planinhalte mussten mit der Stadt abgestimmt werden. Die Stadt, die zunächst selbst erwog, das Gelände von GE zu erwerben, verbesserte ihre Position im Verfahren, in dem sie, kurz nachdem sie von den Verkaufsabsichten seitens GE erfuhr, einen Bebauungsplanaufstellungsbeschluss fasste und gleichzeitig eine Vorkaufsrechtsatzung erließ. Aurelis, die sich im Verkaufsprozess gegenüber Mitbewerbern durchgesetzt hatte, musste also, bevor der Kaufvertrag mit GE wirksam werden konnte, die Ziehung des Vorkaufsrechts durch die Stadt Mannheim abwenden. Formal gelang das durch die Unterzeichnung einer Abwendungsvereinbarung. Inhaltlich lagen ihr die Abstimmungen eines Grobkonzepts und Eckpunkte für den Bebauungsplan (Abb. 6.44) zugrunde, z. B. der Verzicht auf (eigenständige) Logistiknutzungen und Einzelhandel. Hinzu kamen erste städtebaulich-strukturelle Festlegungen zu Erschließung und Freiraumgestaltung sowie die Verabredung eines Freiraumwettbewerbs für den sogenannte Entree-Platz. Mit das Wichtigste und für die weitere Arbeit entscheidend war die Einsetzung eines Lenkungsausschusses als Entscheidungsgremium für alle wichtigen Fragen der Stadt- und Immobilienentwicklung sowie der Wirtschaftsförderung und Vermarktung, was ebenfalls bereits in der Abwendungsvereinbarung niedergeschrieben war.

Abb. 6.43 Luftbild im Zustand April 2024 (Aurelis, ©Robin Heller/Treehouse Studios)

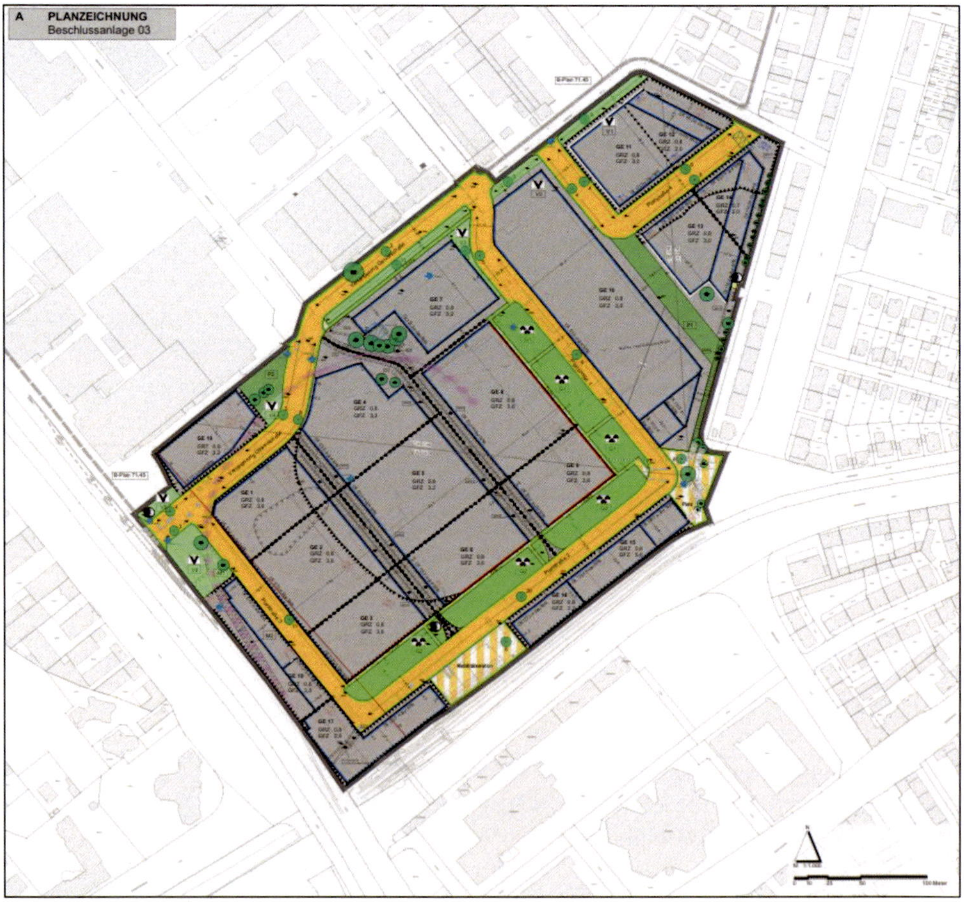

Abb. 6.44 Rechtskräftiger Bebauungsplan (Stadt Mannheim [Website])

6.5.2 Bausteine aus den PE-Phasen

Das Projekt Turbinenwerk besteht aus mehreren Teilprojekten wie folgt:

- Landentwicklung (Abb. 6.45) : Baurechtschaffung (Bebauungsplanverfahren zum Bebauungsplan 71,55 „Ehemalige Turbinenfabrik“) über 142.000 m² von 195.000 m² des Gesamtareals; nach gut drei Jahren Arbeit an einem städtebaulichen Rahmenplan und dem Bebauungsplan trat dieser im Sommer 2002 in Kraft. Er schafft Baurecht für
  - ca. 158.000 m² Geschossfläche Gewerbe (Büro und Hallen),
  - ca. 23.000 m² Erschließungsflächen sowie
  - ca. 18.000 m² öffentliche Grünflächen und enthält nachrichtlich
  - ein ca. 600 m langen Gleis (im eisenbahnrechtlichen Sinn ein Werksgleis).
- Landentwicklung: Erschließung in fünf Abschnitten (zum Zeitpunkt des Verfassens dieses Beitrags ist der erste Abschnitt fertiggestellt); für die Anlage des Entree-Platzes und zweier 20 bzw. 25 m breiten Grünachsen wurde ein freiraumplanerischer Realisierungswettbewerb durchgeführt. Das bestehende Leitungssystem musste und muss weiterhin im Zuge der Erschließung umgebaut werden. Am Ende wird u. a. die werkseigene Wasserversorgung aufgeben und das Turbinenwerk vollständig an die öffentliche Wasserversorgung angeschlossen sein. Außerdem wird das bestehendes Hochtemperaturnetz (ca. 120°) vollends auf ein neues Niedertemperaturnetz (ca. 70–90 ° C) umgestellt sein.
- Ingenieurbauentwicklung (als Teil der Erschließung): Erneuerung des Gleisanschlusses inkl. drei plangleicher Kreuzungen mit den neuen Straßen (postengesicherte Bahnübergänge)

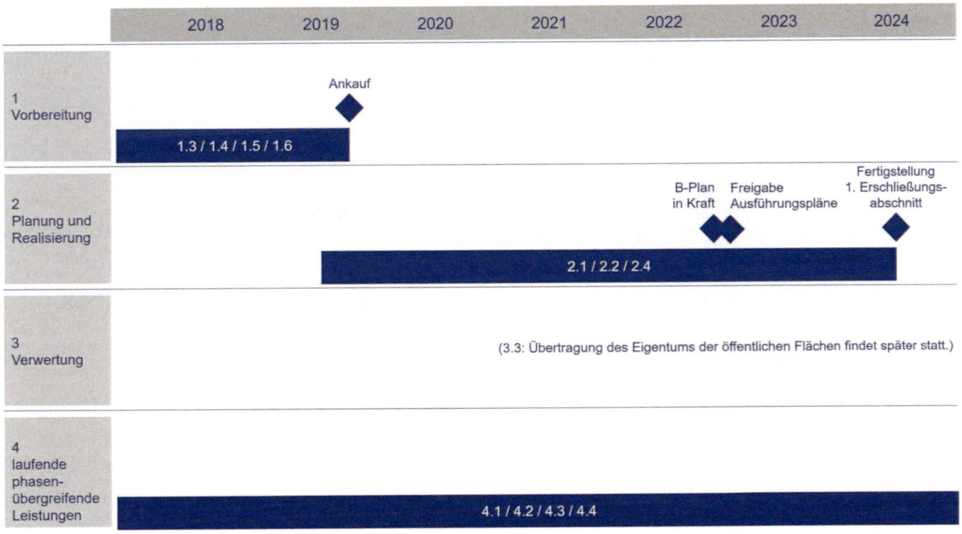

Abb. 6.45 Landentwicklung im Turbinenwerk, vereinfachte Übersicht nach dem Leistungskatalog gemäß Kap. 5

Akteure		1.3 Akquisitions-vorprüfung / Sicherung vn Fremdliegen-schaften	1.4 Machbarkeits-studie	1.5 Projekt-finanzierung	1.6 Ankauf
Entscheider / Aufsichts-gremium	Geschäftsführung (GF) und/oder Advisory Bord (AB) Aurelis	Information (AB)	Information (GF)	Zustimmung (GF)	Zustimmung (AB)
Entwickler (Bauland)	Aurelis	Verantwortung	Verantwortung	Verantwortung	Verantwortung, Durchführung
Dienstleister	diverse	Mitwirkung (Due Diligence)	Mitwirkung (städtebaul. Studie)	–	–
Baurechtsgeber (Stadtplanung)	diverse, Federführung: FB Geoinformation und Stadtplanung Mannheim	–	–	–	Zustimmung (Abwendung des Vorkaufsrechts)
Verkäufer	General Electric	Mitwirkung	–	–	Verantwortung, Durchführung
Öffentlichkeit					Information

Abb. 6.46 Landentwicklung, Akteure und deren Rollen in PE-Phase 1 – Vorbereitung

Die PE-Phase 1 ist in Abb. 6.46 dargestellt. Anzumerken ist, dass 1.1 Bedarfsplanung in der Land- und Quartiersentwicklung weniger bedeutsam ist und hier, sofern übergeordnete städtebauliche Parameter erhoben werden mussten, in 1.3 Akquisitionsprüfung integriert war. 1.2 Auswahl von Liegenschaften aus dem eigenen Bestand kommt bei Akquisitionen generell nicht vor.

Die PE-Phase 2 ist in Abb. 6.47 dargestellt. Im konkreten Projekt war 2.3 Planung, Vergabe und Durchführung von Hochbauten nicht Teil der hier gezeigten Landentwicklung, sondern der Hochbauentwicklung (s. Abb. 6.49).

Die PE-Phase 3 – Verwertung – entfällt vorerst. Das Geschäftsmodell der Landentwicklung ist nicht vorgesehen. Die Eigentumsübertragung der öffentlichen Flächen erfolgt in einem ersten Paket voraussichtlich nach Abschluss des zweiten Erschließungsabschnitts.

- Laufende phasenübergreifende Leistungen sind in Abb. 6.48 dargestellt. Hochbauentwicklung (Neubau) für ein Quartiersparkhaus mit 740 Stellplätzen, davon 200 mit Ladepunkten für Elektrofahrzeuge, und Photovoltaikanlage (410 kW peak), die Bürogebäude Lilienthal und Galvani sowie einen Unternehmerpark[2]; für das Haus Lilienthal, ein knapp 65 m hohes Hochhaus in prominenter Lage an der Stadteinfahrt Rollbühlstraße (B 38) wurde ein architektonischer Realisierungswettbewerb durchgeführt.

[2] Der „UnternehmerPark" ist ein Standardprodukt von Aurelis, aufbauend auf einem Acht-mal-acht-Meter-Raster (alternativ: Sechs-mal-Sechs-Meter-Raster), bestehend aus einer im Minium ca. 500 m^2 (900 m^2) großen Halle und einer vorgelagerten zweigeschossigen Büro- und Serviceflächeneinheit, die ca. 10–15 % der Gesamtgeschossfläche ausmacht. Die lichte Höhe der Halle ist 6,50 m (alternativ: 8,00 m). Die Halle ist stützenfrei. So entstehende Module können entlang des Rasters nahezu in beliebiger Zahl kombiniert werden.Jeweils zwei von ihnen umschließen halbseitig einen Ladehof mit je einer bodengleichen Rampe für Lkw und einer Zufahrt für Sprinter (s. auch Aurelis [Website])

Akteure		2.1 Baurechts-schaffung (Bauplanungs-recht)	2.2 Erschließung und Infrastruktur	2.4 Inbetriebnahme / Übergabe
Entscheider / Aufsichts-gremium	Geschäftsführung (GF) und/oder Advisory Bord (AB) Aurelis	Information (GF)	Zustimmung (zu Investitionen; GF u. AB)	Information (GF)
Entwickler (Bauland)	Aurelis	Mitwirkung	Mitwirkung, Durchführung	Verantwortung
Dienstleister	diverse	Mitwirkung, Durchführung (Bebauungsplan, Gutachten, Erschließungsplanung, städtebaul. Vertrag)	Mitwirkung, Durchführung	Mitwirkung
Baurechtsgeber (Stadtplanung)	diverse, Federführung: FB Geoinformation und Stadtplanung Mannheim	Durchführung	Mitwirkung (Vorgaben, Abstimmung Standards)	Verantwortung (Übernahme Erschließung)
Verkäufer	General Electric	–	–	–
Öffentlichkeit		Mitwirkung (gemäß BauGB), Information		

Abb. 6.47 Landentwicklung, Akteure und deren Rollen in PE-Phase 2 – Planung und Realisierung

Akteure		4.1 laufende Information, Organsiation und Koordination	4.2 laufendes Projekt-controlling	4.3 laufende Kommunikation / Marketing / PR	4.4 laufendes Angebots- und Vertrags-management
Entscheider / Aufsichts-gremium	Geschäftsführung (GF) und/oder Advisory Bord (AB) Aurelis	–	–	–	–
Entwickler (Bauland)	Aurelis	Verantwortung, Durchführung	Verantwortung, Durchführung	Verantwortung, Durchführung	Verantwortung, Durchführung
Dienstleister	diverse	Mitwirkung	–	Mitwirkung (Öffentlichkeits-arbeit, Marketing)	–
Baurechtsgeber (Stadtplanung)	diverse, Federführung: FB Geoinformation und Stadtplanung Mannheim	Mitwirkung (Abstimmung in Regelterminen und Lenkungs-ausschuss)	–	Mitwirkung	–
Verkäufer	General Electric	–	–	Abstimmung (zum Ankauf)	–
Öffentlichkeit		–	–	Information	–

Abb. 6.48 Landentwicklung, Akteure und deren Rollen – bei laufenden phasenübergreifenden Leistungen

- Hochbauentwicklung (Sanierung) der Gebäude Ampère, Boveri, Laval und Watt sowie der Hallen 13–15 und 18 (Mieterausbau)

Die Abb. 6.49, 6.50, 6.51, 6.52 und 6.53 stellen die PE-Phasen der Hochbauentwicklung im Projekt dar.

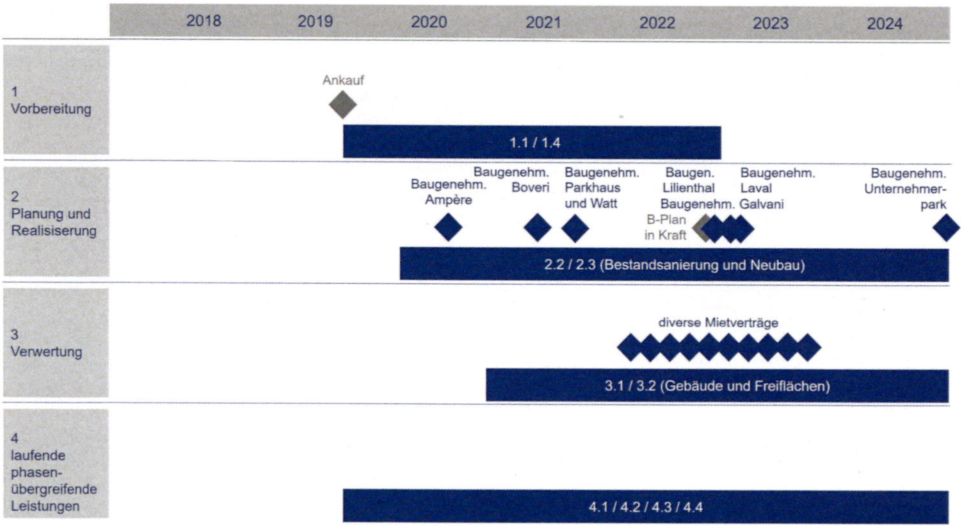

Abb. 6.49 Hochbauprojekte im Turbinenwerk nach Leistungskatalog gem. Kap. 6 mit ausgewählten Meilensteinen

Akteure		1.1 Bedarfsplanung	1.4 Machbarkeitsstudie
Entscheider / Aufsichtsgremium	Geschäftsführung (GF) und/oder Advisory Bord (AB) Aurelis	–	Information (GF)
Entwickler (Hochbau)	Aurelis	Verantwortung	Verantwortung
Dienstleister	diverse	Mitwirkung	Mitwirkung, Durchführung
Baurechtsgeber (Baubehörde)	diverse, Federführung: Baurechtsamt Mannheim	–	–
Mieter	diverse	Mitwirkung	–
Öffentlichkeit		–	–

Abb. 6.50 Hochbauentwicklung, Akteure und deren Rollen in Phase 1 – Vorbereitung. *Anmerkung: 1*

Akteure		2.3 Hochbau	2.4 Inbetriebnahme / Übergabe
Entscheider / Aufsichts-gremium	Geschäftsführung (GF) und/oder Advisory Bord (AB) Aurelis	Zustimmung (zu Investitionen; GF u. AB)	–
Entwickler (Hochbau)	Aurelis	Verantwortung	Verantwortung
Dienstleister	diverse	Mitwirkung, Durchführung	Mitwirkung
Baurechtsgeber (Baubehörde)	diverse, Federführung: Baurechtsamt Mannheim	Durchführung (Erteilung der Baugenehmigung)	–
Mieter	diverse	–	Durchführung
Öffentlichkeit		–	–

Abb. 6.51 Hochbauentwicklung, Akteure und deren Rollen in PE-Phase 2 – Planung und Realisierung

Akteure		3.1 Bewirtschaftung während der Projektlaufzeit	3.2 Vermietung
Entscheider / Aufsichts-gremium	Geschäftsführung (GF) und/oder Advisory Bord (AB) Aurelis	–	–
Entwickler (Hochbau)	Aurelis	Verantwortung, Durchführung	Verantwortung, Durchführung
Dienstleister	diverse	Mitwirkung	Mitwirkung (Vermittlung Mietvertrag)
Baurechtsgeber (Baubehörde)	diverse, Federführung: Baurechtsamt Mannheim	–	–
Mieter	diverse	Mitwirkung	–
Öffentlichkeit		–	Information

Abb. 6.52 Hochbauentwicklung, Akteure und deren Rollen in PE-Phase 3 – Verwertung

Akteure		4.1 laufende Information, Organisation und Koordination	4.2 laufendes Projekt-controlling	4.3 laufende Kommunikation / Marketing / PR	4.4 laufendes Angebots- und Vertrags-management
Entscheider / Aufsichts-gremium	Geschäftsführung (GF) und/oder Advisory Bord (AB) Aurelis	–	–	–	–
Entwickler (Hochbau)	Aurelis	Verantwortung, Durchführung	Verantwortung, Durchführung	Verantwortung, Durchführung	Verantwortung, Durchführung
Dienstleister	diverse	Mitwirkung	Mitwirkung (Projeksteuerung)	Mitwirkung (Öffentlichkeits-arbeit, Marketing)	–
Baurechtsgeber (Baubehörde)	diverse, Federführung: Baurechtsamt Mannheim	Information	–	–	–
Mieter	diverse	Information	–	Mitwirkung (Pressemitteilung)	–
Öffentlichkeit		Information	–	–	–

Abb. 6.53 Hochbauentwicklung, Akteure und deren Rollen – bei laufenden phasenübergreifenden Leistungen (PE-Phase 4)

Bei PE-Phase 1 ist anzumerken, dass .2 Akquisitionsprüfung bei diesem Beispiel in die Landentwicklung integriert war. Für 1.3 Auswahl von Liegenschaften gilt das Gleiche wie für die Landentwicklung.

Bei PE-Phase 2 gilt, dass 2.1 Baurechtschaffung und 2.3 Planung, Vergabe und Durchführung von Erschließung und Infrastruktur Teile der Landentwicklung waren.

Bei PE-Phase 3 ist hier nur 3.2 Vermietung dargestellt, da 3.3 Verkauf bisher nicht vorgesehen ist.

6.5.3 Besonderheiten im Projekt

6.5.3.1 Mehrere öffentlich-rechtliche Verträge

In öffentlich-rechtlicher Sicht ist Kern des Projekts der städtebauliche und Erschließungsvertrag (städtebaulicher Vertrag 2) gemäß § 11 BauGB, der alle zentralen Punkte zur Umsetzung des Bauplanungsrechts beinhaltet und parallel zum Bebauungsplanverfahren verhandelt und abgeschlossen wurde. Im Zentrum stehen dort Planung, Bau und Ab- bzw. Übernahme der Erschließung. Hinzu kommen Festlegungen zum Lärmschutz, zum Naturschutz, zu den Energiestandards der Gebäude sowie zur Wärmeversorgung und einiges mehr. Herauszuheben ist, dass bei den Energiestandards zwischen Neubauten und Bestandsgebäuden unterschieden wurde, wobei das Gebäudeenergiegesetz in seiner damals (2022) gültigen Fassung sowie die damaligen Fördermaßnahmen Ausgangspunkt waren.

Ihm voraus gingen ein städtebaulicher Vertrag 1, in dem sich Aurelis für die Tragung der Planungskosten und die Abstimmung der Planung mit der Stadt Mannheim verpflichtete. Dem wiederum ging die beschriebene Abwendungsvereinbarung voraus.

Da der Gleisanschluss („Industriegleis", das rechtlich gesehen zur Kategorie der geschlossenen Werksbahnen nach § 2 [8] Allgemeines Eisenbahngesetz [AEG] gehört) nun mit der Neuerschließung erstmals öffentliche Straßen kreuzt, war ein Eisenbahnkreuzungsvertrag nach Eisenbahnkreuzungsgesetz zwischen Stadt und Aurelis abzuschließen. Dieser enthält die Besonderheiten, dass die Betriebspflichten auf einen Mieter von Aurelis übertragen werden können. (Ein entsprechendes Pendant ist in einem Mietvertrag enthalten.)

6.5.3.2 Umgang mit Bestand und Flexibilität in der Entwicklung

Von Anfang an war klar, dass einige Bestandsgebäude erhalten werden sollten, da sie in einem guten Zustand waren oder baulich-strukturell für die Bedürfnisse der heutigen Zeit passend oder adaptierbar waren. Zum Teil waren sie auch noch genutzt (vermietet). Zu dieser Kategorie zählen z. B.

- das Logistikzentrum, das erst 2009 fertig gestellt wurde,
- das historische Ziegelsteinbüroensemble, bestehend aus den Häusern Ampère, Boveri und Thomson (Baujahre ca. 1915–1936),
- das Haus Watt (Baujahr 1975),
- das Haus Laval (Baujahr 1967) und
- die Hallen 13–15, 18 und 25/26.

Das Logistikzentrum konnte unverändert wieder vermietet werden. Die Hallen 13–15 wurden oder werden nach Mieteranforderungen saniert. Ampère, Boveri und Thomsen sowie Watt sind saniert und vermietet, Laval ist gerade dabei, saniert zu werden und ist bereits in Teilen vermietet.

Bei anderen Hallengebäuden war klar, dass sie strukturell nicht mehr passten, etwa weil die Deckenhöhe heutigen Anforderungen nicht mehr gerecht wird oder sie nicht stützenfrei waren. Diese wurde abgerissen (Hallen 0–12). Andere größere und schwerlastfähige Hallen (Portal- und Konsolenkräne mit bis zu 250 t Traglast) an Decken und Wänden sind aktuell nachgefragt – so z. B. die Halle 18, die zudem über den Gleisanschluss verfügt. Hierzu wurde ein längerfristiger Mietvertrag geschlossen. Eine Entscheidung über deren Erhalt soll und kann zu einem deutlich späteren Zeitpunkt erfolgen. In diese Kategorie passen auch die Halle 25/26, die Alte Schmiede und der Hallenkomplex b2-c5, der noch auf längere Sicht eine GE-Einheit aus der Vornutzung sowie eine Interimsprobebühne und eine Ballett-Spielstätte des Nationaltheaters Mannheim beherbergt, dessen Haupthaus in der Innenstadt gerade saniert wird. Es ist außerdem möglich, statt Weiternutzung (im sanierten Zustand) oder Abriss alternative gewerbliche Konzepte mit der Bausubstanz der Hallen zu konzipieren. Bei allem werden Fragen der energetischen Performanz und der damit im Zusammenhang stehende Aufwand eine wichtige Rolle spielen.

In der Konsequenz musste sowohl die städtebauliche und Erschließungsstruktur sowie das Bauplanungsrecht die Möglichkeit enthalten, wahlweise Gebäude zu erhalten oder abzureißen und neu zu bauen. Entsprechend wurden potenzielle Baufelder eingeteilt,

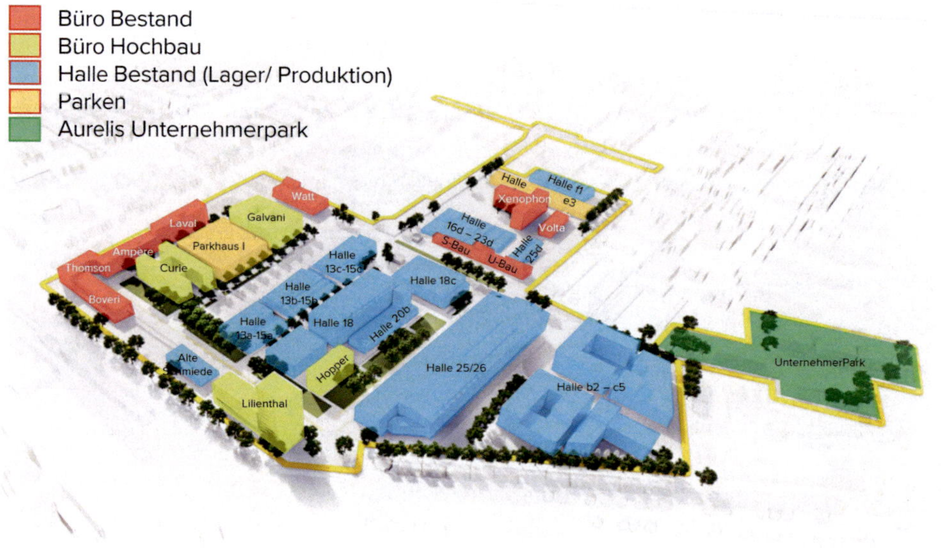

Abb. 6.54 3D-Modell der bestehenden, geplanten und zum Teil schon realisierten Entwicklung (Aurelis 2024)

Straßenbegrenzungslinien festgelegt und Baulinien und Baugrenzen gesetzt. Dabei mussten auch Unzulänglichkeiten in Kauf genommen werden, etwa dadurch, dass das Konstruktionsraster der Bestandsgebäude zu wenig beachtet werden konnte und infolgedessen an einer Stelle nach einem Teilabbruch für eine Erschließungs- und Grünachse durch ein Rankgerüst („Grüner Vorhang") die Baulinie eingehalten werden musste (Abb. 6.54).

Ein weiteres Thema war der Brandschutz in großen Hallen. Soweit diese nun in Abschnitten vermietet werden sollen, mussten 5 m breite Brandschutzschneisen fast im wahrsten Sinne des Wortes in die Hallen geschlagen werden. Hierbei ebenso wie bei der öffentlichen Erschließung half die Orientierung an dem früheren Erschließungssystem des Werksgeländes, das aus Fahrwegen um und zwischen den Hallen und Wegen im 90°-Winkel dazu durch die Hallen bestand. Letztere wurden zum Anlegen der Brandschutzschneise und Einteilung der Hallen in Miet- bzw. Brandabschnitte genutzt.

Gleichzeitig dienten diese Wege als Orientierung zum Einteilen in Baugebiete (Baufelder) mit (leicht) unterschiedlichen Festsetzungen des Maßes der baulichen Nutzung im Bebauungsplan, abgetrennt durch eine Perlschnur.

Trotz dem aktuellen Fokus auf Hallen ermöglicht der Bebauungsplan im Kern des Geländes höherwertiges und dichteres Baurecht für Bürogebäude (mit einer GFZ zum Teil über 3,0) – aber eben auch Erhalt, Neubau oder Umbau von Hallen. Waren zu Beginn des Projekts noch Büroflächenumsätze in Mannheim von über 70.000 m² pro Jahr zu verzeichnen und die großen Bürogebäude im Projekt Glücksteinquartier am Hauptbahnhof nahezu voll vermietet – es bestand also Aussicht, Büronachfrage ins Turbinenwerk zu lenken – ist die Nachfrage nach Büro heute deutlich geringer und Aurelis kann opportunistisch im Bestand und mit bereits konzipierten Neubauten auf die Nachfrage im gewerblichen Immobilienmarkt reagieren. Somit ist in vielerlei Hinsicht Flexibilität im Turbinenwerk gefragt, aber auch gegeben.

6.5.3.3 Projektentwicklung und Asset Management gleichzeitig

Das Management von übernommenen und neu akquirierten Mietern, das technische Property Management – beides zusammen Asset Management –, die Vermietung bestehender und neu entwickelter Mietflächen, der eventuelle Verkauf einzelner Baufelder mit Hochbauentwicklungen sowie die Entwicklung von Land- und Gewerbequartier mit Hochbauten in der Sanierung des Bestandes und im Neubau geschah und geschieht weiterhin im Turbinenwerk Mannheim nahezu gleichzeitig. Zudem war das Turbinenwerk selbst ein akquiriertes Areal, dessen Kauf geplant, finanziert, durchgeführt und in das Bestandsportfolio übernommen werden musste. Alles zusammen stell eine besondere Herausforderung dar. Hinzu kommen die in einem Immobilienunternehmen üblichen Themen des Portfoliomanagements, der (Unternehmens-)Finanzierung, der Bewertung und neuerdings des ESG-Reportings.

Aurelis hat dazu ein eigenes Team mit einem Gesamtverantwortlichen an der Spitze zusammengestellt und in einem Büro vor Ort angesiedelt, das nahezu alle für die zuvor beschriebenen Aufgaben notwendigen operativen Kompetenzen abbildet, während übergeordnete, eher strategische Themen weiterhin in der Zentrale betreut werden (Abb. 6.55). Somit kann man zurecht – in Abwandlung einer im angelsächsischen Sprachraum gebräuchlichen Phrase zur Kurzbeschreibung eines Unternehmens – behaupten: Das Turbinenwerk Mannheim ist „Aurelis in a nutshell".

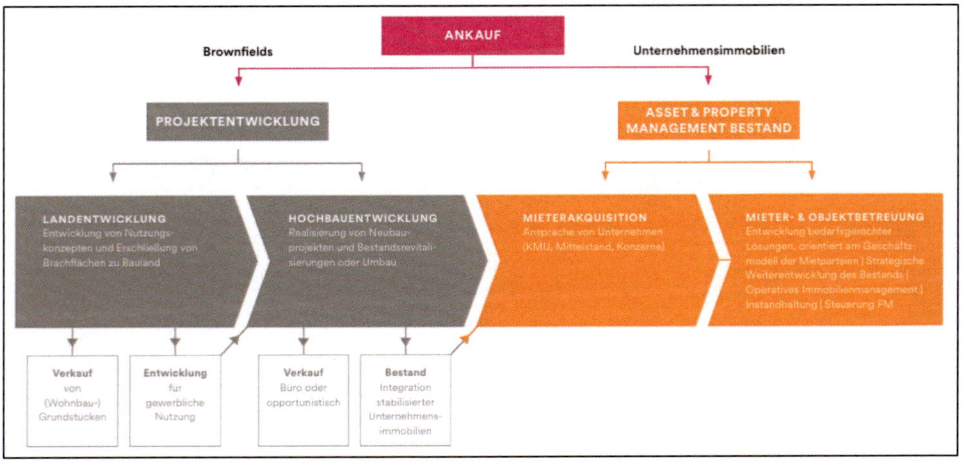

Abb. 6.55 Geschäftsmodell Aurelis, in allen Elementen im Turbinenwerk Mannheim in Anwendung (Aurelis 2022, S. 5)

6.6 Im Metzgergrün, Freiburg (Quartiersentwicklung)

Magdalena Szablewska

Die kommunale Wohnungsbaugesellschaft Freiburger Stadtbau GmbH (FSB) entwickelt und errichtet als ein städtisches Immobilienunternehmen mit über 11.000 eigenen und verwalteten Wohnungen bezahlbaren Wohnraum für die stetig wachsende Stadt Freiburg (FR). Als sogenannte Schwarmstadt verzeichnet Freiburg seit Jahren steigende Bevölkerungszuwachszahlen. Um der hohen Bedarfslage an Wohnraum zu begegnen, verfolgt die Stadt gemäß der gemeinderätlichen Beschlusslagen kontinuierlich die Entwicklung von Wohnprojekten im innerstädtischen Bereich. Durch die Nachverdichtung sollen vorhandene Potenziale der gewachsenen Siedlungsstrukturen genutzt werden (vgl. FR), somit können vielfältige, lebendige und moderne Quartiere für die Zukunft gestärkt und weiterentwickelt werden. Abb. 6.56 zeigt das 6,1 ha große Planungsgebiet „Im Metzgergrün", das vor diesem Hintergrund im Westen des Stadtteils Stühlinger ein hohes Innenentwicklungspotenzial darstellt (vgl. FSB).

6.6.1 Projektbeschreibung (vgl. FSB)

Das in den 1950er-Jahren entstandene Bestandsquartier mit 252 überwiegend Zwei-Zimmer-Wohnungen und rd. 13.000 qm Gesamtwohnfläche ist, wie Abb. 6.57 zeigt durch eine zweigeschossige kleinteilige Zeilenbauweise mit Satteldach und nicht ausgebauten Dachgeschossen gekennzeichnet. Flankiert wird es von einem bestehenden Caravanstellplatz, der sich auf einem benachbarten städtischen Grundstück befindet. Die Wohnsiedlung ist durch ruhige Quartiersstraßen erschlossen und weist eine starke Durchgrünung auf. Die langjährige Bewohnerschaft pflegt ein gutes nachbarschaftliches Miteinander.

Abb. 6.56 Im Metzgergrün – Bestandsquartier mit Caravanstellplatz. (Quelle: FreiGIS © Open Street Map)

Abb. 6.57 Im Metzgergrün – Bestandsgebäude. (Quelle: Freiburger Stadtbau GmbH)

Auf Initiative der Bewohnerschaft und mit Unterstützung durch den örtlichen Quartiersrat (Interessensvertretung der Bewohnenden) wurde im Jahr 2012 eine Studie zur möglichen Weiterentwicklung des Areals initiiert. Untersucht wurden Maßnahmen der Sanierung der Bestandsgebäude, mögliche Aufstockungen und Anbauten zur Schaffung von mehr Wohnraum unter Berücksichtigung der Bestandssubstanz. Auf dieser Grundlage konnte eine vertiefte Untersuchung der technischen, ökonomischen und städtebaulichen Potenziale im Folgejahr durchgeführt werden. Im Ergebnis war eine Entwicklung unter Ertüchtigung der Bestandsgebäude aufgrund einer Vielzahl technischer Problemlagen und unverhältnismäßigen hohen Investitionskosten nicht realisierbar. Eine Entwicklung des Gesamtquartiers im Sinne der Neuordnung bot hingegen hohe Potenziale zur Schaffung von erheblich mehr Wohnraum, der Erstellung energieeffizienter und barrierefreier Gebäude sowie der Etablierung neuer Energieversorgungssysteme, Holzkonstruktionen, Fassaden- und Dachbegrünungen, PV-Anlagen, Schaffung sozialer Einrichtungen, und vieles mehr.

Um inhaltlich weitere Anregungen und Wünsche der Bewohnerschaft bei der Planung einbeziehen zu können, wurde 2014 eine Bewohnerumfrage durchgeführt. Das Konzept wurde 2015 fortgeschrieben und diente als Grundlage für die anschließende Entwicklungsplanung. Im Weiteren wurde auch der Bürgerverein des Stadtteils aktiv in die Weiterentwicklung des Quartiers einbezogen.

Zur Sicherung der städtebaulichen und architektonischen Qualitäten wurde 2016 eine Mehrfachbeauftragung zur Entwicklung des Quartiers unter Einbeziehung des Caravanstellplatzes durch die FSB ausgelobt. Im Bewertungsgremium waren neben der FSB u. a. Vertretungen des Aufsichtsrates, der Stadtverwaltung, des Quartiersrates, des Bürgervereins, Experten der einzelnen Fachdisziplinen und Fach- sowie Sachjuroren beteiligt. Nach der Jurierung des Siegerentwurfes des Architekturbüros Dietrich Untertrifaller aus Bregenz und des Ingenieur- und Landschaftsarchitekturbüros Ramboll Studio Dreiseitl aus Überlingen wurde 2017 der Aufstellungsbeschluss zur Erstellung eines bauvorhabenbezogenen Bebauungsplans durch den Gemeinderat der Stadt Freiburg gefasst.

Bereits im Jahr 2021 wurde für die Verlegung des bestehenden Runzgewässers eine wasserrechtliche Plangenehmigung gem. dem Wasserhaushaltsgesetz (WHG) § 68 erteilt. Zur weitestgehenden Vermeidung von Baustellenverkehr innerhalb des bestehenden Quartiers wurden die Bauarbeiten zur Verlegung des Bachlaufes bereits 2021 ausgeführt.

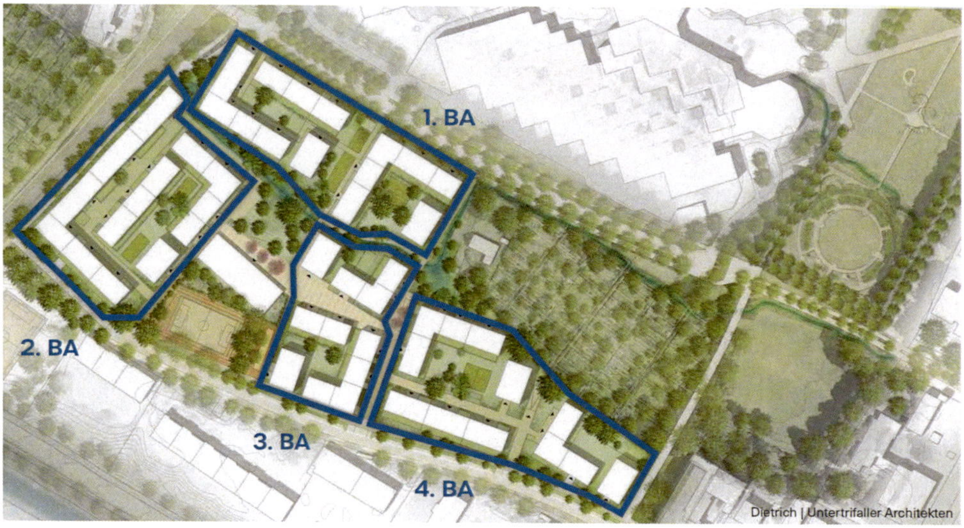

Abb. 6.58 Im Metzgergrün – geplante Bauabschnitte. (Quelle: Freiburger Stadtbau GmbH © Dietrich Untertrifaller Architekten, Bregenz + Ramboll Studio Dreiseitl, Überlinge; Münchrath Ideen+Medien)

Das Bebauungsplanverfahren wurde mit dem Satzungsbeschluss im Jahr 2022 abgeschlossen. Die Baugenehmigung wurde gem. § 33 Baugesetzbuch (BauGB) und der Zulässigkeit von Vorhaben während der Planaufstellung ebenfalls in 2022 erteilt. Im Anschluss erfolgte die Realisierung des ersten Bauabschnitts in zwei Teilabschnitten. Die Fertigstellung dieser Abschnitte erfolgte in 2024 bzw. 2025. Nach dem Umzug der Mieterschaft aus den bestehenden Gebäuden im zweiten Bauabschnitt in die Neubauten des ersten Bauabschnitts werden die Bauarbeiten des zweiten Neubauabschnitts in 2025 begonnen. Der Abschluss der Gesamtentwicklung erfolgt voraussichtlich Anfang der 2030er-Jahre. Abb. 6.58 zeigt die geplanten Bauabschnitte der Quartiersentwicklung.

Die Konzeption des Siegerentwurfes transformiert den ursprünglichen Charakter und die besonderen Qualitäten der Siedlung in eine moderne, zukunftsorientierte und zeitgemäße Neuentwicklung. Wesentlich sind hierbei die frei- und stadträumlichen, sozialen und nachbarschaftlichen Qualitäten unter Einbeziehung ökologischer und nachhaltiger Aspekte.

Die Neuordnung des Gesamtareals sieht die Realisierung von rd. 580 Neubauwohnungen mit ca. 41.000 qm Wohnfläche im Energieeffizienzhausstandard 55 und mehreren Bauabschnitten vor. Zur Gewährleistung einer hohen Nutzungsvielfalt im Quartier werden 50 % öffentlich geförderte Wohnungen, 25 % freifinanzierte Mietwohnungen und 25 % Eigentumswohnungen erstellt.

Der erste Bauabschnitt entsteht auf dem ehemaligen ca. 1,1 ha großen Caravanstellplatz mit insgesamt 175 Wohneinheiten im Energieeffizienzhausstandard 55 und bildet den Auftakt einer Umzugskette für die Bewohnerschaft im Planungsgebiet. Eines der wesentlichen Zielsetzungen des Projektes ist die Ermöglichung des Verbleibens im Quartier für die Mietenden. Zu diesem Zweck entstehen im ersten Bauabschnitt 125 öffentlich

Abb. 6.59 Visualisierung des Entwurfs. (Quelle: Freiburger Stadtbau GmbH © Dietrich Untertrifaller Architekten)

geförderte Wohnungen, die gemäß der Wünsche und Anregungen aus der Bewohnerschaft weitestgehend dem Charakter der Bestandswohnungen entsprechen. Wesentlich hierbei ist die flexible Nutzung der drei Lebensräume (Wohnküche, Schlafzimmer, Wohnzimmer), die durch die Etablierung ähnlicher Raumgrößen erreicht wird. Abb. 6.59 zeigt die entstehenden 26 freifinanzierten Mietwohnungen in Holzbauweise und 24 Eigentumswohnungen, die überwiegend als Maisonetten mit Gartenflächen im Erdgeschoss und im Bereich der Dachterrassen konzipiert wurden.

Einen weiteren wichtigen Aspekt der Planung stellt die Freilegung des bestehenden Runzgewässers und dessen Einleitung in das Quartier in Form eines künstlichen Bachlaufes dar. Das Gewässer diente vornehmlich der Bewässerung der benachbarten Kleingartenanlagen. Im Bereich des Caravanstellplatzes wurde es verdohlt straßenbegleitend geführt. Abb. 6.60 zeigt die offene Führung des Gewässers mit den dazugehörigen landschaftsplanerisch gestalteten Uferzonen, die den Wasserlauf wieder erlebbar machen und gleichzeitig der Kühlung sowie Versickerung des Regenwassers dienen.

Desweiteren zeichnet sich das Quartier durch seinen verkehrsberuhigten Charakter aus. Der Stellplatzschlüssel wurde im Rahmen des Bebauungsplanverfahrens mit 0,6 für die Mietwohnungen und 1,0 für die Eigentumswohnungen festgesetzt. Die reduzierte Quote wird durch ein Mobilitätskonzept unterstützt, das ergänzend u. a. zusätzliche Abstellflächen für Fahrräder, Sonderfahrräder, Motoroller, Förderung der Regionalfahrkarte für öffentlichen Verkehr und Carsharing-Angebote enthält. Von besonderer Bedeutung ist hierbei die Schaffung von Anreizen, auf ein eigenes Fahrzeug möglichst zu verzichten.

Ein besonderes Merkmal der Quartiersentwicklung bildet die in Abb. 6.61 dargestellte soziale Infrastruktur. Neben dem Erhalt und der Erneuerung des vorhandenen Ballspiel-

Abb. 6.60 Visualisierung des Entwurfs. (Quelle: Freiburger Stadtbau GmbH © Dietrich Untertrifaller Architekten)

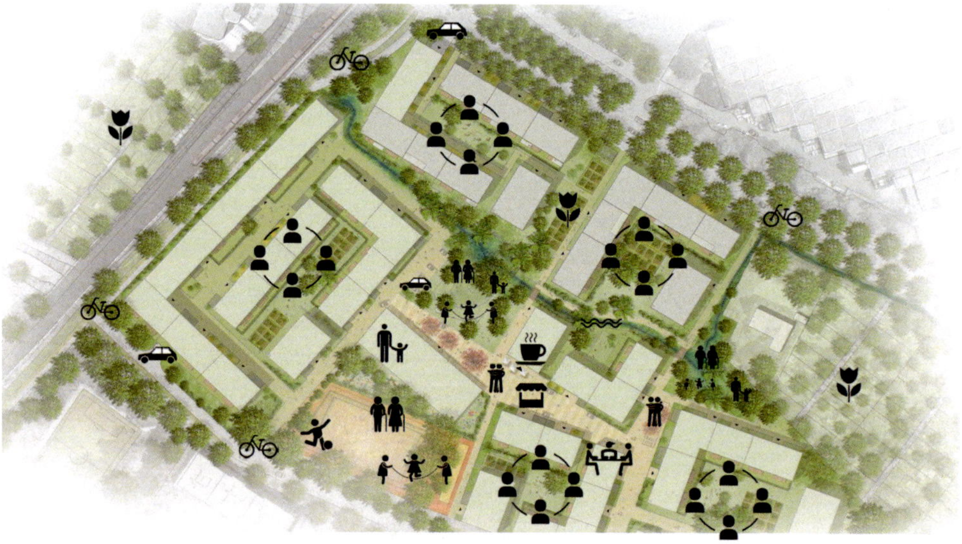

Abb. 6.61 Im Metzgergrün – Soziale Infrastruktur, Aufenthalts- und Begegnungsräume. (Quelle: Freiburger Stadtbau GmbH © Dietrich Untertrifaller Architekten, Bregenz + Ramboll Studio Dreiseitl, Überlingen, SCHLEINER + PARTNER Kommunikation GmbH)

platzes, werden die geplanten Einrichtungen um den zentralen Marktplatz in der Quartiersmitte gruppiert. Hierzu gehören eine mehrgruppige Kita, ein Café und ein Quartiersservicezentrum (QSZ) mit Betreuungsangeboten und einem Quartiersraum für alle Bewohnerinnen und Bewohner. Die großzügigen Grünflächen und Parkanlagen, die Uferzonen des Bachlaufes und Freibereiche, die für das Gärtnern vorgesehen sind, runden das Angebot an Begegnungs- und Kommunikationsräumen ab.

Zur Förderung der Nachbarschaften und der Quartiersgemeinschaft werden die Kommunikationszonen innerhalb der Gebäudeerschließung fortgesetzt. Großzügige Außenräume und Aufweitungen im Bereich der Laubengänge und Treppenräume, sowie in der Nähe der Gärtnerflächen ermöglichen Austausch und nachbarschaftliche Aktivitäten. Neben den Vorgaben zur Barrierefreiheit gem. der Landesbauordnung (LBO) werden alle Wohnungen nach dem Maßnahmenkatalog „Barrierefreies Bauen" der FSB errichtet.

Sowohl die Dachflächen als auch die Fassaden werden begrünt. Photovoltaik-Anlagen mit Mieterstrommodell-Angeboten ergänzen das klimafreundliche Konzept. Die Wärmeversorgung erfolgt über ein Fernwärmenetz, das sowohl das neue Quartier als auch die bestehenden Gebäude der FSB südlich der Ferdinand-Weiß-Straße versorgt. Dem Konzept „Reduce, Reuse, Recycle" folgend werden Bauteile der bestehenden Gebäude und Außenanlagen wie z. B. Pflasterbeläge, Holzfensterläden, etc. wiederverwendet. Diese werden im Bereich der Gemeinschaftsflächen als Bodenbeläge und Sonnenschutzkonstruktionen eingebaut. Auch Bäume, Pflanzen, Sträucher, etc. werden im Quartier umgepflanzt, sodass Elemente der ursprünglichen Wohnanlage einer neuen Nutzung zugeführt werden und somit weiter den Charakter des Quartiers prägen.

Die herausragenden ökologischen, ökonomischen, soziokulturellen und funktionalen, technischen und prozessualen Qualitäten dieser Entwicklung wurden in 2023 von der Deutschen Gesellschaft für Nachhaltiges Bauen (DGNB) mit einem Quartierszertifikat Platin ausgezeichnet.

6.6.2 Bausteine aus den PE-Phasen

Bei der vorliegenden Quartiersentwicklung handelt es sich um eine gebietsbezogene Entwicklung gem. Abschn. 2.2. Im Rahmen der Flächenentwicklung werden Grundstücke – in dem vorliegenden Beispiel mit und ohne bestehender Bebauung – entwickelt und dem Baurecht zugeführt mit dem Ziel der Errichtung und anschließenden Verwertung (Vermietung, Verkauf) von Neubauten. Gleichzeitig werden die öffentlichen Räume im Quartier neu geordnet und aufgewertet. Abb. 6.62 zeigt die wesentlichen Meilensteine der Gesamtentwicklung im zeitlichen und PE-Phasen bezogenen Kontext.

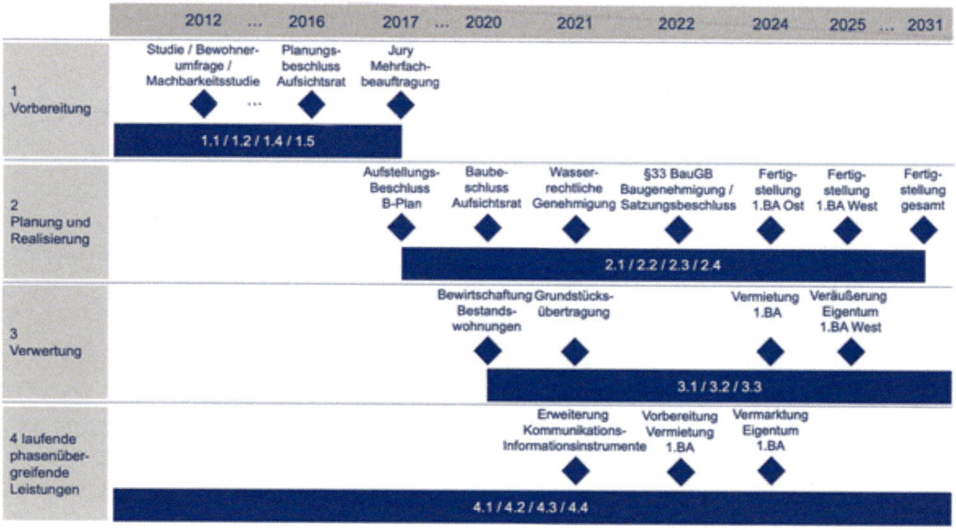

Abb. 6.62 Projektbeispiel Metzgergrün Freiburg – Projektentwicklungsphasen aus Sicht des Entwicklers

1. *Vorbereitung*

Mit rd. 11.000 eigenen und fremdverwalteten Wohnungen übernimmt die FSB als Bestandshalter und Bauträger innerhalb der Projektorganisation die Auftraggeberrolle. Die Bauherrenaufgaben werden von Mitarbeitenden der FSB und ext. Dienstleistern im Bereich der Projektleitung und Projektsteuerung durchgeführt. Somit stellt die FSB das Projektmanagement für das Gesamtbauvorhaben. Die erforderlichen Planungs- und Ausführungsleistungen werden extern vergeben. Zudem sind die Vorgaben des Gesellschafters Stadt Freiburg zu berücksichtigen und durch entsprechende Gremienbeschlüsse vom Gemeinderat der Stadt Freiburg und Aufsichtsrat der FSB zu legitimieren. Abb. 6.63 zeigt die Projektorganisation der Gesamtentwicklungsmaßnahme.

Die Abb. 6.64 stellt die wesentlichen Leistungen im Rahmen der ersten Projektentwicklungsphase „Vorbereitung" innerhalb des Leistungsbildes dar.

Die Bedarfsermittlung erfolgte auf Basis einer Mietenden-Umfrage, mit der die individuellen Bedarfslagen der Bewohnenden festgestellt wurden. Die FSB legt großen Wert darauf, dass im Rahmen von Quartiersentwicklungen die Bewohnenden die Möglichkeit zum Verbleib im Quartier erhalten. Hierzu werden im Rahmen des Umzugsmanagements gem. der erfolgten Einzelgespräche entsprechende Vereinbarungen mit den Mieterinnen und Mietern getroffen. Weitere Vorgaben werden durch die Projektentwicklung in Abstimmung mit den internen Abteilungen der FSB wie z. B. der Vermiet- und Verkaufsabteilung, Bestandsmanagement, Finanzierung, etc. erstellt. Hieraus ergibt sich das Wohnungsgemenge sowie die Aufteilung der Trägerschaften. Zudem werden die Anforderungen gem. der Förderprogramme zu Wohnungsgrößen, Ausstattung, Energie-

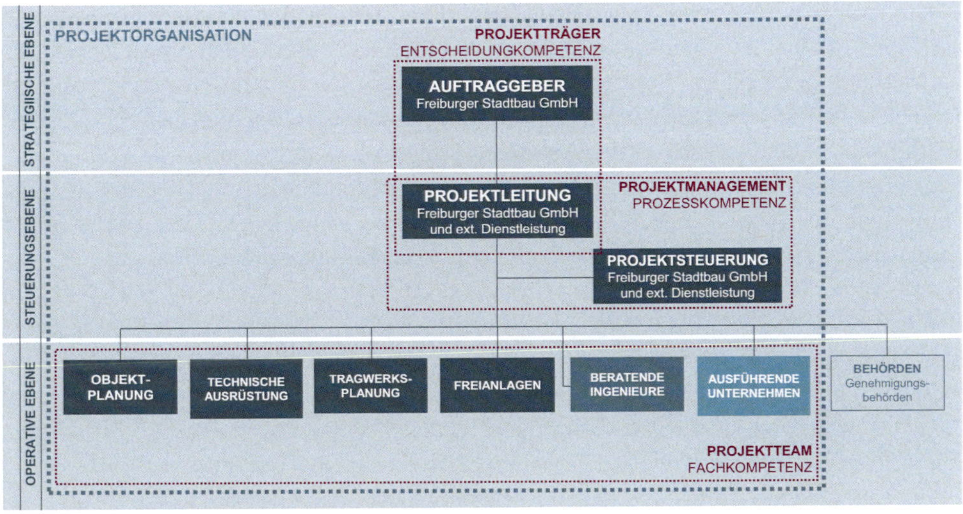

Abb. 6.63 Projektorganisation

Vorbereitung Akteure		1.1 Bedarfs-ermittlung	1.2 Auswahl von Liegenschaften	1.3 Akquisitions-vorprüfung	1.4 Machbarkeits-studie	1.5 Projekt-finanzierung	1.6 Ankauf
Entscheider / Aufsichtsgremium	Gemeinderat Stadt FR Aufsichtsrat FSB	Ermittlung Wohnflächen-bedarf	Perspektivplan 2030, Nachverdichtung im Innenbereich	Übertragung von städtischen Grundstücken auf FSB	Planungs-beschluss	Konzept FSB 2030 Finanzierung	Grundstücks-übertragung (Caravanstellplatz, Erbbaurechts-grundstück)
Entwickler / Bauland-entwicklung	Freiburger Stadtbau GmbH (FSB)	Bewohnerumfrage	Portfolio-/ Asset-/ Bestands-management	Vorabstimmung mit Stadt FR	Fortschreibung Machbarkeits-studie, Mehrfachbe-auftragung	Prüfung Projekt-finanzierung	Bestands-grundstücke
Dienstleister	verschiedene intern und extern	-	-	-	Machbarkeits-studie, Mehrfachbeauf-tragung, Gutachten	-	Notariat
Baurechtsgeber (Stadtplanung)	Stadt FR	Vorgaben Infrastruktur	Vorabstimmung	Vorabstimmung	Vorabstimmung Mehrfachbeauf-tragung	-	-
Verkäufer	Stadt FR (Caravanstellplatz, Erbbaurechts-grundstück)	-	Vorabstimmung	Vorabstimmung	Vorabstimmung	-	Grundstücks-übertragung
Nutzer	Mieterschaft (Bestandsgebäude)	Teilnahme Bewohnerumfrage	Eigeninitiative Mieterschaft	-	Machbarkeits-studie (Gastteilnahme Mietervertretung)	-	-
Öffentlichkeit	Bürgerschaft, Interressens-gruppen, (Quartiersrat, Bürgerverein)	Unterstützung Bewohnerumfrage (Quartiersrat)	Informations-veranstaltungen	-	Mehrfach-beauftragung (Gastteilnahme Quartiersrat, Bürgerverein)	-	-

Abb. 6.64 Projektentwicklungsphase 1 Vorbereitung

effizienz, etc. definiert. Weiterhin wurden die erforderlichen Flächen für Einrichtungen der sozialen Infrastruktur durch die städtischen Ämter vorgegeben, wie z. B. Quartiersräume, Nahversorgung, etc. Die Ergebnisse fließen in die Auslobung der Mehrfachbeauftragung ein. Weitere Aspekte der Wärme- und Energieversorgung, Baumkartierung, verkehrliche Vorgaben, etc. wurden ebenfalls in die Auslobung aufgenommen.

Die vorliegende Quartiersentwicklung folgt dem Strategieplan der Stadt Freiburg und stellt eine Nachverdichtung durch Innenentwicklung dar. Insbesondere die Flächen des Caravanstellplatzes eignen sich aufgrund ihrer Lage sehr gut für eine entsprechende Neuentwicklung. Die weiteren Grundstücke mit den bestehenden Bebauungen bieten – wie beschrieben – hohe Potenziale für die Erhöhung des Wohnungsangebotes. Im Rahmen der Vorprüfung wurden hierzu entsprechende Machbarkeitsstudien erstellt. Ergänzt wird die Vorprüfung durch die Angaben des Portfolio- und Assetmanagements der FSB und der vorliegenden Bedarfslagen der Instandhaltung aus der Bestandsbewirtschaftung.

Da sich der Caravanstellplatz sowie ein weiteres Erbbaurechtsgrundstück mit 0,87 ha im Gebiet im Eigentum der Stadt befanden, wurde im Rahmen der Projektentwicklung sowie im städtebaulichen Vertrag der Umgang mit diesen Grundstücken festgelegt. Da die FSB im Rahmen der gemeinderätlichen Beschlusslage die Umsetzung einer Wohnbauoffensive FSB 2030 vollzieht, wurden die Grundstücke als Kapitaleinlagen an die FSB übertragen. Die weiteren zu beplanenden Liegenschaften befinden sich im Eigenturm der FSB.

Zur Legitimation der erforderlichen Rechtsgeschäfte, die im Rahmen einer Projektentwicklung durchgeführt werden, wurde seitens der FSB ein Planungsbeschluss dem Aufsichtsrat zur Entscheidung vorgelegt. Dieser wurde von der internen Projektentwicklung vorbereitet und mit den weiteren Abteilungen der FSB sowie der Stadtverwaltung (Stadtplanungsamt, Umweltamt, Verkehr, Garten und Tiefbauamt, Amt für Liegenschaften, etc.) abgestimmt.

Nach erfolgter Mehrfachbeauftragung, die auf Grundlage einer Machbarkeitsstudie durchgeführt wurde, wurden die erforderlichen Planungsleistungen durch die Projektleitung der FSB beauftragt.

Die Projektfinanzierung wurde anhand der von den Planern erarbeiteten Kostenschätzung und später Kostenberechnung von der Finanzabteilung der FSB in Abstimmung mit der Projektentwicklung/Projektleitung erarbeitet. Die Herstellungskosten werden hierbei zusätzlich durch den Bereich Einkauf der FSB verifiziert hinsichtlich der Markteinordnung. Weiterhin werden Fördermittel insbesondere für sozial geförderte Wohnungen und KfW-Mittel in Anspruch genommen. Die ermittelten und abgestimmten Projektparameter werden in einer Wirtschaftlichkeitsberechnung verarbeitet und die Tragfähigkeit des Projektes nach firmeninternen Vorgaben geprüft.

2. *Planung und Realisierung*

Im Folgenden werden die Leistungen im Rahmen der zweiten Projektentwicklungsphase „Planung und Realisierung“ dargestellt, wie Abb. 6.65 zeigt.

Der Siegerentwurf aus der Mehrfachbeauftragung bildet die Grundlage für die Erstellung eines bauvorhabenbezogenen Bebauungsplans. Dieser wird vom Stadtplanungsamt der Stadt Freiburg in Abstimmung mit den weiteren Ämtern, der FSB und Fachexperten erarbeitet. Ab diesem Zeitpunkt wird das Projekt von der Projektentwicklung an die Projektleitung der FSB übergeben, die das Projekt bis zur Fertigstellung und Inbetriebnahme begleitet und die Bauherrnaufgaben wahrnimmt.

Planung und Realisierung		2.1	2.2	2.3	2.4		
Akteure		Baurechts-schaffung	Erschließung und Infrastruktur	Hochbau	Inbetriebnahme/ Übergabe		
Entscheider / Aufsichtsgremium	Gemeinderat Stadt FR Aufsichtsrat FSB	Aufstellungs-/ Satzungs-beschluss B-Plan	Städtebaulicher Vertrag	Baubeschluss	-		
Entwickler / Bauland-entwicklung	Freiburger Stadtbau GmbH (FSB)	Bauvorhaben-bezogener B-Plan	Vergabe von Planungs- und Bauleistungen	Vergabe von Planungs- und Bauleistungen	Abnahmen, Übergaben an Nutzer/Käufer		
Dienstleister	verschiedene intern und extern	HOAI- und AHO-Leistungen	HOAI- und AHO-Leistungen	HOAI- und AHO-Leistungen	HOAI- und AHO-Leistungen		
Baurechtsgeber (Stadtplanung)	Stadt FR	Baugenehmigung gem. § 33 BauGB	Wasserrechtliche Erlaubnis (Runzgewässer)	-	Bauabnahme		
Verkäufer	Stadt FR (Caravanstellplatz, Erbbaurechts-grundstück)	-	-	-	-		
Nutzer	Mieterschaft (Bestandsgebäude)	Einwendungen B-Planverfahren	Ortsbegehungen	Ortsbegehungen	-		
Öffentlichkeit	Bürgerschaft, Interressens-gruppen, (Quartiersrat, Bürgerverein)	Einwendungen B-Planverfahren	-	-	-		

Abb. 6.65 Projektentwicklungsphase 2 Planung und Realisierung

Zur Legitimation der Projektrealisierung werden in der weiteren Projektbearbeitung Baubeschlüsse für einzelne Bauabschnitte beim Aufsichtsrat der FSB eingeholt. Anschließend können die erforderlichen vertraglichen Verpflichtungen gegenüber der ausführenden Firmen vollzogen werden. Die Vertragserstellung obliegt hierbei der Projektleitung/Einkauf der FSB.

Zur Sicherung der Ausführungsqualität werden entsprechende gutachterliche Prüfungen vorgenommen. Die Organisation der Vermietung und des Vertriebs erfolgt in gesonderten Arbeitsgruppen bei der FSB. Somit kann z. B. der Vertriebsstart nach Vorlage der erforderlichen Dokumente (Baubeschreibung, Teilungserklärung, etc.) begonnen werden. Hierbei sind sowohl FSB interne Einheiten als auch externe Dienstleister beteiligt.

Die Vorbereitung der Vermietung erfolgt im Vorfeld der Fertigstellung und finalen Inbetriebnahme, in der Regel beginnt diese drei Monate vor Baufertigstellung. Wesentlich ist hierbei das Umzugsmanagement aus dem Bestandsquartier, welches von den Mitarbeitenden der Mietwohnverwaltung durchgeführt und gegenüber weitergehenden Anmietungen priorisiert wird.

3. *Verwertung*

Im Rahmen des dritten Projektentwicklungsphase „Verwertung“ innerhalb des Leistungsbildes werden folgende Leistungen gem. Abb. 6.66 durchgeführt.

Während der Vorbereitung, Planung und Realisierung wurde die Bewirtschaftung der bestehenden Gebäude und die Betreuung der Mieterschaft von der Mietverwaltung der FSB durchgeführt. Wohnungen, die vereinzelt nach Auszug der Mieterinnen und Mieter während der Projektlaufzeit frei wurden, konnten in Kooperation mit der Stadt und der so-

Verwertung Akteure		3.1 Bewirtschaftung während der P.-laufzeit	3.2 Vermietung	3.3 Verkauf			
Entscheider / Aufsichtsgremium	Gemeinderat Stadt FR Aufsichtsrat FSB	-	Planungs-/ Baubeschluss	Planungs-/ Baubeschluss			
Entwickler / Baulandentwicklung	Freiburger Stadtbau GmbH (FSB)	Bewirtschaftung Bestandswohnungen	Vermietung Mietwohnungen, Umzugsmanagement	Veräußerung Eigentumswohnungen			
Dienstleister	verschiedene extern	-	-	Vermarktung, Teilungserklärung			
Baurechtsgeber (Stadtplanung)	Stadt FR	-	-	Abgeschlossenheitsbescheinigung			
Verkäufer	Stadt FR (Caravanstellplatz, Erbbaurechtsgrundstück)	-	-	-			
Nutzer	Mieterschaft (Bestandsgebäude)	-	Umzugskette	-			
Öffentlichkeit	Bürgerschaft, Interressensgruppen, (Quartiersrat, Bürgerverein)	-	-	-			

Abb. 6.66 Projektentwicklungsphase 3 Verwertung

zialen Institutionen interimistisch vermietet werden. Dieser Prozess setzt sich bis zur Fertigstellung der Gesamtmaßnahme fort.

Der Abschluss der Miet- und Kaufverträge wurde von den jeweiligen Fachbereichen (Vermietung, Vertrieb) der FSB durchgeführt mit Unterstützung der kaufmännischen und juristischen Abteilungen.

Die Fertigstellung des ersten Bauabschnitts erfolgte sukzessive bis zur Jahresmitte 2025. Nach Umzug der Mieterinnen und Mieter aus dem zweiten Bauabschnitt wird mit der Realisierung des nachfolgenden Bauabschnitts begonnen. Parallel erfolgt die Vorbereitung der weiteren Phasen des Umzugsmanagements aus den Bestandsgebäuden in die neu entstehenden Gebäude.

4. *Laufende phasenübergreifende Leistungen*

Während der Abwicklung der Leistungspakete aus den vorbeschriebenen Projektentwicklungsphasen „Vorbereitung", „Planung und Realisierung" und „Verwertung" werden die in Abb. 6.67 dargestellten Leistungen im Rahmen der vierten Projektentwicklungsphase „laufende phasenübergreifende Leistungen" innerhalb des Leistungsbildes kontinuierlich vollzogen.

Die laufenden phasenübergreifenden Leistungen werden maßgeblich von der Projektentwicklung und der internen und externen Projektleitung und Projektsteuerung des Bauherren, sowie der Objektplanung durchgeführt, wie z. B. die laufenden Informations-, Organisations- und Koordinationsaufgaben sowie das Projektcontrolling.

Die laufende Kommunikation, Marketing und Public Relations werden durch die zuständigen Abteilungen des Auftraggebers vollzogen, wie z. B. das Bestandsmanagement, soziale Beratung, die Presse- und Marketingabteilung und die Vertriebsabteilung. Die

Lfd. phasenü. Leistungen		4.1	4.2	4.3	4.4		
Akteure		laufende Information, O., K., D.	laufendes Projekt-controlling	laufende Kommunikation / Marketing / PR	lfd. Angebots- und Vertrags-management		
Entscheider/ Aufsichtsgremium	Gemeinderat Stadt FR Aufsichtsrat FSB	Gemeinderats-/ Aufsichtsrats-sitzungen	Gemeinderats-/ Aufsichtsrats-sitzungen	-	-		
Entwickler/ Bauland-entwicklung	Freiburger Stadtbau GmbH (FSB)	erweiterte Kommunikations-/Informations-instrumente	Durchführung	erweiterte Kommunikations-/Informations-instrumente	Durchführung		
Dienstleister	verschiedene intern und extern	Durchführung / Mitwirkung	Durchführung / Mitwirkung	Durchführung / Mitwirkung	Durchführung / Mitwirkung		
Baurechtsgeber (Stadtplanung)	Stadt FR	Begleitende Öffentlichkeits-arbeit	im Rahmen B-Planverfahren	Begleitende Öffentlichkeits-arbeit	im Rahmen B-Planverfahren		
Verkäufer	Stadt FR (Caravanstellplatz, Erbbaurechts-grundstück)	-	-	-	Im Rahmen Grundstücks-übertragung		
Nutzer	Mieterschaft (Bestandsgebäude)	-	-	-	Gegenzeichnung Miet-/Kaufverträge		
Öffentlichkeit	Bürgerschaft, Interressensgruppe n, (Quartiersrat, Bürgerverein)	-	-	-	-		

Abb. 6.67 Projektentwicklungsphase 4 laufende phasenübergreifende Leistungen

Steuerung und Lenkung der Aufgaben obliegt der Projektleitung sowie den jeweiligen Verantwortlichen innerhalb der Organisation des Auftraggebers.

Das laufende Angebots- und Vertragsmanagement wird von der Projektleitung gesteuert und von der Einkaufsabteilung des Bauherren unterstützt. Das Management der Kauf- und Mietverträge wird von den Vermiet- und Vertriebsabteilungen der FSB vollzogen.

6.6.3 Besonderheiten im Projekt

Insbesondere die laufende Kommunikation mit den Bewohnenden des Quartiers sowie weiterer Stakeholder stellt einen Schwerpunkt der phasenübergreifenden Leistungen dar. Die Berücksichtigung unterschiedlicher Interessenslagen der Beteiligten und Betroffenen (Bewohnerschaft, Öffentlichkeit) ist im Rahmen einer Projektentwicklung – insbesondere bei Großprojekten – von hoher Bedeutung.

Im Verlauf der Projektentwicklung wurde eine Initiative von Teilen der Bewohnerschaft begründet. Sie setzte sich für die Interessenswahrung der Mieterinnen und Mieter im Gebiet ein. Insbesondere die transparente und verständliche Kommunikation und Information mit den Bewohnenden sowie deren Partizipation am Entwicklungsverfahren waren hierbei wesentlich. Die Kommunikation und der Austausch mit der Bewohnerschaft erfolgte durch die zuständige Mieterbetreuung und Soziale Beratung des Auftraggebers. Aufgrund der Komplexität der einzelnen planerischen und baurechtlichen Verfahren wurde im Verlauf der Projektvorbereitung und -planung eine Konkretisierung und Erweiterung der Beteiligungsformate erforderlich.

Die Informations- und Kommunikationsinstrumente wurden durch die FSB in Zusammenarbeit mit der Bewohnerschaft geschärft und erweitert, wie in Abb. 6.68 dargestellt.

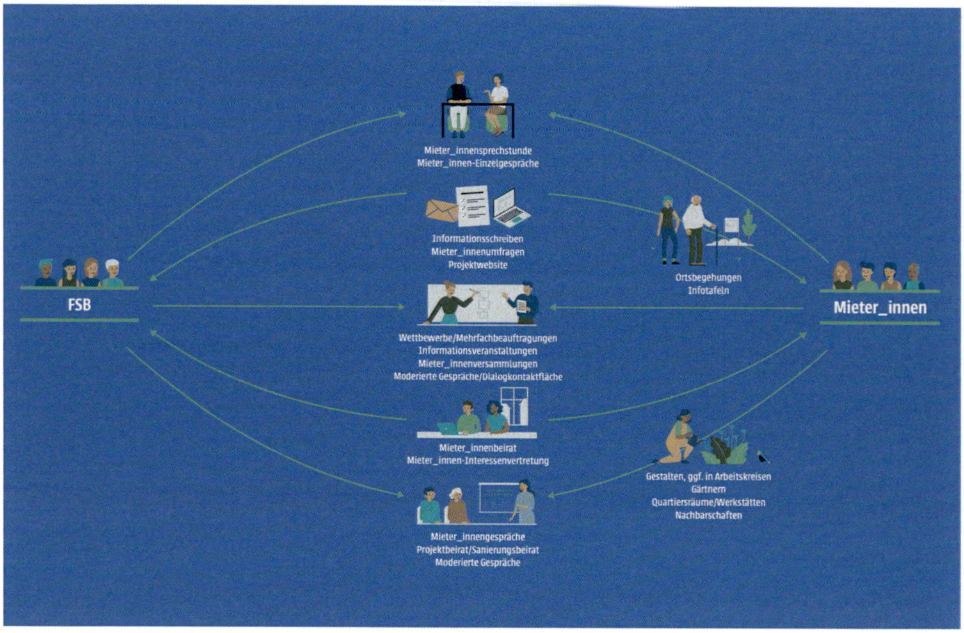

Abb. 6.68 Kommunikations- und Informationsformate. (Quelle: Freiburger Stadtbau GmbH, Geschäftsbericht 2022 © Münchrath Ideen+Medien)

Insbesondere die Formate vor Ort haben sich im weiteren Verlauf des Projektes bewährt, hierzu gehören u. a. regelmäßige Begehungen vor Ort, Mietergespräche vor Ort, Infobox vor Ort und Einzelgespräche zur Abstimmung der individuellen Bedarfslagen im Rahmen von Mietersprechstunden. Weiterhin werden regelmäßige Informationsveranstaltungen durchgeführt und eine Projektwebseite etabliert.

Ein weiteres wichtiges Instrument der Kommunikation und Information bildet zudem der Projektbeirat als ein freiwilliges, beratendes Gremium der Bürgerbeteiligung. Dieser stellt eine Dialogplattform zwischen den beteiligten Interessengruppen und Akteuren dar und wurde in Anlehnung an die Sanierungsbeiräte in förmlich festgesetzten Sanierungsgebiete etabliert. Im Projektbeirat sind unterschiedliche soziale Institutionen, Vertretungen der kommunalen Politik, der Mieterschaft, des Mieterbeirats, des Quartiersrates, der Quartiersarbeit, des Quartiersmanagements, des Bürgervereins, der Stadtverwaltung sowie der FSB vertreten.

Zudem wurden Arbeitskreise für bestimmte Themenschwerpunkte wie das „Gärtnern", „Älter werden im Quartier" und „Nachbarschaften" gebildet, um die konkreten Fragestellungen dieser Themenfelder mit der Mieterschaft gemeinsam zu gestalten.

Die etablierten Informations- und Kommunikationsinstrumente werden zudem durch die Soziale Beratung der FSB ergänzt. Diese fungiert als direkter Ansprechpartner für die Bewohnenden und unterstützt Projektbegleitend die Kommunikation und das Umzugsmanagement.

Literatur

Wohnbaugruppe Augsburg Entwickeln GmbH. Informationsunterlagen Vergabe von Baufeldern im Sheridanpark Augsburg, 15.02.2021: https://www.augsburg.de/fileadmin/user_upload/buerger-service_rathaus/wohnen_bauen/Baugemeinschaften/Informationsunterlagen_zum_Konzeptvergabeverfahren_Sheridanpark_15.02.2021.pdf (Abruf 01.02.2025)
Aurelis Real Estate Service GmbH: Projektpräsentation Turbinenwerk (unveröffentlicht), Eschborn 2024
Aurelis-Unternehmensprofil, Eschborn 2022, S. 5, Internetfundstelle: https://aurelis.de/wp-content/uploads/2021/10/Unternehmensprofil-2022.pdf, abgerufen am 01.02.2025
Bebauungsplan-Portal der Stadt Mannheim: https://www.gis-mannheim.de/mannheim/mod_mobile/index.php?service=fb61, abgerufen am 01.02.2025
Projektwebseite des Turbinenwerks: https://turbinenwerk-mannheim.de/, abgerufen am 01.03.2025
Freiburger Stadtbau GmbH, Unternehmenswebseite, https://www.wohneninfreiburg.de/bauensanieren/aktuelle-projekte/metzgergruen
Freiburger Stadtbau GmbH, Projektwebseite, https://www.metzgergruen-freiburg.de
Stadt Freiburg im Breisgau, Flächensparende Siedlungsentwicklung, https://www.freiburg.de/pb/435368.html
Stadt Freiburg im Breisgau, Perspektivplan 2030

Digitale Tools für die Projektentwicklung der Zukunft

7

Bernd Nentwig

7.1 Bedeutung digitaler Tools für die Projektentwicklung

Bei fast allen Projektentwicklungen sind eine Vielzahl von Akteuren eingebunden, besonders auch in entscheidungsvorbereitende Prozesse. Ein sehr hoher Anteil von Projektentwicklungen ist durch Renditeerwartungen geprägt, welche in Kontext mit damit verbundenen finanziellen Randbedingungen auch Auslöser für Krisen und Abbrüche bestehender Entwicklungen sein. Im Unterschied zu „normalen" Planung- und Bauprozessen und deren sequenzieller Bearbeitung liegen bei Projektentwicklungen häufig parallele Prozesse übereinander.

Digitale Tools müssen in diesem Umfeld zielgerichtete Unterstützung leisten, je nach Projektentwicklungstypologie auch Prozesse der Beteilung von Nutzern und anderen Stakeholdern.

Alle Phasen der Projektentwicklung sind von Entscheidungen und den damit verbundenen entscheidungsvorbereitenden Prozessen geprägt.

Künstliche Intelligenz (KI) kann hier wertvolle Unterstützung leisten, die jedoch mit KI-immanenten Risiken abgeglichen werden muss.

Nach einer historischen Einordnung werden aktuelle Entwicklungen digitaler Tools dargestellt und stichpunktartig anhand von Beispielen in die momentane Praxis reflektiert.

7.1.1 Historische Einordnung und technische Grundlagen

Frühe Konzepte der maschinellen Intelligenz wurde von Alan Turing (1943–1950) gelegt. Er entwickelte Konzepte zur maschinellen Intelligenz, u. a. die „Turing- Maschine" und den berühmten Turing-Test als Kriterium für maschinelles Denken.

E. Krön et al., *Projektentwicklung – vom Quartier zum Gebäude*,
https://doi.org/10.1007/978-3-658-49172-7_7

Der Begriff „künstliche Intelligenz“ wurde 1956 auf der Dartmouth Conference geprägt, es wurden vergleichsweise einfache Probleme wie das Spielen von Schach gelöst.

In der zweiten Phase (1950–1970) standen einfache Systeme der Spracherkennung und erste Ansätze von Expertensystem als symbolische KI im Mittelpunkt der Entwicklung. Der Autor selbst programmierte ein Expertensystem zur Generierung von Ablaufplänen für Planungsprozesse. Die Euphorie, die Welt in Klassen und Objekte zu zerlegen und mit vererbbaren Regeln zu versehen, legte sich allerdings schnell, insbesondere im Verhältnis zum Aufwand „normaler“ Programmierung. Im medizinischen Bereich gab es Erfolge in Bezug auf domänenspezifisches Wissen. Langsame Fortschritte beim maschinellen Lernen etablierten sich in dem Zeitraum bis in die 80iger Jahre. Erste Ansätze des weiteführenden maschinellen Lernens durch neuronale Netze entstanden, die Rechenleistungen waren allerdings noch zu gering.

Der Aufstieg von KI begann ab den 90iger Jahren mit erhöhten Rechenleistungen und der Backward Propagation of Error (Backpropagation, Rückwärtsausbreitung von Fehlern), die neuronale Netze stärker qualifiziert. Support Vector Machines mit nicht linearer Objekterkennung (Bild-, Text-, und Handschrifterkennung) und komplexe statistische Auswertungen bilden die Grundlage generativer KI und somit auch erste Anwendungen in Planungsdisziplinen.

Der wirksame und in der Öffentlichkeit deutlich wahrgenommenen Aufstieg entstand ab 2018 mit den Generative Pre-Trained Transformer Modellen (GPT 1–3/OpenAI), die in unterschiedlichen Anwendungen in der Projektentwicklung genutzt werden können und deren Potenzial vor allem in der in der Projektentwicklung so wichtige Analyse von komplexen Markt-und Standortdaten liegen dürfte.

Aus den vorangegangenen Entwicklungen entstanden multimodale Modelle wie DALL-E und GPT-4, die noch höhere Integrationsleistungen im Hinblick auf Text, Bild und Sprache bieten.

Herausforderungen bei der Entwicklung von KI liegen besonders bei den Themen Regulation und Sicherheit. KI-generierte Halluzinationen müssen aufgedeckt und durch Evaluationen und anzugliedernde faktenbasierte Systeme gesichert werden. Sie stellen auch eine große Herausforderung an die Prozesse der Projektentwicklung und an die gesellschaftlichen Randbedingungen dar.

Künstliche Intelligenz (KI) wird regelmäßig in zwei Hauptkategorien unterteilt: Starke und schwache KI. Schwache KI (auch „spezifische KI“) ist auf bestimmte Aufgaben spezialisiert und kann keine darüber hinausgehenden Probleme lösen. Beispiele hierfür sind Sprachassistenten oder Bilderkennungssysteme. Starke KI hingegen besitzt theoretisch die Fähigkeit, menschenähnliches Denken und Problemlösen auf einem breiten Spektrum zu ermöglichen, was derzeit jedoch noch nicht realisiert wurde.

KI kann weiterhin in Standard- und Expertenanwendungen unterschieden werden. Standard-KI-Anwendungen umfassen allgemein verfügbare Algorithmen und Modelle, die ohne spezifisches Fachwissen eingesetzt werden können, z. B. Chatbots oder Automatisierungslösungen. Expertenanwendungen hingegen erfordern spezialisiertes Wissen und sind auf bestimmte Branchen und Problemlösungen zugeschnitten, wie z. B. KI-gestützte Bauleitplanung.

7.1.2 Herausforderungen

Das Arbeiten mit KI-Generatoren im Bereich der Projektentwicklung erfordert große Mengen hochwertiger Daten. Fehlende, fehlerhafte oder voreingenommene Daten können zu ungenauen Vorhersagen und Entscheidungen führen. Die Verifizierbarkeit dieser generierten Daten steht dabei im Zielkonflikt mir der Geschwindigkeit der Bearbeitungsprozesse. Je nach Sichtweise sind die strengen Vorgaben der deutschen DSGVO (Datenschutz-Grundverordnung) dabei positive (Einschränkung sensibler Daten) oder negativ (nicht verwertbare Daten) zu sehen.

Entscheidungen müssen gut begründet sein, somit sind direkt aus der KI generierte Ergebnisse hierfür oft wenig verwendbar. Andererseits besteht hier die Entwicklungsmöglichkeit von in der Vergangenheit eher starren Modellen von Machbarkeitsstudien zu dynamischeren Verfahren mit mehreren Entwicklungsoptionen. Die Mensch-KI-Kollaboration wird auch Auswirkungen auf die Managementaufgaben innerhalb der Projektentwicklung aber auch in den üblicherweise delegierbaren Bauherrenleistungen der Projektsteuerung haben.

Daten für KI-Anwendungen stammen entweder aus unternehmensinternen Quellen (z. B. bisherige Projektdaten, interne Performance Daten von Gebäuden) oder aus externen Quellen wie z. B. öffentliche Datensätzen aus Webseiten von Gemeinden, Satellitenbilder oder Informationen aus sozialen Medien. Eine Kombination beider Arten könnte es ermöglichen, bessere Prognosen zu erstellen und fundierte Entscheidungen in der Projektentwicklung zu treffen.

7.1.3 Besondere Anforderungen der Projektentwicklung

Projektentwicklungen sind geprägt von zahlreichen parallellaufenden und häufig interdependenten Prozessen. KI-gestützte Werkzeuge können dabei helfen, diese Komplexität zu reduzieren, indem sie Prozesse automatisieren, Abhängigkeiten analysieren und Engpässe frühzeitig identifizieren. Diese vernetzten Anforderungen zeigt Abb. 7.1.

Die Erwartungen an die Wirtschaftlichkeit eines Projekts beeinflussen maßgeblich dessen Planung und Durchführung. KI kann hier eine präzisere Bewertung von Investitionsrisiken ermöglichen, indem sie historische Daten auswertet und zukünftige Trends simuliert.

Dadurch lassen sich fundierte Entscheidungen über Machbarkeit und Skalierung von Projekten treffen. Im Moment zeigt aber die Komplexität dieser spezifischen Auswertungen die Grenzen momentaner KI auf. Beispielsweise müssen Themen wie die Drittverwendungsfähigkeit von Hochbauentwicklungen oder nutzungstypologische Änderungen bei Quartiersentwicklungen mit vergleichbaren Komplexitäten bestehender Projekte verglichen werden. In derartigen Kontexten liefert die aktuelle KI „nur" Insellösungen.

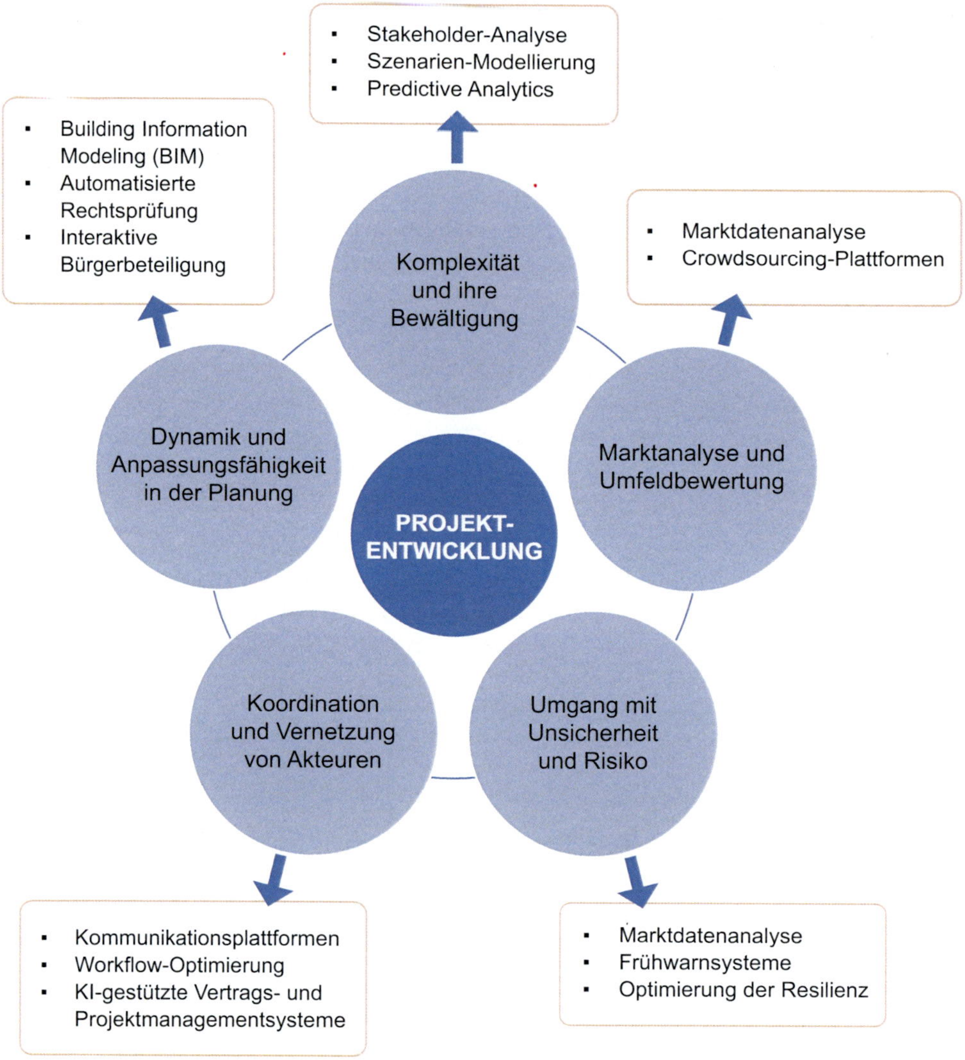

Abb. 7.1 Vernetzte Anforderungen an digitale Anwendungen in der Projektentwicklung

7.2 Digitale Tools in der Projektentwicklung: Status quo und Potenziale

7.2.1 Status Quo

Momentan beschränkt sich die Nutzung digitaler Tools in der Praxis der frühen Phasen der Projektentwicklung auf die Anwendung typischer Software zur Textverarbeitung und Büroorganisation in Verbindung mit administrierten Cloud-Anwendungen und einzelnen

Phases	Verbindung	Tools (Bsp.)
Konzeption und Planung	KI unterstützt bei der Analyse von Standorten, der Generierung von Entwürfen und der Bewertung von Machbarkeit	• Spacemaker • TestFit • Maket
Entwurf und Design	KI hilft bei der Erstellung von detaillierten Modellen, der Konflikterkennung und der Visualisierung von Entwürfen	• Autodesk Revit • SketchUp (mit KI-Plugins) • Enscape/Lumion
Genehmigung und Dokumentation	KI automatisiert die Dokumentenverwaltung, analysiert Verträge und unterstützt Genehmigungsprozesse	• DIPLAN • Kira Systems • DOKUMA
Bau und Umsetzung	KI überwacht den Baufortschritt, identifiziert Risiken und optimiert Ressourcen	• Buildots/Doxel • nPlan • ConstructAI
Betrieb und Nachhaltigkeit	KI bewertet die Umweltauswirkungen, optimiert den Betrieb und unterstütztlangfristige Entscheidungen	• One Click LCA • EcoDomus • Cherre

Abb. 7.2 KI-Anwendungen in der Projektentwicklung

spezifischen Tools, die zur Koordination zur Vernetzung von internen und externen Akteuren beitragen. Eine wirksame KI-Unterstützung, z. B. durch parametrische und generative Software benötigt allerdings bereits in frühen Planungsphasen BIM (Building Information Modelling) sowie konkrete räumliche Planungsdaten, die mit umfassenden Markt- und Standortanalysedaten verknüpft sein müssten. Andererseits bieten diese Tools aber bereits eine enorme Beschleunigung in der „händischen" Bewertung von ersten Entwurfskonzepten. Direkte parametrische Bewertungen sind sehr erfolgreich in der Beurteilung von eingrenzbaren Faktoren, z. B. das Entstehen von „Heat Island" bei bestimmten Gebäudekonfigurationen. Aspekte wie Lärm, Mikroklima, Luftströmungen können auf der Grundlage bestehender 3D Modellen im CAAD (Computer Aided Architectural Design) analysiert werden.

Es ist zu erwarten, dass generative KI- Anwendungen das Bearbeitungsspektrum der Projektentwicklung gemäß Abb. 7.2. untersetzen werden.

7.2.2 Anwendungsbeispiele aus geplanten Forschungsprojekt

Die folgenden Beispiele beziehen sich in Teilen auf konkrete Forschungsvorhaben der Bauhaus-Universität Weimar der Professuren Baumanagement und Bauwirtschaft sowie Informatik in der Architektur und Urbanistik.

7.2.2.1 PE Phase 1: Vorbereitung

Das Hauptziel dieser möglichen Anwendung ist die Sammlung und Generierung von Informationen aus topografischen, Klima-, Fernerkundungs- und Geodaten sowie aus dem öffentlichen Baurecht wie Flächennutzungspläne und Bebauungsplänen. Bewertung von potenziellen Gewerbegebieten hinsichtlich ihres nachhaltigen Entwicklungspotenzials, um fundierte Investitionsentscheidungen treffen zu können.

Das zu entwickelnde KI-gestützte System kann in verschiedenen Anwendungsbereichen eingesetzt werden, darunter: Stadt- und Regionalplanung; gebietsbezogene Entwicklung, Unterstützung bei der Identifizierung von geeigneten Flächen für Gewerbegebietsentwicklungen unter Berücksichtigung nachhaltiger Kriterien. Weiterhin soll eine Analyse bestehender Gewerbegebiete hinsichtlich ihrer Attraktivität und Potenziale für nachhaltige Entwicklungen sowie ein Nachhaltigkeitsmonitoring bereits bestehender Gebiete implementiert werden.

Das System unterstützt die Bewertung der ökologischen, sozialen und ökonomischen Auswirkungen von Gewerbegebietsentwicklungen. Es werden verwertbare Grundlagen für Nachhaltigkeitszertifizierungen (DGNB (Deutsche Gesellschaft für Nachhaltiges Bauen), LEED (Leadership in Energy and Environmental Design), GBC (Green Building Council Deutschland) erstellt. Die methodischen Ansätze umfassen die Erhebung von Daten zu topografischen, klimatischen und geografischen und soziodemografischen Faktoren sowie zu rechtlichen Rahmenbedingungen. Weiterhin findet eine Datenerhebung hinsichtlich „harter" Standortfaktoren wie z. B. Infrastruktureller Erreichbarkeit, technischer Infrastruktur und Flächenverfügbarkeit statt.

Die gesammelten Daten werden in einer geeigneten Datenbankstruktur zusammengeführt und für die weitere Verarbeitung vorbereitet. Basierend auf den integrierten Daten werden KI-Modelle entwickelt, die eine Analyse und Vorhersage von nachhaltigen Gewerbegebietsentwicklungen ermöglichen.

Das Grundgerüst dafür bilden Geodaten, insbesondere das Digitale Landschaftsmodell, das Landbedeckungsmodell, amtliche Hausumrisse und das nunmehr bundesweit verfügbare Flurstückskataster. Darauf aufbauend wird ein Klassifikations-Algorithmus auf Basis eines künstlichen neuronalen Netzes entwickelt, das hochauflösende Satellitenbilder (0,3 m Bodenauflösung) mit Hilfe von KI- Methoden prüft und bewertet. Sowohl multispektrale/hyperspektrale Ansätze als auch Zeitreihenanalysen können dabei zum Einsatz kommen. In einem nächsten Schritt werden Bewertungs- und Entscheidungskriterien entwickelt, die die Nachhaltigkeit von Gewerbegebietsentwicklungen berücksichtigen. Diese Kriterien umfassen ökologische, soziale und ökonomische Aspekte. Auf Basis dieses entwickelten KI-Systems wird ein prototypisches Tool entwickelt, das es Planern, Entscheidungsträgern und Investoren ermöglicht, geeignete Standorte für nachhaltige Gewerbegebietsentwicklungen zu identifizieren und zu bewerten.

Nach Festlegung der Nutzungsart eines Gewerbegebiets kann dieses automatisiert/KI-gestützt so unterteilt werden, dass ein sinnvolles Wegenetz mit Parzellen entsteht. Die Aufteilung kann dahingehend optimiert werden, dass die Parzellengrößen und -proportionen einzelnen Anforderungsprofilen entsprechen. Des Weiteren können auf den Parzellen die

Gewerbegebäude generiert werden unter Einhaltung baulicher Bestimmungen und gleichzeitiger Optimierung des Gebäudevolumens. Anhand dieser Methodik lassen sich sehr effizient verschiedene nachhaltige Bebauungs- Planungsvarianten erstellen.

7.2.2.2 Entwurfs- und Entwicklungsphase

Generative erste räumliche Lösungsansätze (Generatives Design bzw. Augmented Reality) können Entscheidungsprozesse stark beschleunigen. Gute Erfahrungen wurden in der Professur Informatik in der Architektur und Urbanistik an der Bauhaus-Universität umgesetzt (Neufert 4.0 – Artificial intelligence methods for generating design heuristics for user-centered residential housing (2022–2024). In diesem Projekt wurden über 30.000 Grundrisse zusammengefasst in einer Datenbank analysiert und mit nutzerspezifischen Anforderungen abgeglichen.

Ein weiterer essenzieller Aspekt ist die Interaktive Beteiligung von Nutzern/Bürgern. Die Möglichkeiten durch direkte Anwendung von einfacher oder KI-gestützter Augmented Reality sind enorm und können Partizipationsprozesse durch Visualisierung qualifizieren.

7.2.2.3 KI im Kontext von Building Information Modeling (BIM)

Die großen Herausforderungen beim Arbeiten mit BIM in Bezug auf KI sind die Implementierung eines BIM Levels, das hinreichend Daten für die KI bereitstellt sowie die dafür nötigen Ressourcen durch Datenbanken und/oder Planungsleistungen.

Ab Level 3 (iBIM), d. h. bei voller Integration der Daten in zentrale cloudbasierte Modelle, können komplexe Auswertungen wie z. B. digitale Zwillinge genutzt werden.

Im Kontext der Projektentwicklung stellt sich aber in den frühen Phasen die Frage nach Reduktion von Komplexität der Daten bei einem gleichzeitig hohen Aufwand zur Erzeugung der Daten.

Die wichtigen Themen wie LCC (Lebenszyklusanalyse) benötigen konkrete Aussagen zu Materialität und nutzerspezifischen Anforderungen im Hochbau.

Weiterhin sind regulatorische Anforderungen und Systembrüche deutscher baubezogener Ordnungssysteme (DIN277/ DIN276/ VOB A,B,C,…) derzeit noch nicht durch BIM abbildbar, hier sind aber bereits Ansätze der KI-Anwendungen sichtbar.

Ziel ist die Verfügbarkeit vollständig vernetzter und voll integrierter intelligenter Gebäudemodelle (BIM Level 4–6). Da sich diese Anwendungen eher auf die Gebäuderealisierung beziehen, wird im Kontext der Projektentwicklung die Rückkoppelung von Daten im Lebenszyklus und für Bestandshalter das Monitoring der Daten im Facility Management ein wesentlicher Aspekt der Anwendungen sein.

7.2.2.4 Smart-City-Anwendungen

Insbesondere bei der vernetzten Infrastrukturplanung in Bezug auf stadträumliche Projektentwicklungen sind Auswertungen von digital erfassten Verkehrsströmen und die Verteilung der von Personen im Alltagsverkehr zurückgelegten Wege auf die einzelnen Verkehrsträger (Modal Split) ein Aspekt KI-gestützter Nachhaltigkeitsstrategien

(Smart-City-Anwendungen). Beispielsweise sind die komplexen Zusammenhänge zwischen Verkehrsberuhigung und Reduktion von motorisierten Individualverkehr und die dadurch ausgelösten Wert- und Mietsteigerungen angrenzender Wohnimmobilien (Green Gentrification) Themen KI-gestützter Forschung. Ein weiteres großes Feld sind sensorgestützte Analysen im stadträumlichen Kontext. Neben der einfachen Erfassung von Klimadaten sind Anwendungen zur Bewältigung von Starkniederschlagsereignissen als Vorausschau für die frühen Planungsphasen einer Projektentwicklung denkbar.

7.3 Fazit und Ausblick

7.3.1 Herausforderungen und Grenzen

Wie schon eingangs festgestellt, sind die beschriebenen Möglichkeiten von der Menge und Qualität der verwendeten Daten abhängig.

Da in zahlreichen Städten und Gemeinden noch veraltete, in den unterschiedlichsten Datenformaten vorliegende Datensätze oder sogar teilweise analoge Pläne oder Texte, vorliegen, kommt dem ersten Schritt, der Digitalisierung von Bestandsunterlagen, eine herausragende Bedeutung zu.

Auch regulatorische und ethische Fragen müssen berücksichtigt werden. In diesem Zusammenhang hat die Europäische Union im EU AI Act KI-Systeme nach folgenden Risikoklassen kategorisiert:

- Unzulässige KI (z. B. biometrische Überwachung in der Öffentlichkeit)
- Hochrisiko-KI (z. B. KI in kritischer Infrastruktur)
- Geringes Risiko (z. B. Chatbots)

Zu bestimmten sensiblen Standortdaten wie beispielsweise der Informationen in Grundbüchen besteht noch Klärungsbedarf.

So könnte beispielsweise durch konsequentes Anwenden von Dienstbarkeiten und Baulasten ein enormes Potenzial von bebaubaren Flächen für bezahlbaren Wohnraum geschaffen werden (Kuhn 2019).

Im Anwendungsbereich der Projektentwicklung können derzeit allerdings auch viele relevante Daten mit Transparenzverpflichtungen und Einwilligungen bezogen werden.

Ein weiterer Aspekt ist die urheber- oder nutzungsrechtliche Einordnung generativ durch KI erzeugter oder bearbeiteter Daten und Ergebnisse. Direkt in diesem Zusammenhang stehen auch die KI-erzeugten Halluzinationen. Akteuren in der Projektentwicklung stellt sich daher auch die Fragen nach KI-bezogenen Compliance- und Governance-Regeln, um diese Werkzeuge rechtskonform und nachhaltig einzusetzen.

7.3.2 Ausblick

Die zu erwartenden multimodalen Modelle der KI werden voraussichtlich ein enormes Potenzial hinsichtlich der Integrationsleistungen in den verschiedenen Phasen der Projektentwicklung hervorbringen. Die momentan eingesetzten Werkzeuge zu Unterstützung von Entscheidungsprozessen sind geprägt vom richtigen Umgang mit den zu bewertenden Merkmalen, die aber oft keine Präferenzunabhängigkeit aufweisen. Alle Verfahren beziehen sich auf den Umgang mit multiplen Kriterien. In der Praxis werden so Merkmale, die sich gegenseitig beeinflussen, unabhängig voneinander bewertet. Der Einsatz von KI lässt hier nach dem „Flaschenhalsprizip" strukturierte entscheidungsvorbereitende Maßnahmen oder auch den schnelleren Einsatz eher langsamer, aber genauerer entscheidungstheoretischer Verfahren, wie z. B. den Analytischen Hierarchieprozess (AHP) oder spieltheoretischer Ansätze, erwarten. Bei unklaren oder unvollständigen Informationen ist auch die Anwendung von Fuzzy-Logic denkbar.

Der Schritt von der Vorbereitung von Entscheidungen zu den Entscheidungen selbst wird in absehbarer Zukunft in der Projektentwicklung nicht durch KI-Unterstützung abgelöst, die Qualifizierung von Daten und deren Aufbereitung in hoher Geschwindigkeit wird allerdings zunehmen.

Der umfassende Einsatz digitaler KI-basierter Tools in der Projektentwicklung steht am Anfang. Der richtige Einsatz und der sensible Umgang mit Daten könnte Projektentwicklungen in den unterschiedlichsten Bereichen qualifizieren und so zu einer resilienten Baukultur beitragen.

Literatur

Andreas Kuhn, Integration von Dienstbarkeiten und Baulasten in die Projektentwicklung, Bauhaus-Universitätsverlag, 2019

Stichwortverzeichnis

E. Krön et al., *Projektentwicklung – vom Quartier zum Gebäude*,
https://doi.org/10.1007/978-3-658-49172-7

Zeitfracht Medien GmbH
Ferdinand-Jühlke-Straße 7
99095 Erfurt, Deutschland
produktsicherheit@kolibri360.de